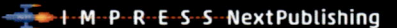

IMPRESS NextPublishing

今日から始める AI 検索技術

さしみもち 著

[Solr エンジニアのための最先端ガイド]

インプレス

技術の泉 SERIES

目次

はじめに

この度は、「AI検索技術〜Solrエンジニアのための最先端ガイド〜」をお手に取っていただき、ありがとうございます。本書は、全文検索エンジンである Apache Solr のバージョン9から導入された**密ベクトル検索機能**について、その特徴と使い方を紹介する本です。

ベクトル検索は従来のキーワード検索では実現が困難だった、ニュアンスの検索や類似画像検索、レコメンド、テキストから画像や音声などメディアの垣根を越えたマルチモーダルな検索などなど、ユーザーにまったく新しい検索体験を提供できる可能性を秘めた検索手法です。その魅力の反面、Solr 上でのベクトル検索は、全文検索エンジンの知識に加えて、機械学習分野の素養も求められます。そのため、導入の敷居が高いと感じられているチームが多いのではないでしょうか。

その証拠というべきか、Solrを使ったベクトル検索について、ビジネスでの実用実績はおろか、技術ブログすらほとんど見つからないという状況です。

そこで本書では、追加されたSolrの機能の使い方はもちろん、肝となるベクトル生成部分の実現例についてもご紹介します。これを読めば、検索チームが少なくとも機械学習チームとコミュニケーションを取ってベクトル検索を実現、あわよくば検索チーム単独でもベクトル検索を活用スタートできるようになることを目指した一冊です。

複数の分野の知見やノウハウが求められる分野であるため、網羅しきれていない部分があるかもしれません。私なりのノウハウを詰めましたので、みなさんのよきサービスやアプリ開発ライフの一助になれば幸いです。

本書に登場するサンプルコードは、GitHubにて公開しています[1]。必要に応じてご活用ください[2]。

表記関係について

本書に記載されている会社名、製品名などは、一般に各社の登録商標または商標、商品名です。会社名、製品名については、本文中では©、®、™マークなどは表示していません。

免責事項

本書に記載された内容は、情報提供のみを目的としております。そのため、本書に記載された内容を用いた開発、制作、運用はご自身の責任と判断によって実施してください。利用の結果発生した事象に関しては、当方は一切の責任を負いかねます。

底本について

本書は、技術系同人誌即売会「技術書典14」で頒布された「今日から始めるSolrベクトル検索」を底本としております[3]。

---

1. https://github.com/Sashimimochi/today-solr-vs-book
2. メンテナンスによって本書に記載の実装例と異なる可能性があります。また、プログラミング言語そのものの解説は紙面の都合上割愛しております。
3. https://techbookfest.org/product/wSCmsmFye1bL6xDWRT6vVK

第1章　全文検索エンジンApache Solr

　はじめに、全文検索エンジンとSolrの概念や基礎知識について、お話ししておこうかと思います。本書を手に取っていただいた方の中には少ないと思いますが、Solrをはじめて触る、久しぶりすぎて何も覚えていないという方向けの章です。すべてを説明しきるには紙面が足らなさすぎるので、ベクトル検索やSolrのトラブルシュートに関係しそうなものを中心にピックアップしました。全文検索やSolrの基礎知識については理解できている、普段からSolrの運用をしているという方は、読み飛ばしてください。

1.1　全文検索とは

　みなさんは新しいことを知りたいとき、どうやってアプローチしますか？本を読む、人に聞く、インターネットで調べるなど、いろいろあるでしょう。

　インターネットで調べる場合、GoogleやYahooなどの検索窓に、調べたいキーワードを入力するかと思います。たとえば、「沖縄の観光名所について調べたい」と思ったとします。検索窓に「沖縄 観光」や「沖縄 名所」「沖縄 旅行 おすすめ」などと入力して、検索ボタンを押します。すると、ブログやニュース記事、各社サイトのページ、論文など、インターネット上の膨大なドキュメントの「全文」すなわち「文章の始めから終わりまで」すべてがスキャンされます。その結果、「沖縄」や「観光」といった検索キーワードを含む記事や動画、画像などの情報を一度に探すことができます。このように、全文検索システムは、インターネット上の膨大な情報の中からほしい情報を見つけ出すための便利なツールです。

　GoogleやYahooといった検索そのものを主軸にしたWebサービスはもちろん、多くのサイトにはこのような検索窓が付いています。ユーザーは検索窓に検索クエリを入力することで、そのサイト内のデータの中から所望の情報を見つけだすことができます。Web上に限らず、みなさんがお使いのテキストエディターやWord、Excel、メーラー、統合開発環境などにも検索機能はあることでしょう。

　今ではごく当たり前にどこでもある機能、それが全文検索です。

図 1.1: 検索

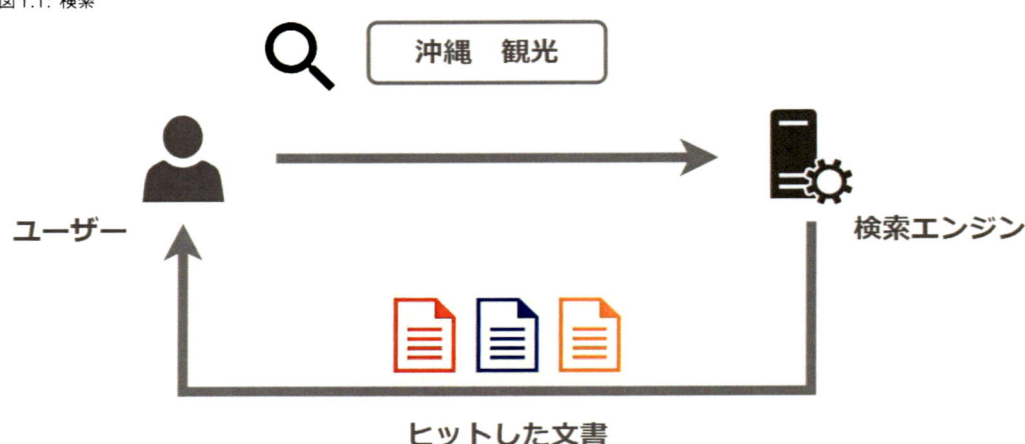

1.2　なぜ全文検索エンジンを使うか

　全文検索の特徴は、検索したい情報の単語や文章の一部でも、その情報が含まれる文書を検索できることです。

　たとえば、「沖縄の観光名所について調べたい」と思ったとします。全文検索を使えば、「沖縄」や「観光」が含まれる文章全体を検索できます。辞書を引くときのように、見出し語をドンピシャで当てる必要はありません。一度の検索で全文をスキャンし、適切な検索対象を探すことができるため、非常に便利です。また、検索結果はキーワードに周辺情報を含めた文章なので、より詳細な情報も手に入ります。

　そんな便利で当たり前の機能である全文検索ですが、実用的に機能させるのは、決して容易ではありません。検索対象のデータの容量が大きいと、処理が遅くなるという課題があります。パソコン内のファイルシステムや、会社で使っている業務システムで検索しても、なかなか結果が返ってこない、エラー原因調査のために長大なログファイルを分析したいけど、検索以前にログの読み込みが遅すぎるという場面に、一度は遭遇したことがあるでしょう。検索対象が増えれば増えるほど、検索に時間がかかるようになるのは、想像に難くありません。しかも、文章全体をスキャンして検索キーワードにマッチする箇所がないかチェックするので、コストの大きい処理をさせていることは、直観的にも理解できるでしょう。

　grepやfindなどで愚直に行うと、検索に非現実的な時間がかかることも珍しくありません。たとえインデックスを作って、SQLのLikeクエリで中間一致検索したとしても、解決できません。また、データベースはN+1問題と言われるように、高頻度でデータを取り出すことに不向きです。

　時間だけでなく、膨大なドキュメント全体をスキャンするには、ある程度大きなサーバーリソースを消費します。そのため、負荷分散が必要になるといった課題もあります。

　そこで生み出されたのが、全文検索に特化したシステムである、全文検索エンジンです。全文検索エンジンには、全文検索に適した検索の仕組みが備わっています。ですので、データベースでの

検索に比べ、超高速に結果を得ることができます。

1.3 転置インデックス

全文検索エンジンの多くは、**インデックス**を利用することで、大量の文書集合を高速に検索できます。

インデックスは、「どのドキュメントが、どの単語を含むのか」という情報を保存したテーブルです。ユーザーがクエリを発行した際、このインデックスを調べて、クエリ単語を含む文書集合を返します。全文書のコンテンツを愚直にgrepなどで走査する検索システムに比べ、インデックスを利用した検索システムの方が、高速に動作します。

また、インデックスであれば、検索対象となるドキュメント数が大きくなっても、検索性能はそれほど劣化しません[1]。そのため、大規模データを扱う高負荷な環境では、インデックスの利用がほぼ必須といえます。

インデックスのデータ構造には、いくつか種類があります。その中でも特にメジャーなのが、**転置インデックス**（Inverted Index）です[2][3]。

転置インデックスは、各単語と単語を含む文書IDからなるテーブルです。これに加えて、単語が文書の中で出現した位置情報を含む場合もあります。いわば、本の索引のようなものです。

たとえば、

- I have a bag.
- I play tennis.
- I eat rice.

という3文が検索対象だったとすると、次のような表を作ります。

表 1.1: 結合行列

	I	have	a	bag	play	tennis	eat	rice
文1	1	1	1	1	0	0	0	0
文2	1	0	0	0	1	1	0	0
文3	1	0	0	0	0	0	1	1

その文に含まれる単語は1、含まれなければ0になるような表です。この表は、**結合行列**と呼ばれています。

この結合行列から、どの文章にどの単語が含まれているかという索引を作ったのが、転置インデックスです。

---

1. その分、メモリーの消費量は大きくなります。

2. Knuth 1997 Donald Knuth, The Art of Computer Programming, Volume 3: Sorting and Searching, Third Edition. Addison-Wesley, 1997.

3. 後述する結合行列を行と列を入れ替えた、すなわち転置した表であることから、その名で呼ばれています。

表1.2: 転置インデックス

Word	Doc ID
I	1,2,3
have	1
a	1
bag	1
play	2
tennis	2
eat	3
rice	3

つまり、WordとDoc IDのKey-Valueデータです。

転置インデックスがあれば、検索が非常に簡単になります。たとえば、「tennis」というクエリに対しては、「tennis」をkeyにDoc ID 2をvalueとして返せば、ドキュメント全体を逐一スキャンすることなく、「tennis」を含む文章を見つけ出せます。

このように、あらかじめ転置インデックスを作成しておくことで、ある単語で検索したときに、その単語がどの文書に含まれているのかをすぐに探し出すことができます。インデックスの作成には時間を要しますが、いったん作ってしまえば、高速に検索できるのが利点です。

1.4　Apache Solr

Apache Solr（以下、Solr）は、そんな全文検索エンジンのひとつです。

Solrでは、全文検索の課題克服のために作られた、全文検索エンジンライブラリー Apache Luceneをベースにしています。Apache Luceneには、高速に膨大なデータを検索するためのアルゴリズムが実装されています。Solr以外にもElasticsearchなど、数多くの全文検索エンジンで使用されています。ちなみに、Apache LuceneもSolr自身もJavaで実装されています。

その始まりは、CNET Networks社によってSolarとして開発されました。その後、2006年1月にApacheコミュニティに寄贈され、Solrに改名されました。2007年1月からは、Apache Luceneのサブプロジェクトとなりました。以降、Apacheコミュニティによって開発が進められています。

SolrはOSSのため、無料で利用でき、商用利用も可能です[4]。OSSでありながら、商用の検索エンジンソフトを凌駕する豊富な機能を備えており、国内外問わず、多くの大規模サイトでSolrが使用されています。また、Solr自体はOSSですが、これを利用して、いくつかの製品ソフトウェアも開発されています。

1.5　Solrの特徴

Solrの特徴はいくつもありますが、代表的なものは以下です。

4.Apache-2.0 Licenseです。

1. 高速でスケーラブルな検索：スケールしやすいアーキテクチャのため、大量の文章であっても非常に高速な検索が可能
2. 豊富な検索機能：キーワード検索をはじめ、ファセット検索、スペルチェック、近似検索、地理的検索、データフィルタリングなど、豊富な検索機能を搭載
3. 拡張性：プラグインを組み込むことで、機能拡張やカスタマイズが容易に行える
4. 多言語対応：Unicodeをサポートしており、日本語を含めさまざまな言語に対応できる
5. Webフレンドリーなインターフェイス：REST like なAPIによってデータの追加、更新、削除、検索などが可能
6. 分散処理：シャーディングやレプリケーションによって複数のSolrノードを組み合わせて、データの分散処理や高い可用性、耐障害性を実現できる

全文検索用の機能はもちろん、サービスとして運用するための機能も充実しています。

1.6　冗長化の実現

今回のサンプルコードでは、SolrCloudモードで使用しています。また、インデックスサイズに応じて、1 replica × 1 shard構成と1 replica × 2 shard構成を使い分けています。これらの構成の理解がチューニングやトラブルシュートで重要になってくるので、しっかりと説明しておきます。

1.6.1　ノードとコレクション

Solrは、ノードと呼ばれる単位で機能します。

先ほど説明した通り、SolrはJavaベースのミドルウェアです。Javaのプロセスは Java Virtual Machine（JVM）と呼ばれる、Java実行用ソフトウェア上で実行されます。ひとつのJVMインスタンスで起動しているSolrが、ひとつの**ノード**（node）になります。

このノードの単位で、ひとつの検索エンジンインスタンスとして機能します。多くの場合、1台のサーバーで動かすSolrのプロセスはひとつだと思いますので、基本的に1ノード＝1サーバーだと思って大丈夫です。

ここで、性質の異なる2種類の検索インデックスを用意したくなったとしましょう。たとえば、ECサイトの検索システムを作るとして、商品検索用のものとマガジンやブログなどの記事関連用のものと、それぞれ検索できるようにしたいとします。両者はインデックスさせたい情報も、使われるシーンも異なります。データベースで管理するのであれば、別のテーブルに分けることになるでしょう。同じように、Solrでも別のインデックスとして管理させた方がよいです。ではこのとき、Solrノードはふたつ用意しないといけないのでしょうか。

もちろん2ノード用意してもよいですが、1台のSolrノードに複数の検索対象を持たせることができます。このひとつひとつの検索対象のことを**コレクション**（collection）と呼びます。Solrでは、このコレクションに対してインデックスの登録や検索を行います。

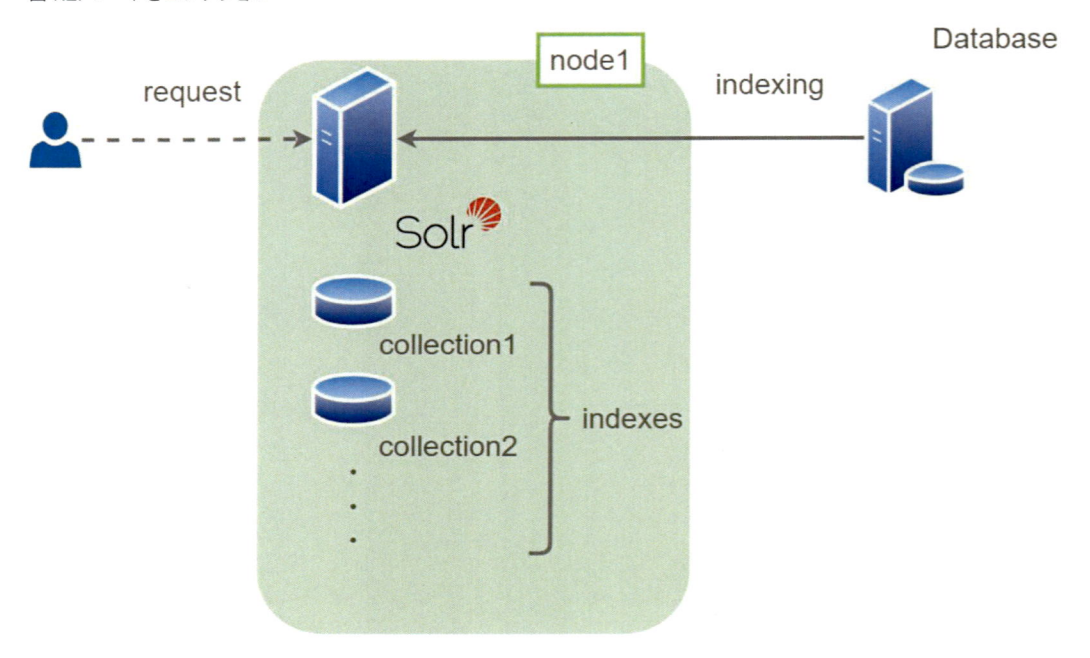

1.6.2　シャーディング

　ひとつのノードに複数のコレクションを持たせることができると言いましたが、限度はあります。ひとつのノードで扱えないほどコレクションのサイズが大きくなると、検索性能は劣化します。コレクションがひとつだったとしても、ひとつのコレクションのインデックスサイズが膨大であれば、1ノードで扱えないこともあります。

　Solrでは、ひとつのノードで扱えないほどコレクションが肥大化したとき、コレクションを**シャード**という単位に分割して、複数のノードで分散管理させることができます。このように、インデックスを複数ノードで分割管理することを**シャーディング**（sharding）といいます。

　検索時は、代表ノードが検索リクエストを受け取ります。代表ノードは、リクエストを受け取ると、ほかのシャードに対して同じ検索リクエストを発行します。そして、すべてのノードの検索結果をマージしてクライアントへ返却します。これがSolrにおける、**分散検索**の仕組みです。

　複数のノードで分割したシャードを並列に検索するので、巨大な単一シャードを検索するより効率的に検索ができます。

　もちろん、代表ノードがほかのノードに聞きに行ったり、検索結果をマージしたりするのにもコストがかかるので、いつでもシャーディングをすると早くなるとは限りません。巨大なコレクションほど、シャーディングは効果を発揮します。

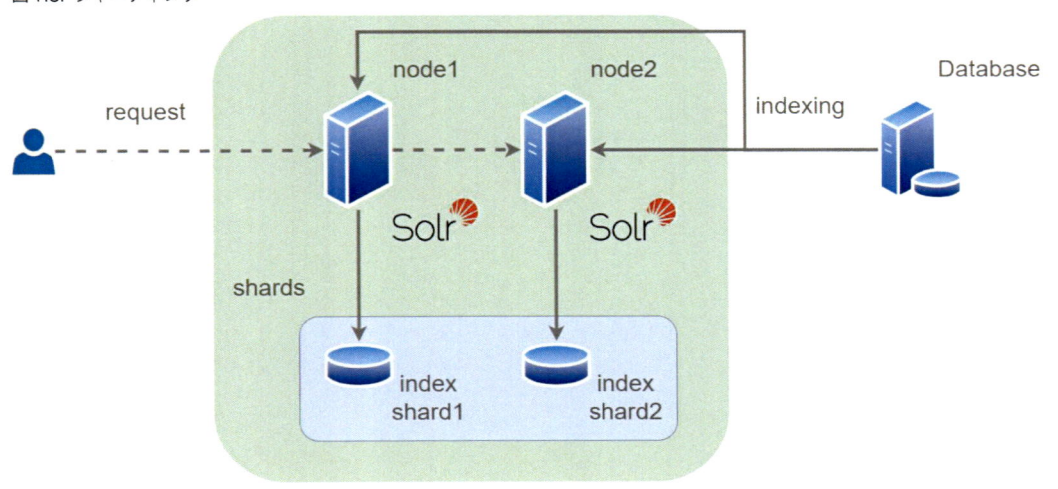

1.6.3 レプリケーション

　シャーディングによって、インデックスのスケールアウトができました。今度は、ノードのスケールアウトについて見ていきましょう。

　ノードがひとつだけの場合、そのノードに障害が発生すると、検索もインデックス更新もできなくなります。複数ノード構成であっても、それらがシャード分割の関係にある場合も同じです。部分的にインデックスが欠損することになるので、やはりサービス継続は難しいでしょう。

　また、インデックスとリクエストの負荷が重なった場合、正常にインデックスができなかったり、レスポンスが遅くなることがあります。最悪、サーバーがダウンしてしまうこともあるでしょう。

　Solrでは、そういった負荷分散のために、あるノードのインデックスをコピーした別のノードを作ることができます。そして、コピーしたノード間でインデックスは自動的に同期されます。たとえば、サーバーを2台用意して、2台目を1台目の複製したノードとして機能させることができます。

　ベースとなるサーバーの複製サーバーを用意し、リアルタイムにデータ同期を行うことを**レプリケーション**（Replication）といいます。そして、複製された各ノードのことを**レプリカ**といいます。レプリケーションは、Solr特有の用語ではなく、データベースなどの複製と同じ意味です。

図1.4: レプリケーション

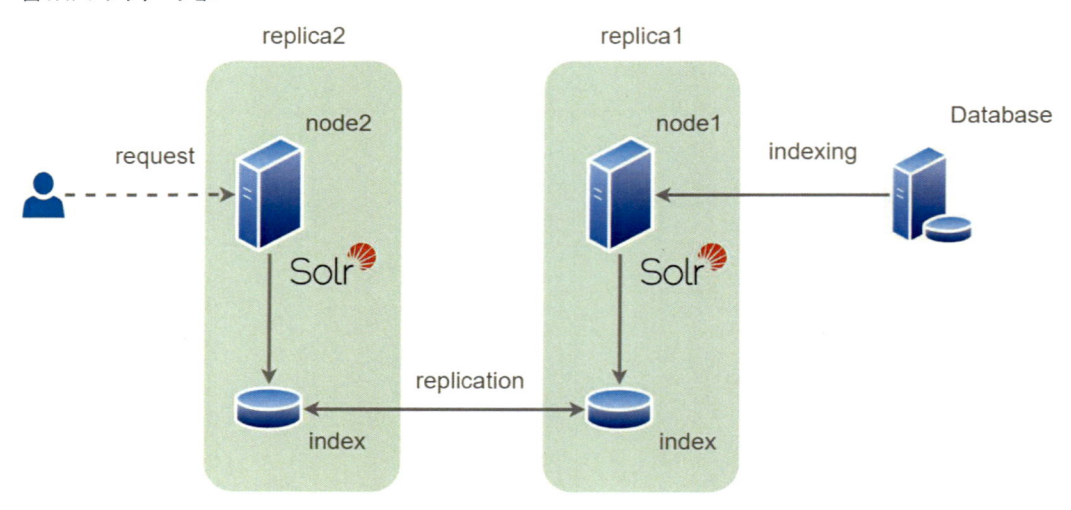

　このようにノードを水平スケーリングすることで、ひとつのノードに障害が発生した場合でも、同じインデックスを持った別ノードを使ってサービスを継続できます。

　シャーディングを行っている場合は、シャード数に合わせてレプリケーションするように、ノードを用意します。

図1.5: レプリケーション & シャーディング

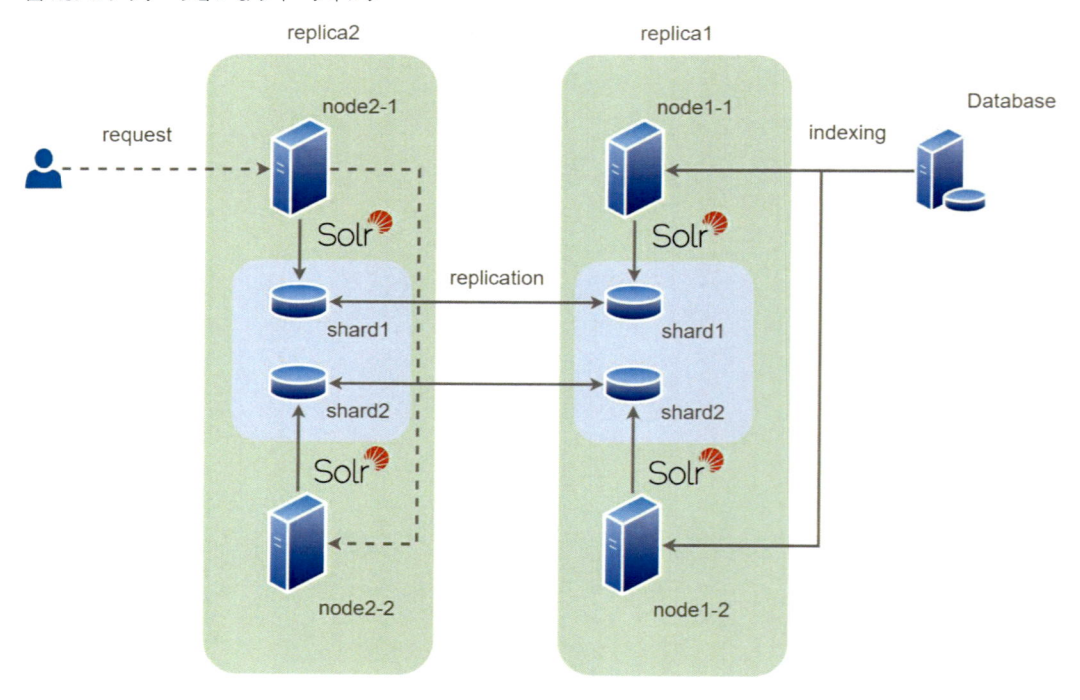

　また、後述するMaster/SlaveやSolrCloud構成としてレプリカを機能させることで、インデック

ス用と検索用とでレプリカごとに役割を分けることができます。

シャーディングやレプリケーションがあるがゆえ、Solrは高可用性、耐障害性に優れていると言われています。

1.7 クラスター構成

Solrは、複数のノードを組み合わせて、ひとつの検索システムとして動作させます。ひとつの検索システムとして動作しているノード群を**クラスター**（Cluster）といいます。

シャーディングやレプリケーションによって冗長化され、強固なクラスターになります。冗長化したノード群をより実用的に機能させるには、ノードの構成の仕方も重要になってきます。

1.7.1 スタンドアローン構成

最もシンプルな構成は、スタンドアローン構成です。1台のサーバー上にSolrノードを配置する構成です。

Readにあたる検索リクエストも、Writeにあたるインデックス更新も、1台がすべて担当します。なので、この1台に障害があると、検索もインデックスもできなくなります。

構築が簡単な反面、耐障害性は弱い構成です。

図1.6: スタンドアローン構成

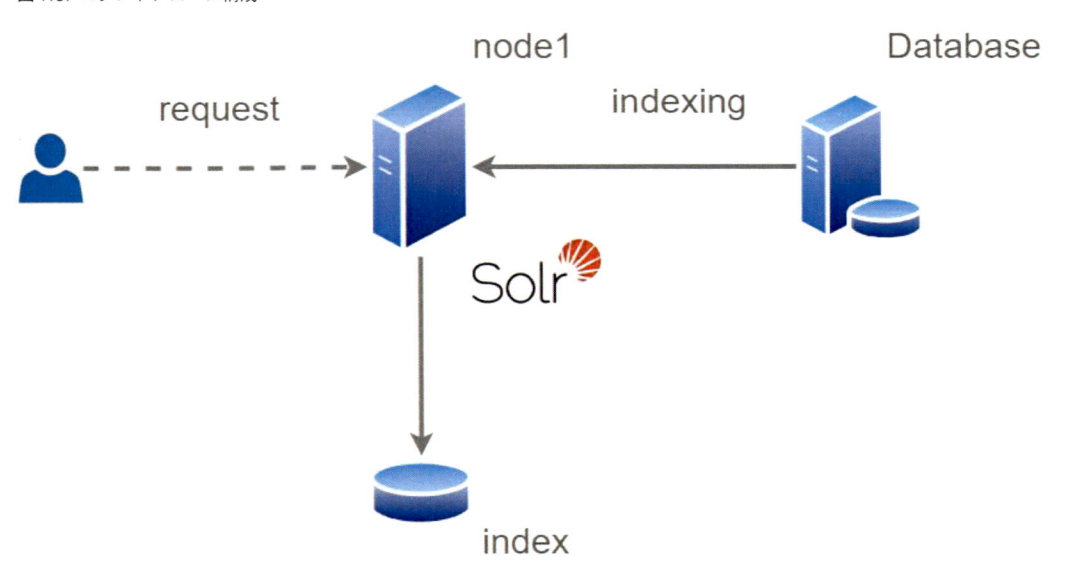

1.7.2 Master Slave 構成

更新リクエストを担当するMasterノードと、検索リクエストを担当するSlaveノードから成る構

成です[5]。サーバーは複数台用意し、ノードを分散配置します。

　Slave機を用意することで、Masterノードに障害が発生しても、Slaveノードが1台でも生きている限り、検索は継続できます。もちろん、Masterノードがダウンしている間は、インデックスの更新は行えません。それでも、インデックスの更新頻度が多くないサービスであれば、次のインデックスの更新までにMasterノードの復旧ができれば、サービスに影響は出さずに済みます。

　Slaveノードを複数用意する場合は、手前にLoad Balancerを設置することで、より負荷分散された基盤になります。

　インデックスに更新があったときは、Solrのレプリケーション機能によって、MasterノードからSlaveノードへ更新後のインデックスがコピーされます。

　スタンドアローン構成は、MasterノードがSlaveノードを兼ねた構成にあたります。

図 1.7: Master/Slave 構成

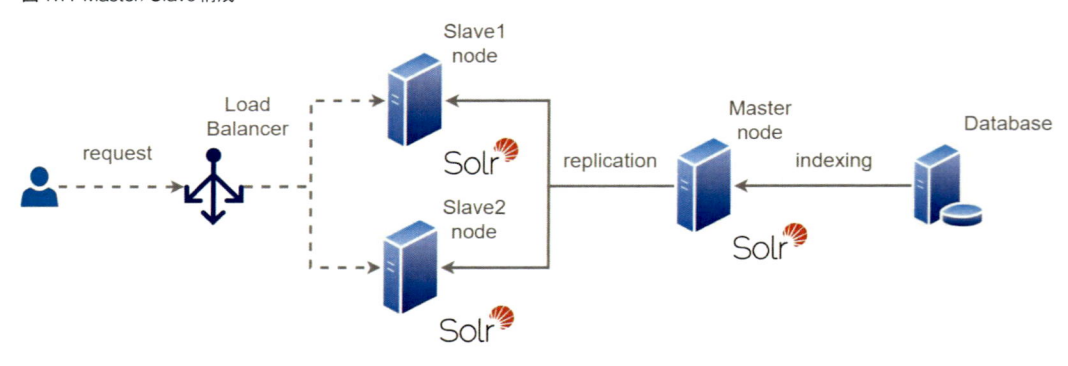

1.7.3　SolrCloud構成

　コンセプトはMaster/Slaveと同じです。更新リクエストを受け付けるLeaderノードと、検索リクエストを受け付けるFollowerノードから成る構成です。Leader/Follower間は、レプリケーションによってインデックスの同期を行います。

　Master/Slave構成との大きな違いは、Loaderノードに障害が発生したとき、Followerノードのうち1台が自動でLeaderノードに昇格する仕組みを持っていることです。これにより、1台のノードがダウンしても、インデックス更新も検索も継続できます。Master/Slave構成をより可用性高く動作させる構成です。

　これには、今、どのノードがLeaderで、どのノードがFollowerになっているかを監視し、適切なノードにリクエストを振り分ける仕組みが必要です。残念ながら、Solr自身にはその機能はありません。そこで、Zookeeperというオーケストレーションミドルウェアを使用します。ZookeeperもSolrと同じJava製で、相性がいいです。ZookeeperはLeaderの選出だけでなく、Load Balancerの役割も果たします。

　LeaderノードがFollowerノードを兼ねた場合は、スタンドアローンと同じ構成になります。

---

5. ブラックライブズマター運動をきっかけとする技術文書への配慮の動きから、近年では主従関係を連想させる Master/Slave ではなく、より中立的な表現である Leader/Follower や Primary/Replica あるいは Primary/Standby と呼ばれることもあります。GitHub のブランチ名が master から main に変わったことは有名かと思います。

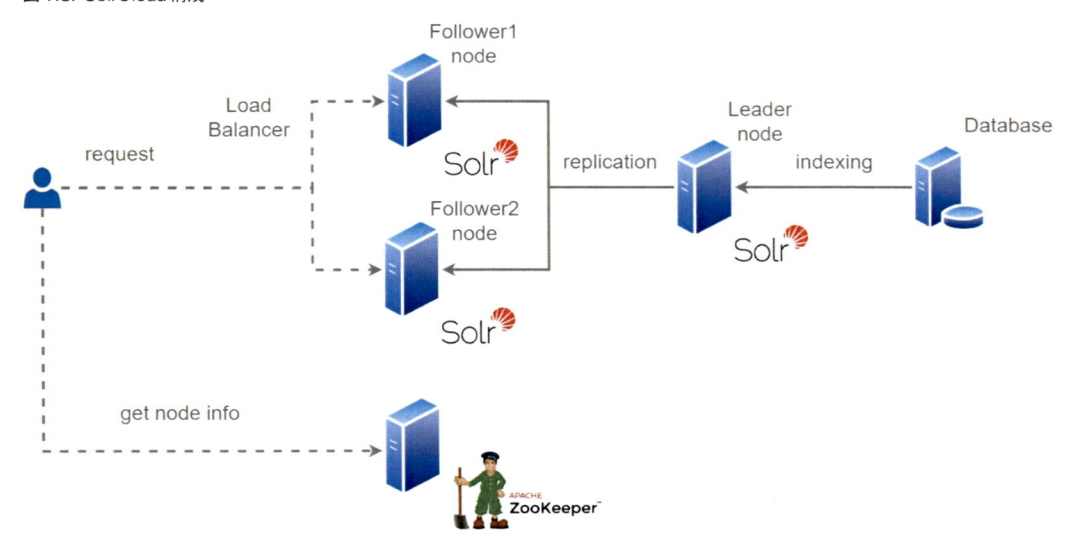

Zookeeper が全体の指揮系統を担っているため、より可用性の高いシステムにしたい場合は、Solr ノードに加えて、Zookeeper の冗長化もした方がよいです。

このとき、Zookeeper は必ず奇数台用意するようにしてください。これは、Zookeeper の判定プロセスに関係します。

Zookeeper は、アンサンブルのうち過半数の票を獲得したプロセスを採用するという処理ロジックを持っています。たとえば、Zookeeper が 3 台構成なら、2 台以上の賛成が得られれば、そのプロセスを採用します。なので、1 台が停止しても、残った 2 台の賛成が得られればプロセスを決定できます。

しかし、2 台構成にしてしまうと、1 台が停止した場合に残った 1 台だけでは、過半数の賛成を獲得できなくなってしまいます。つまり、実質的に 2 台とも停止した状態です。そのため、冗長化には過半数を獲得できるよう、奇数台用意する必要があります。

1.7.4 構成まとめ

各構成の特徴は以下の通りです。

表 1.3: 各構成の特徴

	Standalone	Master/Slave	SolrCloud
必要な台数	1	Master 機 1+Slave ノード 1 台以上	Leader ノード 1 台 +Follower ノード 1 台以上 +Zookeeper
検索可用性	なし	Slave ノードが生きている限り	Follower ノードが生きている限り
インデックス可用性	なし	なし	Leader ノードが生きている限り

唯一、単一点障害をなくせるのが SolrCloud です。ただし、冗長化のためには、Solr ノード 2 台以

上、Zookeeperが3台以上必要になります。小規模チームの場合は、計5台の運用は難しいかもしれません。その場合、スタンドアローンやMaster/Slave構成を採用した方が現実的かもしれません。

　構築を含めた詳しい解説をされているテックブログがありますので、こちらもあわせて読んでみてください[6]。

1.8　その他のSolr機能

　メインディッシュである検索機能の解説は第2章「全文検索エンジンとしてのSolr」でたっぷりするとして、その他の機能を紹介しておきます。

1.8.1　コンテンツ抽出

　基本的には、インデックスデータはテキスト形式で入力します。しかし、PDFやPowerPointなどのバイナリデータからインデックスを作成したい場面もあるでしょう。

　このような場合、Apache Tika[7]というツールとSolrを連携させることで、バイナリデータからテキストコンテンツを抽出してインデックスを作成できます[8][9]。

　また、MySQLなどのデータベースからデータを引き出してインデックスを作成するためのコネクターである、Data Import Handler（DIH）もあります[10]。

1.8.2　管理者向けGUI

　Apache Solrには、Solr Adminと呼ばれるWebベースの管理用GUIが付属しています。Solr Adminでは、Solrの設定の確認や状態の監視、インデックスの管理、クエリ実行やデバッグなど、Solrを運用する上で欠かせない機能が利用できます。

6.https://techblog.zozo.com/entry/solr_cloud

7.https://tika.apache.org/

8.https://solr.apache.org/guide/solr/latest/indexing-guide/indexing-with-tika.html

9.Tika では PDF などを XHTML に変換して文字を読み取ります。

10.Solr 9 から DIH は Solr から分離し、サードパーティーツールになりました。 https://github.com/rohitbemax/dataimporthandler

図 1.9: Solr Admin トップページ

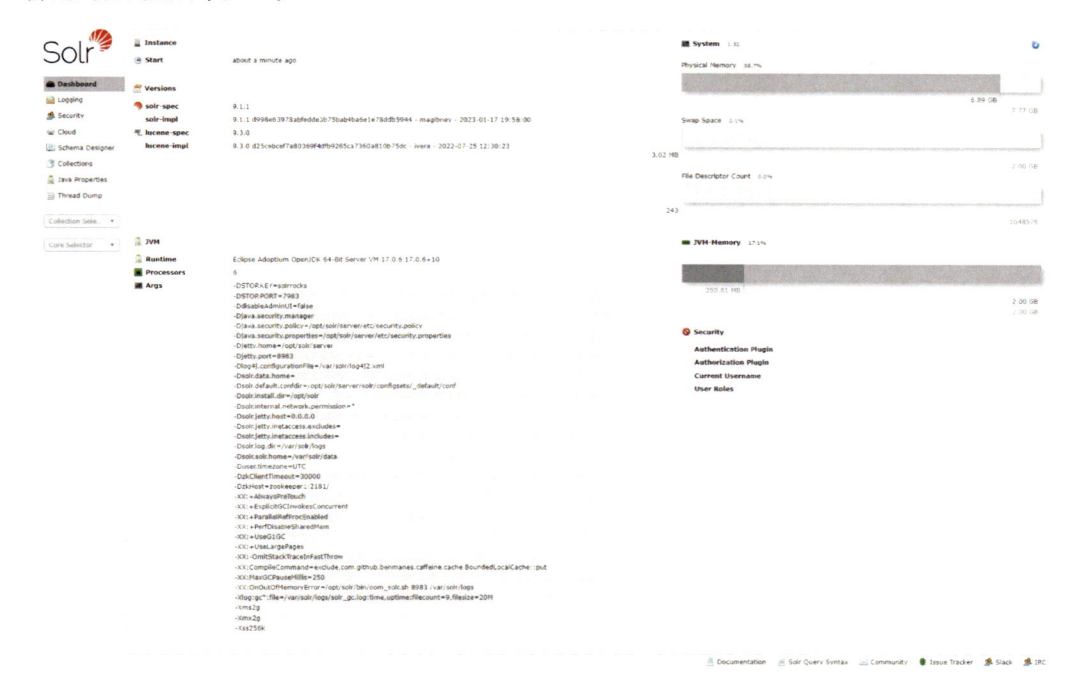

主要な機能としては、

1. ダッシュボード：Solrの設定、サーバーの状態、メトリクスなどを一元的に管理できる。検索履歴、検索結果のサマリーなども参照できる。
2. コアの管理：コアの作成、削除、再ロード、再インデックスなどが簡単に実行可能。スキーマ定義や設定の変更も可能。
3. クエリの実行：専用のUIから検索クエリを実行し、検索結果を確認することができる。クエリには、フィルタリング、ソート、フィールドの指定、ファセット検索などのオプションを含めることができる。
4. ログの確認：Web UI上からSolrの動作に関する情報やエラーメッセージなどのログを確認することができる。
5. セキュリティーの管理：認証や認可の設定、SSL証明書のインポートなど、Solrのセキュリティー設定を管理することができる。

　Solr Adminは、コマンドラインツールを使用するよりも簡単にSolrの状態を確認、管理ができます。そのため、Solrの管理者はまず、Solr Adminの見方、操作方法を理解することから始めるとよいかもしれません。もちろん、Solr Adminを使用する場合でも、Solrの基本的な概念や設定についての理解は不可欠です。

1.8.3　プラグインによる機能拡張

　Solrは、プラグインによってインデックス作成や検索用の機能などを拡張できます。大半のプラ

グインもオープンソースであるため、任意でコードを変更することも可能です。

たとえば、次のようなプラグインがあります。

1. クエリパーサープラグイン：デフォルトのLuceneクエリ構文ではない独自のクエリ構文を定義する
2. フィルタープラグイン：地理情報に特化した絞り込みなど、より高度なフィルタリングを定義する
3. フィールドタイププラグイン：特定の日付フォーマットを持ったフィールドを作るなど、独自のフィールドタイプを定義する
4. リクエストハンドラープラグイン：外部のデータソースからデータを読み込めるようにするなど、独自のリクエストハンドラーを定義する
5. クエリフィルタープラグイン：特定のクエリに対して上位の結果を強制的に表示するなど、より高度なフィルタリングを定義する
6. ハイライティングプラグイン：より高速で正確なハイライト機能を実現する
7. イベントリスナープラグイン：スキーマの変更に対して特定のアクションを実行するなど、Solr内で発生するイベントを監視し、必要に応じてアクションを実行する機能を実現する
8. 分析器プラグイン：KuromojiAnalyzerを使用して日本語のテキストを正確に分割するなど、インデックスされるテキストを独自の分析ルールによって分割し、語幹を抽出するなどの処理を定義する

もし自分でプラグインを作ってみたいと思ったときは、公式ドキュメント[11]はもちろん、Yahooが作成したSolrプラグイン開発チュートリアル[12]も大いに参考になります。

より柔軟で高機能な検索を実現したくなった場合は、検討してみてください。

1.9　テキストの解析と評価

全文検索では、文字列比較によってクエリに合致する文書を探し出します。何を当たり前のことを言っているんだと思われるかもしれません。ですが、この「文字列」を見るというのが全文検索の特徴であり、ベクトル検索との違いにもなってきます。

ベクトル検索については、第3章「ベクトル検索の理論と要素技術」以降で詳しく説明しますが、その違いを理解するためにも、従来の検索である全文検索のテキストの扱いについて触れておきます。

1.9.1　トークン化

多くの全文検索エンジンは、転置インデックスによって膨大な文書全文を高速に検索しています。転置インデックスは、インデックス対象の文書を解析して単語に分割し、それぞれの単語が含まれている文書を表にしたものです。つまり、転置インデックスを作成するには、文章を単語にする処理が必要です。

この単語に分割する作業を**トークン化**（token）または**分かち書き**といいます。トークン化を行う

11.https://solr.apache.org/guide/solr/latest/configuration-guide/solr-plugins.html
12.https://github.com/yahoojapan/solr-plugin-samples/blob/main/docs/index.md

コンポーネントを**tokenizer**、または**形態素解析器**といいます。

　ここでいう「単語」とは、私たちが認識する意味が成立する単位での文字のまとまりとは限りません。たとえば、文章を3文字ごとに区切ったとき、この3文字単位をひとつのトークンと呼ぶこともあります。部分一致を取るときは、これらの方がシステム的に都合がよい場面もあります。つまり、意味の如何に関わらず一定量の文字列の塊を指します。

　検索に限らず、言語解析や言語処理の分野では、それぞれの特徴に合わせて両者を使い分けたり、組み合わせて使ったりします。

1.9.2　形態素解析

　言語において、意味が取れる最小単位のまとまりを**形態素**といいます。すなわち、解釈のための「単語」です。**形態素解析**では、あらかじめ単語辞書を用意するなどをして、文脈を加味しながら単語分割を行います[13]。

　たとえば、「今日から始めるSolrベクトル検索」という文章を形態素解析すると、以下のようになります。

表1.4: 分かち書きの例

1	2	3	4	5
今日	から	始める	Solr	ベクトル検索

　検索の文脈では、検索結果が意図したものに絞り込まれやすいのが、形態素の特徴です。私たちが検索窓に入力するクエリも形態素単位になっていることが多いので、忠実にキーワードマッチが取れるようになります。反面、表記ゆれや誤字には弱かったりします。また、一般的には後述するN-Gramに比べて分割数が少ないので、生成されるインデックスサイズが小さくなります。

1.9.3　N-Gram

　N-Gramは、意味は考慮せず、機械的にN文字ごとに文章を分割して「単語」分割をする手法です。たとえば、「今日から始めるSolrベクトル検索」という文章をN=3でN-Gram解析すると、

表1.5: n-gram の例

1	2	3	4	5	6	7	8	9	10	11	12	13	14	15
今日か	日から	から始	ら始め	始める	めるS	るSo	Sol	olr	lrベ	rベク	ベクト	クトル	トル検	ル検索

となります。

　検索の文脈では、Nを小さくすればするほど、部分一致しやすく、検索漏れは発生しにくくなるのが特徴です。一方で、過剰ヒットによる検索ノイズも生まれます。また、分割数が多くなるので、インデックスサイズも大きくなります。Nをいくつに設定するかが検索体験やシステムのリソース

---

13. 厳密には、形態素解析では単語に加えて品詞や活用形などの情報も取り出します。純粋に単語だけを分割して取り出すことは、分かち書きといいます。

使用を左右するので、運用者の腕の見せどころになります。

1.9.4　日本語固有の課題と tokenizer

　トークン化をするにあたって、言語ごとに難易度が大きく変わります。

　たとえば英語では、各単語間にスペースが入っています。そのため、形態素単位で単語を取り出すのは簡単です。

　ところが、日本語や中国語は各単語の切れ目にスペースが入っていません。そのため、辞書や文脈を加味した高度な単語分割が要求されます。そこで、Solrで日本語を扱うときは、多くの場合、かな漢字変換や日本語用の形態素解析フィルターを使用します。

　代表的な日本語形態素解析器がKuromoji[14]です。Kuromojiは、Java製の日本語形態素解析器です。オープンソースであり、誰でも無料で利用できます。Apache Software Foundation に寄付されていて、Apache Luceneへの連携に長けています。分かち書きはもちろん、複合語の分割や品詞のタグ付け、見出し化、読みの抽出などもできます。

　Solrで日本語の形態素解析を行う場合は、このKuromojiを利用するのが一般的です。Kuromojiの採用によって、Solr上での日本語全文検索は実用レベルに達していると言っても過言ではないでしょう。

1.9.5　適合度

　Solrは検索の際に、クエリに対して各ドキュメントの**適合度**（Score）を算出します。適合度に応じて検索結果の順位付けをし、上位のドキュメントを優先的に返します。

　適合度の算出は、**TF-IDF**と呼ばれる値を使います。TF-IDFは、単語の出現頻度TF（Term Frequency）と、全文書中の単語の集中度合いIDF（Inverse Document Frequency）を掛け合わせることにより、適合度を算出されます。

図 1.10: TF-IDF の計算式

$$TF - IDF = TF \times IDF$$
$$TF = 単語の出現頻度$$
$$IDF = \ln \frac{全文書数}{単語の出現する文書数}$$

　転置インデックスを作ったときの表を思い出してみましょう。

14.https://www.atilika.com/ja/kuromoji/

表 1.6: TF-IDF テーブル

	TF			IDF
単語	文書 1	文書 2	文書 3	
Solr	3	0	1	0.405
検索	3	5	6	0
ベクトル	0	4	0	1.097
さしみ	1	1	3	0
もち	2	0	1	0.405

　仮に上記のような文書がインデックスされていたとします。「検索」という単語は、どの文書にもまんべんなく登場しています。一方で、「Solr」という単語は特に文書1に頻出しています。どの文書も検索について書かれたものですが、特に文書1はSolrについて詳しく書かれていそうです。

　ここで、「検索Solr」というクエリがリクエストされたとしましょう。正確な検索意図はわかりませんが、Solrにまつわる検索に関する文書を探していそうです。

　単純に、クエリ単語の出現数だけ見ると、文書3がもっともマッチすることになります。ですが、TF-IDFであれば、ちゃんと文書1が一番適合度が高くなります。

図 1.11: TF-TDF 値の計算方法

$$TF - IDF(文書1) = TF - IDF(検索)$$
$$+ TF - IDF(Solr) = 0 \times 3 + 0.405 \times 3 = 1.216$$
$$TF - IDF(文書3) = TF - IDF(検索)$$
$$+ TF - IDF(Solr) = 0 \times 6 + 0.405 \times 1 = 0.405$$

　このように、特定の文書にだけ高頻度で出現している場合、スコアが高くなり、その単語は特定の文書を特徴づける単語として扱います。これで検索クエリに、より関連の深い文書を見つけ出すことができます。逆に、「です」や「の」のような、どの文章にも入っている単語は、出現頻度が多くてもスコアは高くなりません。

　全文検索では、この適合度によってクエリと文書の関連性を評価しています。最近では、TF-IDFを改良したBM25と呼ばれる指標で、検索順位スコアは算出されています[15]。

Solrの読み方は？

　外国語あるあるなのですが、「Solr」は、どう発音するのが正しいのでしょうか？「ソーラー」なのでしょうか、「ソラー」なのでしょうか、はたまたそれ以外なのでしょうか。

15.https://ja.wikipedia.org/wiki/Okapi_BM25

Apache Solr の公式 Wiki を見ると FAQ に、まさにこの質問が載っていました。Wiki には次のように記載されています。
It's pronounced the same as you would pronounce "Solar".

イギリス英語で「o」は発音記号で「ou」と表記されます。日本語だと「アウ」に近いかもしれません。

ちなみに、Wikipedia の日本語ページには「ソーラー」と書かれています。

また、Lucene/Solr 分野最大のカンファレンスである Lucene/Solr Revolution など、いくつかの国際カンファレンスの登壇を聞いてみましたが、私には「ソーラー」に近い発音に聞こえました[16][17][18]。

宗教戦争をする気はありませんが、「ソーラー」に近い発音をすると外国人にも伝わりやすいかなと思います。

16.https://www.youtube.com/watch?v=qbqlvO1LLNs&list=PLsj1Ri57ZE97XElSkEuQFIMiuwzPLx1Zu&ab_channel=LuceneSolrRevolution

17.DEF CON：Black Hat と並んで北米を代表するセキュリティーカンファレンス https://www.youtube.com/watch?v=xf2E64o4hWc&ab_channel=DEFCONConference

18.edureka！：プログラミング言語から IoT まで広範囲の技術領域のチュートリアルを公開してくれている E-Learning Platform https://www.youtube.com/watch?v=7WlbU3ZlTe4&ab_channel=edureka%21

1.10　参考文献

その他に参考にした文献です。Solr の利点や運用ノウハウはいろいろな方がまとめてくださっているので、足りない情報はみなさんで調べてみてください。

- 誰でもわかる全文検索入門[19]
- Apache Solr とは？動作確認や機能、特徴などを解説 | OSS サポートの OpenStandia™【NRI】[20]
- 全文検索エンジン Solr | 国立国会図書館インターネット資料収集保存事業[21]
- Apache Solr 〜データを高速で全文検索する OSS 〜[22]
- 検索エンジンの常識を Apache Solr で身につける[23]
- apache solr とは？ウェブサイトのスピードアップで売上向上を目指そう | GMO クラウドアカデミー[24]
- Apache Solr 検索エンジン入門[25]
- Apache Solr 入門[26]
- New SolrCloud Design の翻訳（その 1 | @johtani の日記 3rd[27]
- SolrCloud 複数台構成 - Luxor Ver.2.0 運用ガイド[28]
- ZooKeeper 概要と zoo.cfg 設定覚え書き – OpenGroove[29]

19.https://zenn.dev/segavvy/articles/e97fa8417a0ee3

20.https://openstandia.jp/oss_info/apachesolr/

21.https://warp.da.ndl.go.jp/contents/reccommend/mechanism/mechanism_solr.html

22.https://www.designet.co.jp/ossinfo/apachesolr/

23.https://atmarkit.itmedia.co.jp/ait/articles/1111/18/news148.html

24.https://academy.gmocloud.com/know/20160106/1509

25.https://www.slideshare.net/techblogyahoo/apache-solr-62053171

26.https://www.slideshare.net/ssuser55496e/apache-solr-76683371

27.https://blog.johtani.info/blog/2011/09/28/new-solrcloud-design%E3%81%AE%E7%BF%BB%E8%A8%B3%E3%81%9D%E3%81%AE%EF%BC%91/

28.https://doc.support-dreamarts.com/Luxor/V20/Luxor_Ver.2.0_%E9%81%8B%E7%94%A8%E3%82%AC%E3%82%A4%E3%83%89/solrcloud_clusterserver/index.html

29.https://open-groove.net/other-tools/zookeepr-config/

第2章　全文検索エンジンとしてのSolr

第2章では、Solrの基本的な機能について解説します。第1章と同様にSolrを初めて触る、久しぶりすぎて何も覚えていないという方向けの章です。Solrのすべての機能を説明しきるには紙面が足らなさすぎるので、第3章「ベクトル検索の理論と要素技術」以降で関係ありそうなものを中心にピックアップしました。

2.1　環境構築

第4章「Solr上でベクトル検索を動かす」でも改めて説明しますが、まずは環境を整えましょう。

本書では、紹介した機能を手元で試しやすいよう、サンプルコードを公開しています[1]。サンプルコードでは、Dockerによって環境構築を行います。まずは、dockerおよびdocker-composeコマンドが動作する環境を用意してください。Docker環境の構築手順は、「D.1 環境構築」をご覧ください。

また、bashコマンドやシェルスクリプトが使えることも前提とします。Windowsの方はgit bash[2]のインストールまたはWindows Subsystem for Linux（WSL）環境を利用を推奨しています。私はWSL2を使っています。

参考までに、本書の検証で利用した環境およびDockerへの割り当てスペックを記載しておきます。

---

1. https://github.com/Sashimimochi/today-solr-vs-book
2. https://gitforwindows.org/

```
$ docker --version
Docker version 20.10.21, build 20.10.21-0ubuntu1~20.04.1
$ docker-compose --version
docker-compose version 1.29.2, build 5becea4c
$ wget --version
GNU Wget 1.20.3 built on linux-gnu.
$ make -v
GNU Make 4.2.1
```

　CPUは4コア、Memoryは6GB以上割り当てています。GPUは使用していません。使えるに越したことはありませんので、可能ならセッティングをおすすめします。

　構築されるシステムアーキテクチャは以下の通りです。検索基盤、可視化基盤、負荷試験基盤の3つから構成されます。

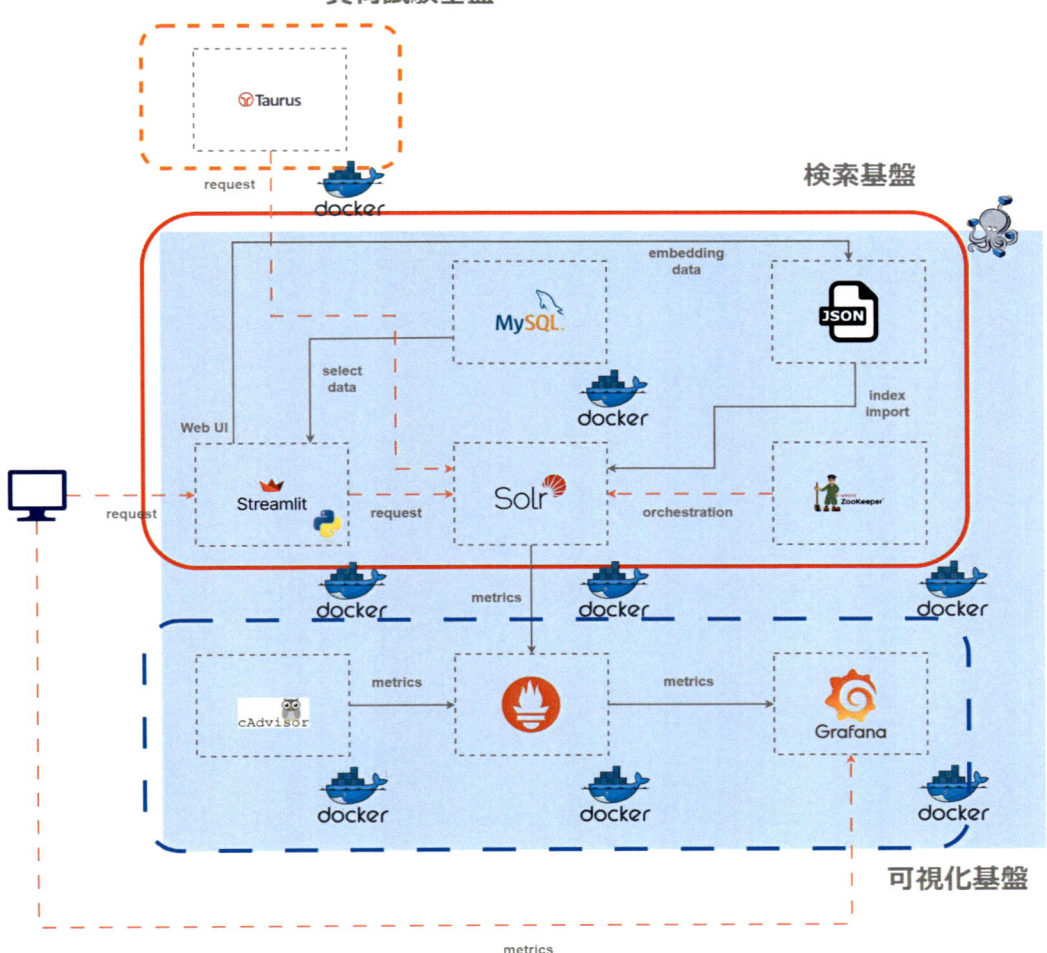

　このうち必須なのは、検索基盤の部分です。それ以外は利便性を高める補助コンテナです。手元のマシンスペックの都合で動作が難しければ、必要に応じて`docker-compose.yml`ファイルからコメントアウトなどで除外してください。

　起動方法はリポジトリーのREADMEにも記載しましたが、`launch.sh`の実行からを推奨しています。`launch.sh`ではコンテナの起動だけでなく、インデックスに必要なデータのダウンロードやSolrの初期設定も一緒にやっています。そのため、初回の実行には時間がかかります。2回目以降はローカルにダウンロードしてきたデータを使い回すので、さほど時間はかかりません。

　コンテナ内の各種ミドルウェアのバージョンは、以下の通りです。

表2.1: ミドルウェアのバージョン

tool	version
Solr	9.4.1
MySQL	5.7
Zookeeper	3.7
Grafana	10.3.1
cAdvisor	0.33.0
Prometheus	2.45.3
Python	3.7

　本書では、Solrを除く各種ツールの使い方についての使い方については、必要最小限の解説に留めています。詳しく知りたい方は各自で学習してください。

2.2　まずは検索

　長々と説明するより、まずは成功体験があったほうがいいかと思います。そこで、すべての説明を後回しにしてまずは、Solrを起動して検索をするところまでやってみようと思います。きちんと理解してから動かしたいという方は、次のセクションから先に読んでください。

　本書用のサンプルリポジトリーをクローンして、アプリケーションを立ち上げます。

リスト2.2: クイックスタート

```
$ git clone git@github.com:Sashimimochi/today-solr-vs-book.git
$ sh ./launch.sh
```

　launch.shを実行すると、後々の章で使うデータやモジュールをダウンロードしてくるので、初回はやや時間がかかります。マシンスペックにもよりますが、およそ30分かかるかと思います。

　起動できたら、http://localhost:8501 にアクセスしてみましょう。これは、インデックス更新やベクトル検索を行うための専用のUIです。Solr付属の画面ではなく、簡易的な自作の画面です。

図2.2: ベクトル検索用トップ画面

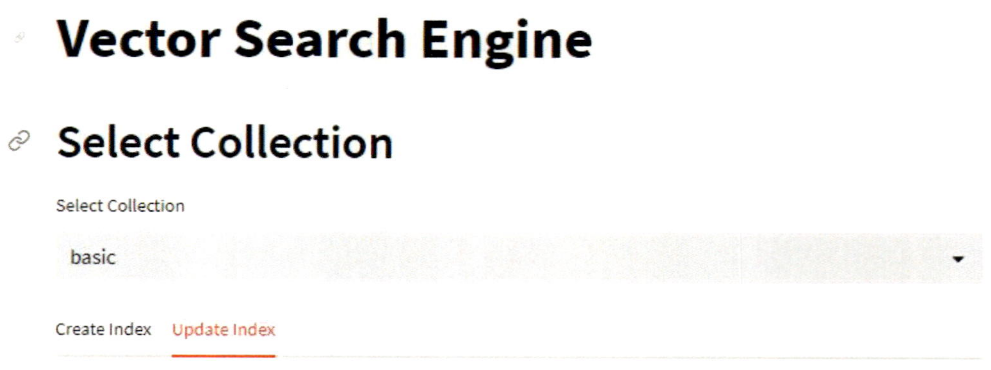

Vector Search Engine

🔗 Select Collection

Select Collection

```
basic                                                    ▼
```

Create Index　Update Index

本書のメインテーマがベクトル検索なので、Vector Search Engineというタイトルになっていますが、全文検索でも同様に使用できます。

　まず、Select Collectionからbasicを選択します。

　次に、Update indexタブのUpdate index by fileからインデックス用のファイルを選択します。Drag and drop file hereの部分に、インデックスデータをドラッグアンドドロップします。Browse filesからファイル選択をしてもよいです。上記のインデックスデータは、リポジトリの以下の箇所に作成済みです。

リスト2.3: ディレクトリー構成

```
$ tree python/index
python/index
└── index.basic.json
```

　インデックスファイルを選択したら、Index with Fileボタンを押します。

図2.3: インデックス登録画面

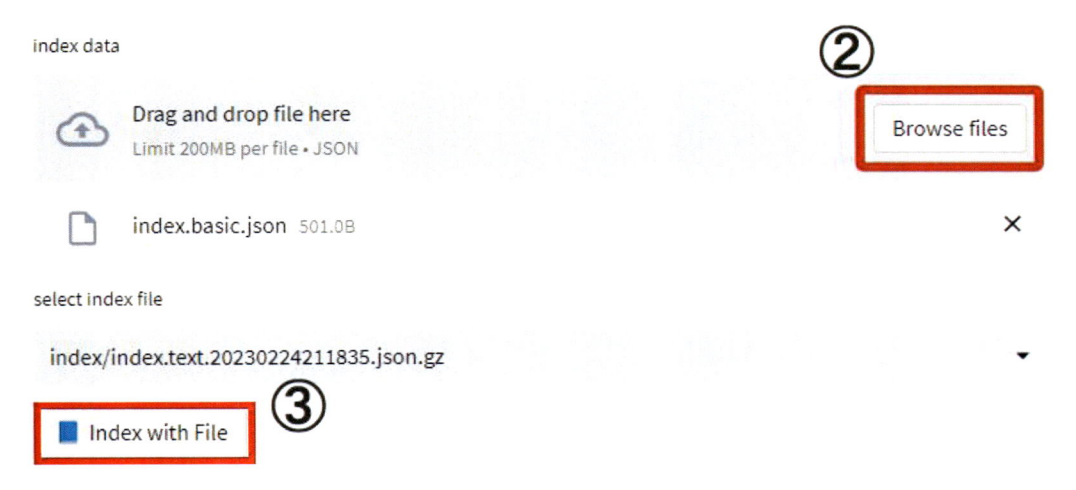

　successの文字が表示されたら、インデックス完了です。4件だけなので、数秒で終わります。

図2.4: インデックス成功

　インデックスが投入できたら、Solrの管理画面を確認してみましょう。こちらはSolr付属の画面です。http://localhost:8983 にアクセスして、`basic_shard1_replica_n1`のシャードを選択します。すると、ちゃんと4件のドキュメントがインデックスされていることが確認できます。

図2.5: shard basic

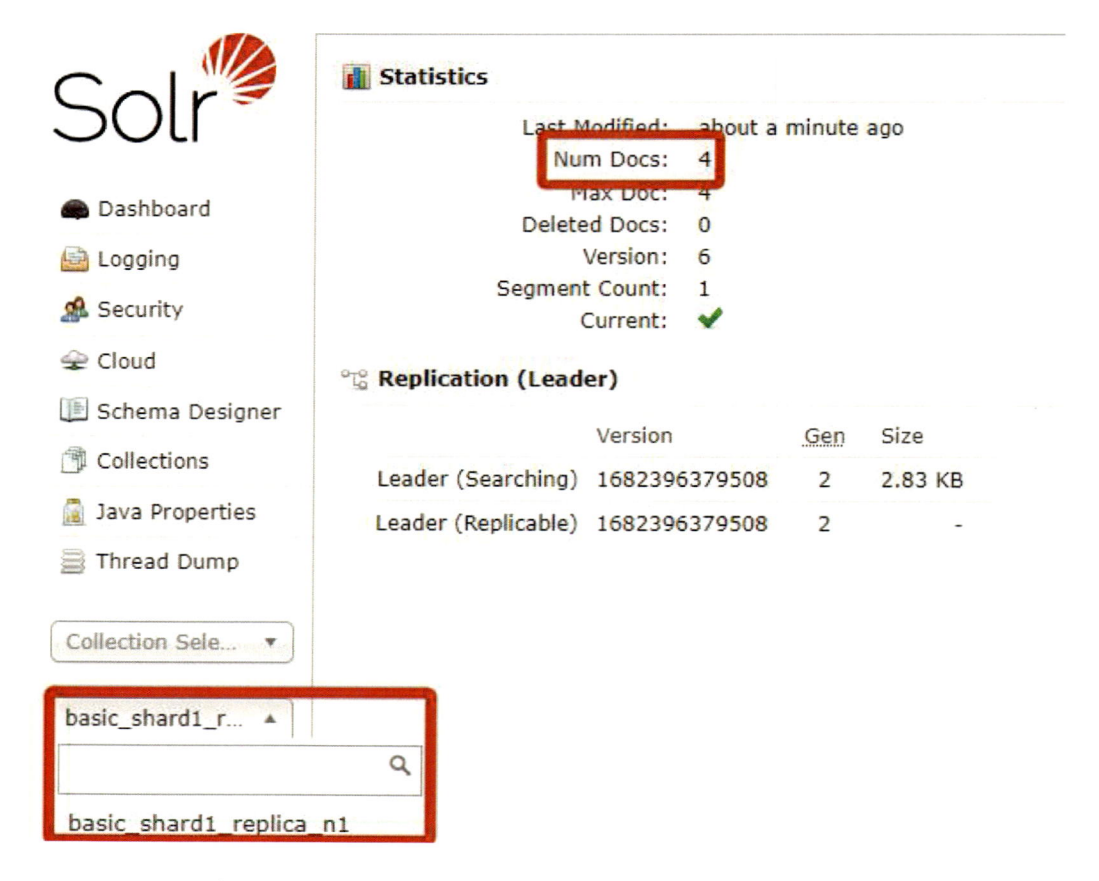

　インデックスの件数が確認できたら、Solrの管理画面からクエリを投げてみましょう。今度はcollectionでbasicを選択します。

 Collection: basic

Config name:
Replication factor:
Router name:

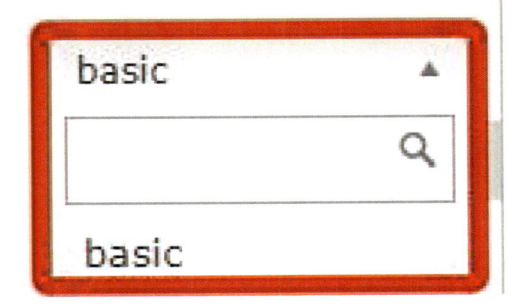

そして、Queryの項目を選択してください。

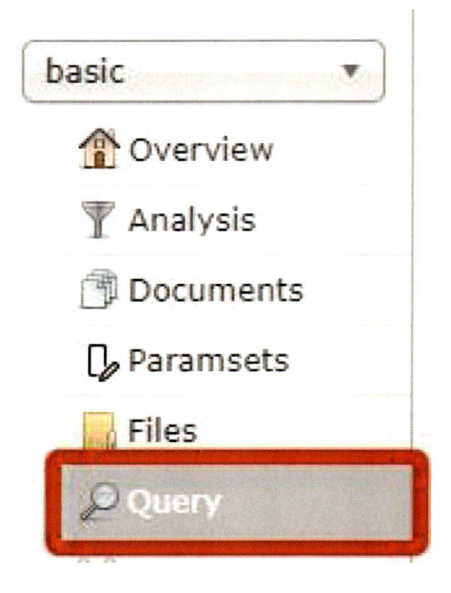

そのまま Execute Query を実行すると、インデックスされたドキュメントが検索できます。

図2.8: 先ほどのインデックスデータでの検索結果

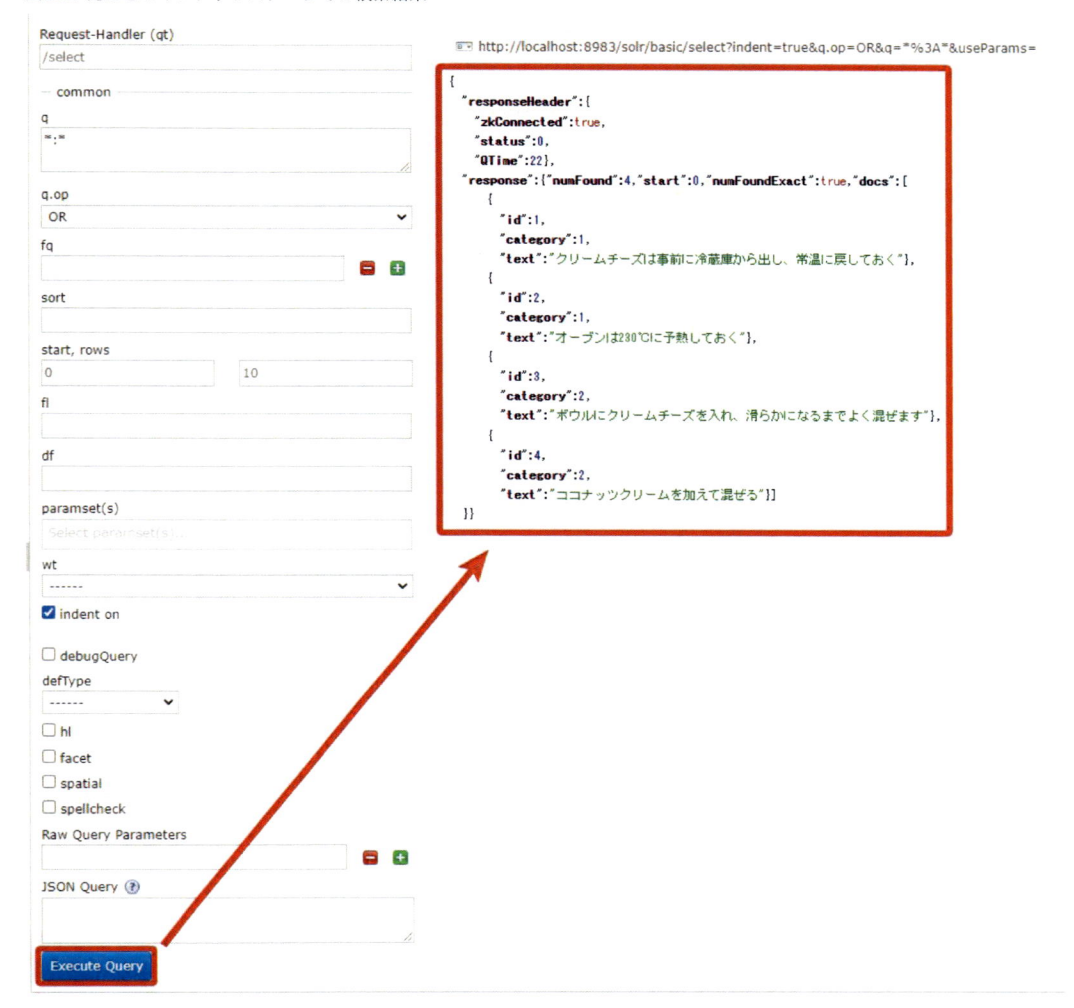

2.3 solrconfig

ひとまず動くことがわかったところで、各種設定ファイルの説明をしていきます。

まずは、Solrの構成やコレクションの動作を定義するsolrconfig.xmlファイルです。リクエストやレスポンスの設定、キャッシュの使用有無や大きさ、プラグインの設定などを定義します。

たとえば、以下のように記述します。

リスト2.4: solrconfig.xml

```xml
<?xml version="1.0" encoding="UTF-8" ?>


<config>
  <luceneMatchVersion>9.4.1</luceneMatchVersion>
```

```
  <dataDir>${solr.data.dir:}</dataDir>
  <schemaFactory class="ManagedIndexSchemaFactory">
    <!-- Schema API を使って編集可能にする場合は true にしておく -->
    <bool name="mutable">true</bool>
        <!-- スキーマ定義ファイル名 -->
    <str name="managedSchemaResourceName">managed-schema</str>
  </schemaFactory>
  <requestHandler name="/select" class="solr.SearchHandler" />
</config>
```

これは、Solrの公式リポジトリーにあるテスト用のコード[3]を改変したものです。

`<luceneMatchVersion>`には、Solrのバージョンを記述します。

`<dataDir>`には、インデックスを保存するディレクトリーを記述します。デフォルトは次のようになっています。未定義の場合はデフォルト値を使います。

リスト2.5: デフォルトのインデックス保存先

```
${SOLR_HOME}/server/solr/${collection名}/data
```

`<schemaFactory>`には、スキーマ定義ファイルの配置場所と設定を記述します。

後述しますが、Solr 6前後でスキーマ定義の定義方法が変わりました。もし、従来の`schema.xml`を使う場合は、以下のように設定します。

リスト2.6: Solr 6以前のスキーマ定義を使う場合

```
<schemaFactory class="ClassicIndexSchemaFactory" />
```

あくまで上記の例は、必要最小限に留めた設定です。これ以上説明すると、本書の主旨からずれてきてしまうので、詳しくは公式ドキュメントを参考にしてください[4]。

2.4 managed-schema

インデックスのスキーマを定義するファイルです。具体的には、各フィールドの名前やそのデータ型を定義します。データベースでいうと、カラムにあたる概念がSolrのフィールドです。

以前は、`schema.xml`というファイル名でしたが、Solr 6からは、`managed-schema`という名称に変わりました。たとえば、以下のように記述します。

3.https://github.com/apache/solr/blob/main/solr/core/src/test-files/solr/collection1/conf/solrconfig-basic.xml

4.https://solr.apache.org/guide/solr/latest/configuration-guide/configuring-solrconfig-xml.html

リスト2.7: managed-schema

```xml
<?xml version="1.0" encoding="UTF-8" ?>
<schema name="minimal" version="1.1">
  <fieldType name="string" class="solr.StrField"/>
  <dynamicField name="*" type="string" indexed="true" stored="true"/>
</schema>
```

これは、公式リポジトリーのテストコードで使われているものです[5]。上記の例はminimalとある通り、ミニマムの定義です。

nameやtypeに加えて、indexedやstoredなども設定されています。これらはフィールドプロパティーと呼ばれており、フィールドがどのように検索され、取り出されるかを設定します。

代表的なものをいくつか列挙しておきます。

- indexed：フィールドを検索可能な状態にする、すなわち、クエリを実行する際にそのフィールドに対して検索できるようにする。ただし、trueにすると、インデックスのサイズが大きくなる。直接検索対象としないフィールドならfalse推奨。
- stored：フィールドの値を取得可能な状態にする、すなわち、検索結果としてフィールドの値を返却できるようにする。ただしtrueにすると、ストレージの使用量が増加する。検索結果に含める必要がないならfalse推奨。
- docValues：フィールドをソートや集計の対象にする。trueにすると、フィールドの値を数値や文字列の形式で格納し、検索速度を高速化できる。ただしtrueにすると、インデックスのサイズが増加し、書き込みの速度が低下する。ソートや集計が必要なフィールド以外はfalse推奨。
- multivalued：フィールドが複数の値を持つことを許可するかどうかを指定する。デフォルトはfalse。
- required：そのフィールドが必須であるかどうかを指定する。trueの場合、登録するインデックスにそのフィールドがないと、インデックスに失敗する。
- default：インデックスデータにおいて、そのフィールドが空の場合に登録するデフォルト値を設定する。

なんでもtrueにすればよいというわけではなく、パフォーマンスやリソースと相談しながら適切な設定をすることが重要です。

2.5　ストップワード

出現頻度が高い割には、情報をあまり持たない単語が存在します。たとえば、「は」とか「が」のような助詞は文中に頻出しますが、助詞の意図で「は」というキーワードで検索するユーザーはいないでしょう。このように、重要な意味を持たないトークンを**ストップワード**といいます。ストップワードをあらかじめインデックスやクエリから取り除くことで、インデックスサイズの圧縮や検索結果ノイズを減らすことができます。

5.https://github.com/apache/solr/blob/main/solr/core/src/test-files/solr/collection1/conf/schema-minimal.xml

定義は簡単で、除外したいトークンを1行にひとつずつ定義したテキストファイルを用意します。

リスト2.8: stopwords_ja.txt

```
は
が
私
```

そして、managed-schemaのフィールド定義に作成したストップワードファイルを使用するよう、フィルター条件を加えます。以下はmanaged-schemaとstopwords_ja.txtが同じディレクトリーに置かれている場合の例です。

リスト2.9: managed-schema

```
<fieldType name="text_ja" class="solr.TextField" positionIncrementGap="0"
positionStep="0">
  <analyzer>
   <!-- ストップワードの登録 -->
   <filter class="solr.StopFilterFactory" ignoreCase="true"
words="stopwords_ja.txt" />
  </analyzer>
<fieldType>
```

詳しくは公式ドキュメントをご覧ください[6]。

2.6 データ投入

一番コンパクトな方法は、Solr付属のツールであるData Import Handler（DIH）を使って取り込む方法です。DIHはMySQLなどのデータベースからデータを引き出して、インデックスするためのコネクターです。しかし、Solr 9へのバージョンアップを契機にDIHはSolrから分離し、サードパーティーツールになりました[7]。2024/6/3現在、DIHはSolr 9.4.0までは対応しています。9.4.1以降は未対応なので、自前で実装する必要があります。

一見大変そうな気がしますが、Solrへのデータ登録や検索は、REST-likeなAPIを使って行います。各種言語でSolrのAPIを操作するためのライブラリーがありますので、基本的な機能は1から実装する必要はありません。本書のサンプルコードでは、pysolr[8]を使用しています。

また、インデックスもJSONやXML、CSV形式に対応しています。本書ではJSON形式で作成しています。たとえば、以下のようなフォーマットです。

6.https://solr.apache.org/guide/solr/latest/indexing-guide/filters.html#stop-filter

7.https://github.com/rohitbemax/dataimporthandler

8.https://github.com/django-haystack/pysolr

リスト2.10: index.basic.json

```json
[
  {
    "id": "1",
    "category": "1",
    "text": "クリームチーズは事前に冷蔵庫から出し、常温に戻しておく"
  },
  {
    "id": "2",
    "category": "1",
    "text": "オーブンは230℃に予熱しておく"
  },
  {
    "id": "3",
    "category": "2",
    "text": "ボウルにクリームチーズを入れ、滑らかになるまでよく混ぜます"
  },
  {
    "id": "4",
    "category": "2",
    "text": "ココナッツクリームを加えて混ぜる"
  }
]
```

　非常に直感的な形式で記述できるので、そこまでつまずくことはないと思います。詳しくは公式ドキュメントをご覧ください[9]。

2.7　基本的な検索機能

　Solrへのデータ登録や検索などの操作は、HTTPリクエストを使って行います。SolrのAPIは、REST-like APIを採用しています。全文検索の対象となるドキュメントの登録および検索結果の出力は、JSON、XML、CSV、バイナリなどの形式に対応しています。

　クエリ検索、ファセット、ハイライト（検索結果の強調表示）、スコアリング、範囲検索、緯度経度検索、類似文書検索、グルーピング、リッチテキスト検索、カスタムランキングなど、さまざまな方法での全文検索ができます。

2.7.1　メインクエリ

　標準的なクエリパラメーターです。後述する種々のパラメーターをオプションクエリとするなら、

9.https://solr.apache.org/guide/solr/latest/getting-started/solr-indexing.html

qパラメーターはメインクエリにあたります。基本的には、qパラメーターを使って検索条件を指定します。検索時に必須のパラメーターでもあります。

全件検索を行う場合は、ワイルドカード（*）を使って次のように検索します。

リスト2.11: 全件検索をする場合のメインクエリ

```
# 「q=フィールド名:検索条件」の形式で指定する
q=*:*
```

すると、次のような検索結果が返ってきます。

リスト2.12: response

```
// http://localhost:8983/solr/basic/select?q=*:*

{
  "responseHeader": {
    "zkConnected": true,
    "status": 0, // ステータスコード
    "QTime": 0 // レスポンス時間 [ms]
  },
  "response": {
    "numFound": 4, // ヒット数
    "start": 0, // 検索開始位置
    "numFoundExact": true,
    "docs": [
      {
        "id": 1,
        "category": 1,
        "text": "クリームチーズは事前に冷蔵庫から出し、常温に戻しておく"
      },
      {
        "id": 2,
        "category": 1,
        "text": "オーブンは230℃に予熱しておく"
      },
      {
        "id": 3,
        "category": 2,
        "text": "ボウルにクリームチーズを入れ、滑らかになるまでよく混ぜます"
      },
      {
        "id": 4,
        "category": 2,
```

```
      "text": "ココナッツクリームを加えて混ぜる"
    }
  ]
 }
}
```

　インデックスの数が少ないときはいいですが、数が多くなってくるとサーバーに負荷をかけることになるので、安易に全件検索をするのは控えましょう。

　フィールドを指定して絞り込むこともできます。

リスト2.13: response

```
// http://localhost:8983/solr/basic/select?q=(category:1)

{
  "response": {
    "numFound": 2,
    "start": 0,
    "docs": [
      {
        "id": 1,
        "category": 1,
        "text": "クリームチーズは事前に冷蔵庫から出し、常温に戻しておく"
      },
      {
        "id": 2,
        "category": 1,
        "text": "オーブンは230℃に予熱しておく"
      }
    ]
  }
}
```

　ANDやOR、NOTなどの演算子を使うこともできます。

リスト2.14: response

```
// http://localhost:8983/solr/basic/select?q=(category:1 AND id:1)

{
  "response": {
    "numFound": 1,
    "start": 0,
```

```
    "docs": [
      {
        "id": 1,
        "category": 1,
        "text": "クリームチーズは事前に冷蔵庫から出し、常温に戻しておく"
      }
    ]
  }
}
```

　また、範囲検索もできます。

リスト2.15: response

```
// http://localhost:8983/solr/basic/select?q=id:[1 TO 3]

{
  "response": {
    "numFound": 3,
    "docs": [
      {
        "id": 1,
        "category": 1,
        "text": "クリームチーズは事前に冷蔵庫から出し、常温に戻しておく"
      },
      {
        "id": 2,
        "category": 1,
        "text": "オーブンは230℃に予熱しておく"
      },
      {
        "id": 3,
        "category": 2,
        "text": "ボウルにクリームチーズを入れ、滑らかになるまでよく混ぜます"
      }
    ]
  }
}
```

　後述するさまざまなオプションを含め、非常に柔軟な検索ができます。詳しくは公式ドキュメン

トをご覧ください[10]。

2.7.2 フィールドリスト

検索結果に含めるフィールドを指定します。idフィールドだけほしい場合は、次のようにします。

リスト 2.16: response

```
// http://localhost:8983/solr/basic/select?fl=id&q=*:*

{
  "response": {
    "numFound": 4,
    "docs": [
      {
        "id": 1
      },
      {
        "id": 2
      },
      {
        "id": 3
      },
      {
        "id": 4
      }
    ]
  }
}
```

返却できるフィールドすべて返却させたいときは、ワールドカード（*）を用います。また、score も指定すれば、返却させることができます。

返却できるフィールドは、スキーマ定義でstored=trueとしたフィールドのみです。デフォルト返却フィールドはsolrconfig.xmlで定義できます。詳しくは公式ドキュメントをご覧ください[11]。

2.7.3 ソート

その名の通り、検索結果を条件に応じて並び替えます。

たとえば、categoryフィールドの値に応じて検索結果を並び替えたいとします。このとき、次のように指定します。

10.https://solr.apache.org/guide/solr/latest/query-guide/standard-query-parser.html

11.https://solr.apache.org/guide/solr/latest/query-guide/common-query-parameters.html#fl-field-list-parameter

リスト2.17: ソートクエリの書き方例

```
sort=category asc
```

　ascは、ascendingの略で昇順に並び替えます。降順にしたいときは、descendingの略であるdesc
を指定します。

リスト2.18: response

```
// http://localhost:8983/solr/basic/select?q=*:*&sort=category asc

{
  "response": {
    "numFound": 4,
    "start": 0,
    "maxScore": 1.0,
    "numFoundExact": true,
    "docs": [
      {
        "id": 1,
        "category": 1,
        "text": "クリームチーズは事前に冷蔵庫から出し、常温に戻しておく",
        "score": 1.0
      },
      {
        "id": 2,
        "category": 1,
        "text": "オーブンは230℃に予熱しておく",
        "score": 1.0
      },
      {
        "id": 3,
        "category": 2,
        "text": "ボウルにクリームチーズを入れ、滑らかになるまでよく混ぜます",
        "score": 1.0
      },
      {
        "id": 4,
        "category": 2,
        "text": "ココナッツクリームを加えて混ぜる",
        "score": 1.0
      }
    ]
```

```
    }
  }
```

スコアはいずれも同率一位ですが、categoryの値に応じて昇順で並び替わっています。このように、検索結果の並び順を整形したい場合に有効です。詳しくは公式ドキュメントをご覧ください[12]。

2.7.4 ファンクションクエリ

ファンクションクエリは、フィールド値やドキュメントのスコアなどの情報をもとに、特定の演算結果をクエリとして検索できる機能です。

たとえば、メインクエリやフィルタークエリとは別に、あるフィールドに特定のテキストが含まれているかを計算できます。

リスト2.19: response

```
// http://localhost:8983/solr/#/basic/query?q=*:*&fl=* exists(query($qq))&qq=text:
クリームチーズ

{
  "response": {
    "numFound": 4,
    "start": 0,
    "numFoundExact": true,
    "docs": [
      {
        "id": 1,
        "category": 1,
        "text": "クリームチーズは事前に冷蔵庫から出し、常温に戻しておく",
        "exists(query($qq))": true
      },
      {
        "id": 2,
        "category": 1,
        "text": "オーブンは230℃に予熱しておく",
        "exists(query($qq))": false
      },
      {
        "id": 3,
        "category": 2,
        "text": "ボウルにクリームチーズを入れ、滑らかになるまでよく混ぜます",
        "exists(query($qq))": true
```

12.https://solr.apache.org/guide/solr/latest/query-guide/common-query-parameters.html#sort-parameter

```
      },
      {
        "id": 4,
        "category": 2,
        "text": "ココナッツクリームを加えて混ぜる",
        "exists(query($qq))": false
      }
    ]
  }
}
```

　上記の例ではまず、qq=text:クリームチーズというローカルパラメーターを定義しています。ローカルパラメーターは、そのクエリ中でのみ有効な変数です。qqを条件にして、query() で検索を実行します。最後にexists() によって、ヒットしたかどうかをbooleanに変換します。

　まとめると、textフィールドに対してクリームチーズというキーワードで検索をかけた結果、ヒットしたかどうかを算出しています。算出結果をパラメーターとしてクエリに含められます。

　この計算結果は、ソート条件に使用できます。

リスト2.20: response

```
// http://localhost:8983/solr/basic/select?fl=* exists(query($qq))&q=*:*&qq=text:
クリームチーズ&sort=exists(query($qq)) desc

{
  "responseHeader": {
    "zkConnected": true,
    "status": 0,
    "QTime": 30
  },
  "response": {
    "numFound": 4,
    "start": 0,
    "numFoundExact": true,
    "docs": [
      {
        "id": 1,
        "category": 1,
        "text": "クリームチーズは事前に冷蔵庫から出し、常温に戻しておく",
        "exists(query($qq))": true
      },
      {
        "id": 3,
```

```
      "category": 2,
      "text": "ボウルにクリームチーズを入れ、滑らかになるまでよく混ぜます",
      "exists(query($qq))": true
    },
    {
      "id": 2,
      "category": 1,
      "text": "オーブンは230℃に予熱しておく",
      "exists(query($qq))": false
    },
    {
      "id": 4,
      "category": 2,
      "text": "ココナッツクリームを加えて混ぜる",
      "exists(query($qq))": false
    }
  ]
 }
}
```

　上記の例は、メインクエリでキーワード検索したときと同じなのでわかりにくいですが、「メイン
クエリやフィルタークエリでキーワード検索をしたくない、でも検索順位には反映させたい」とい
う場合に有効でしょう。そのような例は、第4章「Solr上でベクトル検索を動かす」で登場します。
　その他の代表的なファンクションクエリには、以下のようなものがあります。

・score function
　　―クエリに一致するドキュメントのスコアを計算するために使用する
　　―queryとboostというふたつのパラメーターを持つ
　　―queryは、クエリに一致するフィールドの値を計算するために使用する
　　―boostは、スコアに追加される値で、スコア関数の重要性を調整するために使用する
・field function
　　―フィールドの値を計算するために使用する
　　―たとえば、数値フィールドに対して最大値を計算することができる
・linear function
　　―フィールドの値を組み合わせて、新しいフィールドの値を計算するために使用する
　　―定数やフィールドの値の係数を持つ
・dynamic field function
　　―フィールド名の一部にワイルドカードを使用することができる
　　―複数フィールドに対して同じ関数を適用することができる
・easy function

—あるフィールドの値が別のフィールドの値を含むかどうかを調べるために使用する

・hash function

—指定されたフィールドの値をハッシュ値に変換するために使用する

・default function

—フィールドが存在しない場合に返される値を指定するために使用する

詳しくは公式ドキュメントをご覧ください[13]。

2.7.5　フィルタークエリ

メインクエリとは別に、絞り込み条件を指定したいときに用います。スコアに影響は与えないので、フィルタークエリを使っても並び順が変わることはありません。

リスト2.21: query

```
fq=category:1
```

のように、fqを使って指定します。

リスト2.22: response

```
// http://localhost:8983/solr/basic/select?q=*:*&fq=category:1

{
  "response": {
    "numFound": 2,
    "start": 0,
    "docs": [
      {
        "id": 1,
        "category": 1,
        "text": "クリームチーズは事前に冷蔵庫から出し、常温に戻しておく"
      },
      {
        "id": 2,
        "category": 1,
        "text": "オーブンは230℃に予熱しておく"
      }
    ]
  }
}
```

次のように、範囲検索をすることもできます。

13.https://solr.apache.org/guide/solr/latest/query-guide/function-queries.html

リスト2.23: response

```
// 20230419005657
// http://localhost:8983/solr/basic/select?q=*:*&fq={!frange l=2}category

{
  "response": {
    "numFound": 2,
    "start": 0,
    "docs": [
      {
        "id": 3,
        "category": 2,
        "text": "ボウルにクリームチーズを入れ、滑らかになるまでよく混ぜます"
      },
      {
        "id": 4,
        "category": 2,
        "text": "ココナッツクリームを加えて混ぜる"
      }
    ]
  }
}
```

　ファンクションクエリでの検索結果は、**フィルターキャッシュ**と呼ばれるメインクエリとは別の専用のキャッシュに保持されます。何度も同じフィルター条件を用いる場合には、キャッシュが効いて、高速にレスポンスが得られます。逆にキャッシュを効かせたくないときは、次のように明示的に指定します。

リスト2.24: query

```
fq={!cache=false}category:1
```

　また、メインクエリは1クエリひとつですが、フィルタークエリは1度のクエリで複数指定することもできます。詳しくは、公式ドキュメントをご覧ください[14]。

2.8　高度な検索機能

2.8.1　リランキングクエリ

　ファンクションクエリを使うことで、複雑な計算式を使って値を算出し、検索結果の並び替えができます。ですが、複雑な計算を行うということは、その分レスポンス時間に跳ねる可能性があり

14.https://solr.apache.org/guide/solr/latest/query-guide/common-query-parameters.html#fq-filter-query-parameter

ます。

　たとえば、検索結果のうち、有用そうな上位Nに対してだけ、より詳細な並び替えをするということができれば、その分計算リソースを節約できます。それを可能にするのが、リランキングクエリです。

　以下の例は、上位3件のドキュメントに対して、id÷1を計算したスコアで並び替えをしたものです。

リスト2.25: response

```
// http://localhost:8983/solr/basic/select?fl=score * $rqq&q=*:*&rq={!rerank
reRankQuery=$rqq reRankDocs=3 reRankWeight=1 reRankOperator=multiply}&rqq={!func
v=div(id,1)}&sort=category asc

{
  "response": {
    "numFound": 4,
    "start": 0,
    "maxScore": 1.0,
    "numFoundExact": true,
    "docs": [
      {
        "id": 3,
        "category": 2,
        "text": "ボウルにクリームチーズを入れ、滑らかになるまでよく混ぜます",
        "score": 4.0,
        "$rqq": 3.0
      },
      {
        "id": 2,
        "category": 1,
        "text": "オーブンは230℃に予熱しておく",
        "score": 3.0,
        "$rqq": 2.0
      },
      {
        "id": 1,
        "category": 1,
        "text": "クリームチーズは事前に冷蔵庫から出し、常温に戻しておく",
        "score": 2.0,
        "$rqq": 1.0
      },
      {
```

```
      "id": 4,
      "category": 2,
      "text": "ココナッツクリームを加えて混ぜる",
      "score": 1.0,
      "$rqq": 4.0
    }
  ]
}
}
```

category ascによってソートされた上位N件に対して、$rqqを計算します。もともとのスコア1.0に対して、$rqqの値が足しこまれて、スコアが再計算されています[15]。

そして、再計算されたスコアを使って、スコアの高い順に検索結果が並び替えられています。このように、ソートの結果を上書きして、再度並び替えを行うのがリランキングです。リランク対象のドキュメント数は、reRankDocsによって指定します。

今回は、reRankDocs=3であり、id=4に関しては4件目なので、リランク対象外となり、スコアの再計算は行われていません。詳しくは公式ドキュメントをご覧ください[16]。

ファンクションクエリで用いるような関数だけでなく、機械学習による並び替えを行う場合にも、リランキングクエリは有効です。代表的なものは、Learning To Rankと呼ばれるランキングです。

専門的な知識が要求されますが、うまく扱えば、ユーザーの行動に基づいて最適なランキング順を自動で決定できる非常に強力な手法です。詳しくは公式ドキュメントをご覧ください[17]。

2.8.2　グルーピング

Solrでは、検索結果を条件に応じてグループ化して返すことができます。エリア単位で、そのエリアに含まれる店舗一覧を取得したいときなどに便利です。

リスト2.26: response

```
// http://localhost:8983/solr/basic/select?q=*:*&group.field=category&group=true
&group.limit=10

{
  "grouped": {
    "category": {
      "matches": 4,
      "groups": [
        {
          "groupValue": 1,
```

15.Solr 9.2 から返却時のスコアを合算ではなく、リランクスコア単独にできるようになりました。https://issues.apache.org/jira/browse/SOLR-16643

16.https://solr.apache.org/guide/solr/latest/query-guide/query-re-ranking.html

17.https://solr.apache.org/guide/solr/latest/query-guide/learning-to-rank.html

```
          "doclist": {
            "numFound": 2,
            "start": 0,
            "numFoundExact": true,
            "docs": [
              {
                "id": 1,
                "category": 1,
                "text": "クリームチーズは事前に冷蔵庫から出し、常温に戻しておく"
              },
              {
                "id": 2,
                "category": 1,
                "text": "オーブンは230℃に予熱しておく"
              }
            ]
          }
        },
        {
          "groupValue": 2,
          "doclist": {
            "numFound": 2,
            "start": 0,
            "numFoundExact": true,
            "docs": [
              {
                "id": 3,
                "category": 2,
                "text": "ボウルにクリームチーズを入れ、滑らかになるまでよく混ぜます"
              },
              {
                "id": 4,
                "category": 2,
                "text": "ココナッツクリームを加えて混ぜる"
              }
            ]
          }
        }
      ]
    }
}
```

```
}
```

　上記の例では、categoryごとに検索結果がまとまって返却されました。このような返却機能があるのも、Solrの特徴です。
　クエリを分解して説明すると、まず、

リスト2.27: query
```
group=true
```

　によってグループ化を有効にします。次に、

リスト2.28: query
```
group.field=category
```

　によってグループ化を行うフィールドを指定します。最後に

リスト2.29: query
```
group.limit=10
```

　で、1グループ内に含める最大ドキュメント数を指定しています。
　その他のオプションなど、詳しくは公式ドキュメントをご覧ください[18]。

2.8.3　ファセット検索

　検索結果を受けて、さらに条件を絞り込みたいとします。たとえば、ECサイトでカテゴリーなどのチェックボックスを押すと、詳細な絞り込みがされるサイトがあるかと思います。そのとき、チェックボックスの横に絞り込まれる件数が表示されているかと思います。あそこに表示されている件数を、一度の検索で取得できるのがファセット検索です。

18.https://solr.apache.org/guide/solr/latest/query-guide/result-grouping.html

図2.9: ファセット検索の例（国立研究開発法人 医薬基盤・健康・栄養研究所より https://sagace.nibiohn.go.jp/tutorial.html）

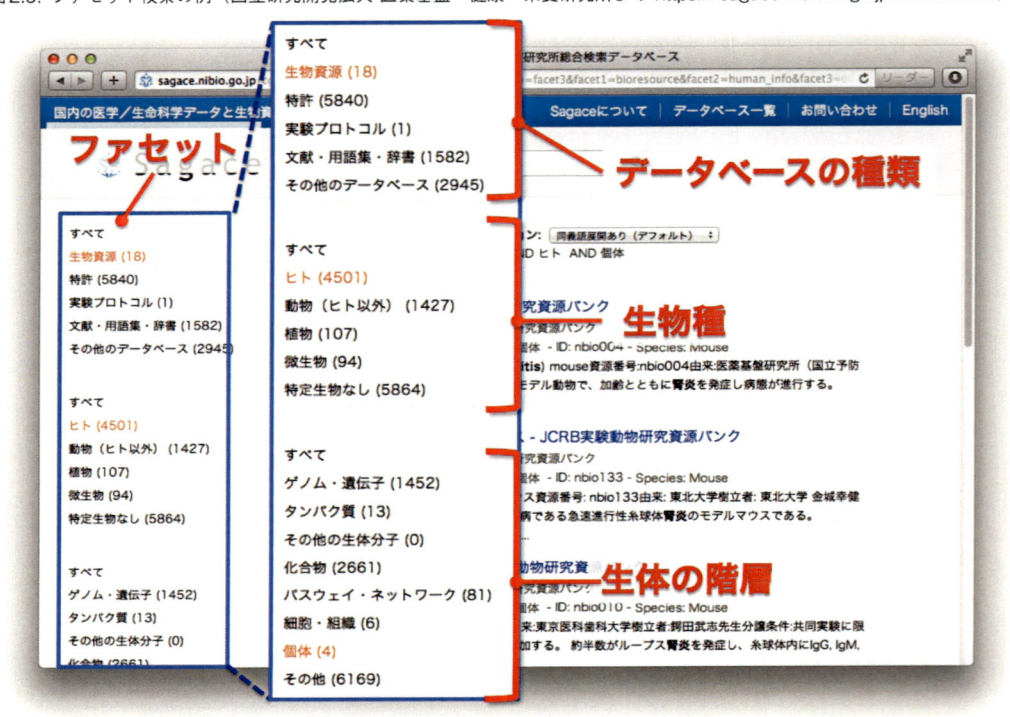

　Solr でも、このようなファセット検索ができます。

リスト2.30: response

```
// http://localhost:8983/solr/basic/select?facet.field=category&facet=true&q=text:
クリームチーズ

{
  "response": {
    "numFound": 2,
    "start": 0,
    "numFoundExact": true,
    "docs": [
      {
        "id": 1,
        "category": 1,
        "text": "クリームチーズは事前に冷蔵庫から出し、常温に戻しておく"
      },
      {
        "id": 3,
        "category": 2,
```

```
        "text": "ボウルにクリームチーズを入れ、滑らかになるまでよく混ぜます"
      }
    ]
  },
  "facet_counts": {
    "facet_fields": {
      "category": [
        "1",
        1,
        "2",
        1
      ]
    },
  }
}
```

　上記の例だと、クリームチーズでキーワード検索したときに、通常の検索結果に加えて、その検索結果内にcategoryが1のドキュメントが1件、2のドキュメントが1件あることが1度のクエリで取得できます。詳しくは公式ドキュメントをご覧ください[19]。

2.8.4　ハイライト

　ヒットしたドキュメントの中で、クエリキーワードにマッチした箇所を強調表示したいという場面があるかと思います。このとき、ヒット箇所を特定のタグで囲んでくれる機能がSolrにはあります。それがハイライト検索です。

図2.10: ハイライト検索の例 (https://qiita.com/Sashimimochi/items/4972b3dc333c6e5fb866 より)

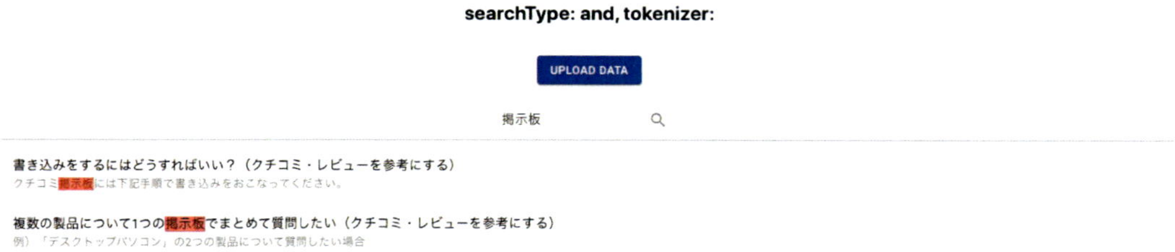

searchType: and, tokenizer:

UPLOAD DATA

掲示板　　　　　　🔍

書き込みをするにはどうすればいい？（クチコミ・レビューを参考にする）
クチコミ 掲示板 には下記手順で書き込みをおこなってください。

複数の製品について1つの 掲示板 でまとめて質問したい（クチコミ・レビューを参考にする）
例）「デスクトップパソコン」の2つの製品について質問したい場合

　たとえば、クリームチーズで検索をかけたときに、該当箇所を<highlightkey>、</highlightkey>で囲いたいときは次のようにします。

19.https://solr.apache.org/guide/solr/latest/query-guide/faceting.html

リスト 2.31: response

```
// http://localhost:8983/solr/basic/select?hl.fl=text&hl.simple.post=</highlightk
ey>&hl.simple.pre=<highlightkey>&hl=true&q=text:クリームチーズ

{
  "response": {
    "numFound": 2,
    "start": 0,
    "numFoundExact": true,
    "docs": [
      {
        "id": 1,
        "category": 1,
        "text": "クリームチーズは事前に冷蔵庫から出し、常温に戻しておく"
      },
      {
        "id": 3,
        "category": 2,
        "text": "ボウルにクリームチーズを入れ、滑らかになるまでよく混ぜます"
      }
    ]
  },
  "highlighting": {
    "1": {
      "text": [
        "<highlightkey>クリームチーズ</highlightkey>は事前に冷蔵庫から出し、常温に戻してお
く"
      ]
    },
    "3": {
      "text": [
        "ボウルに<highlightkey>クリームチーズ</highlightkey>を入れ、滑らかになるまでよく混
ぜます"
      ]
    }
  }
}
```

　docs とは別に、highlighting という項目に、ハイライト結果が返却されるようになります。タグに応じてフロント側で色を付けるなり、太字にするなり強調表示をすることで、ユーザーはそのドキュメントのどの部分がヒットに該当したのか一目でわかるようになります。詳しくは公式ドキュ

メントをご覧ください[20]。

2.8.5 ジョイン検索

Solrでは、複数のコレクションを結合して検索ができます。Solr 8.6からは、異なるふたつのノードのコレクションも結合することもできるようになりました。SQLで複数のテーブルをジョインして検索結果を得るのと、同じような使い方ができます。既存のコレクションを生かしつつ、新しいコレクションを活用したいときに便利です。

たとえば、次のように既存ノードであるnode1のコレクションを使って、新規ノードであるnode2のコレクションで検索を作りたいとします。

|||||||||||||||||||||||||||||||||||||||||||||||||||||||||||||||||||||||||||||||||||||||||||||||||||||||||||||||||||||||||||||
ジョイン検索用のサンプルコード

システムアーキテクチャの都合で、別リポジトリーにサンプルコードを用意しています[21]。使い方自体は同じです。また、ポート番号が被るので、メインのコンテナは落としてから起動してください。

20.https://solr.apache.org/guide/solr/latest/query-guide/highlighting.html

21.https://github.com/Sashimimochi/today-solr-vs-book-dual

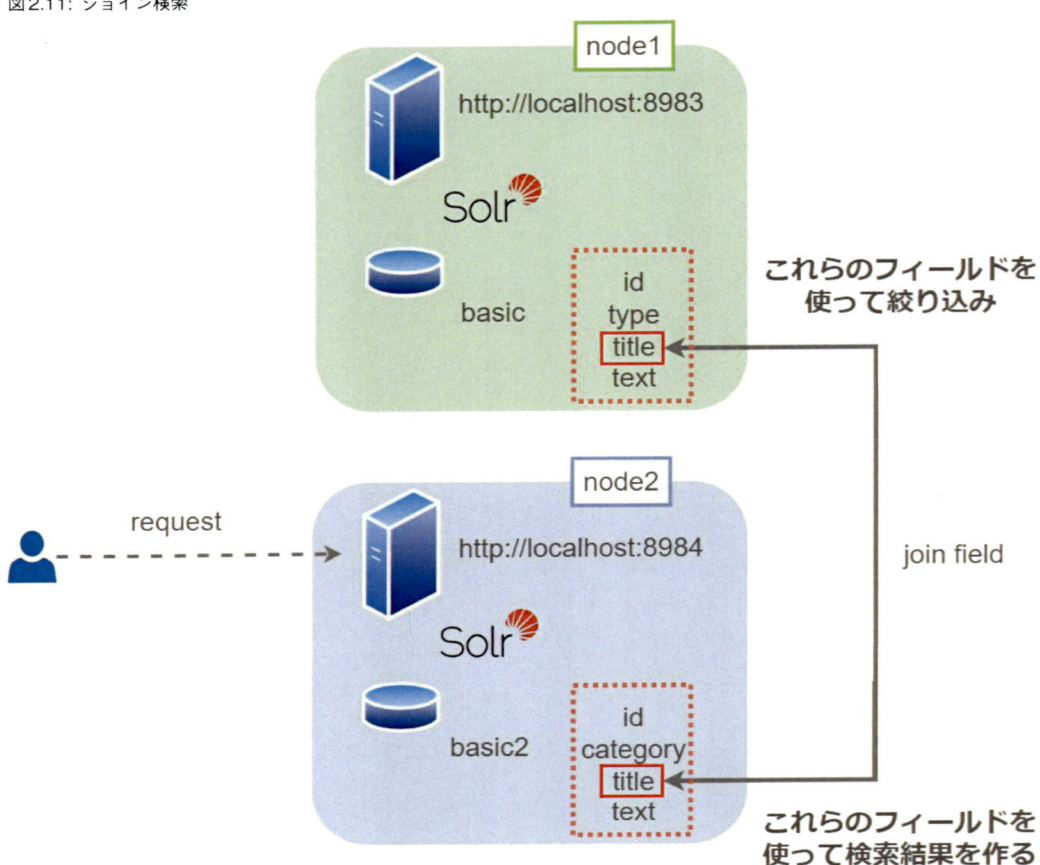

basicにもbasic2にも、titleフィールドを持たせておきます。これがSQLにおける結合キーにあたります。

結合用のフィールド名は必ずしも同じである必要はありませんが、値を見て結合するドキュメントを決めるので、値はそろえておきましょう。特に理由もなければ、フィールド名も同じにしておいた方がわかりやすいかと思います。

また、フィールドのtypeは必ずstringにしておく必要があります。ドキュメント固有のハッシュidフィールドがあるなら、それがおススメです。

具体的には、コレクション1は以下のようなドキュメントをインデックスしておきます。

リスト2.32: collection_basic

```
// http://localhost:8983/solr/basic/select?&q=*:*

{
  "response": {
```

```json
    "numFound": 6,
    "start": 0,
    "numFoundExact": true,
    "docs": [
      {
        "id": 1,
        "type": 1,
        "title": "title1",
        "text": "ちょっと寒くなってきた今日この頃。こんな寒い日にはお鍋料理が食べたくなりますよね。お肉もいいし、お魚も捨てがたい、何をメインにすればよいか頭を悩ませてしまうこともありませんか。今回のテーマは、海鮮特集として、冬のお鍋におすすめの海の幸10選をご紹介します。家族みんなで食卓を囲んで暖まりませんか。"
      },
      {
        "id": 2,
        "type": 1,
        "title": "title2",
        "text": "あのフレーズに連想されるように、京都といえば国内外問わず人気の観光地ですよね。わたしもあの古き良き趣のある街並みが大好きです。金閣寺、銀閣寺、二条城など有名な場所は、みなさんも一度は訪れたことがあるのではないしょうか。ですが、中にはあまり知られていない穴場スポットもあり、京都はとても奥が深い町です。一度は京都に行ったことがある方も、こちらの記事で新しい発見があること間違いなし！めくるめく京都穴場スポットツアーにご招待します。"
      },
      {
        "id": 3,
        "type": 2,
        "title": "title3",
        "text": "映えるイマドキカフェもいいですが、たまには昔ながらのレトロな雰囲気を味わいたいときありませんか。当時の趣を残したカフェには、今時カフェにはない、長くお客様に愛され続ける理由があります。そんな古き良き純喫茶をご紹介します。実はそんな穴場スポット東京にもいっぱいあるんですよ！"
      },
      {
        "id": 4,
        "type": 2,
        "title": "title4",
        "text": "わたしにとって、冬と言えば温泉の季節です。ちょうどこの冬、京都に旅行をするのですが、観光スポットを巡った後は、ゆっくり癒しの時間を堪能したい。でもお土産もいっぱい買いたいから高級宿には泊まれない。今回は、そんな欲張りなあなたにおすすめのリーズナブルな温泉をご紹介します。源泉かけ流しの美肌湯でお肌すべすべ、心も体もリラックスしてみませんか。"
      },
      {
```

```
        "id": 5,
        "type": 2,
        "title": "title5",
        "text": "お鍋が恋しいこの季節。でも、同じような味のローテーションでそろそろ飽きてき
ちゃってませんか。そこで今回は、そんなときにおすすめの市販の変わり種鍋つゆをご紹介します。塩レモ
ン風味であっさりからトマトやチーズを使った洋風のものまで、どれも野菜やお肉など具材をもりもり食べ
られる満足度の高い巷で評判の鍋つゆ5選です。いつもの鍋とはひと味もふた味も違う風味をぜひチェックし
てみてくださいね。ひとつ目は、春の七草のひとつであるせりをたっぷり使った塩レモン鍋をご紹介します。
せりの苦味とレモンの酸味が合わさって、初春っぽいさっぱりとした味わいです。スープには豚バラ肉の旨み
がしみ込んで、さっぱりさの中にコクがあります。"
    },
    {
        "id": 6,
        "type": 2,
        "title": "title6",
        "text": "ゴールデンウィークが近づいてきましたね。いつも忙しい自分へのご褒美に、癒しの
旅をプレゼントしてみるのはいかがでしょうか？今回は日本三大名湯でもある草津温泉を120％満喫できる癒
し旅プランを提案します。1泊2日で5つの温泉を味わい尽くしましょう。"
    }
    ]
  }
}
```

　そして、コレクション2は次の通りです。

リスト2.33: collection_basic2

```
// http://localhost:8984/solr/basic2/select?&q=*:*

{
  "response": {
    "numFound": 4,
    "start": 0,
    "numFoundExact": true,
    "docs": [
      {
        "id":1,
        "category":1,
        "title":"title1",
        "text":"クリームチーズは事前に冷蔵庫から出し、常温に戻しておく"},
      {
        "id":2,
```

```
      "category":1,
      "title":"title2",
      "text":"オーブンは230℃に予熱しておく"},
    {
      "id":3,
      "category":2,
      "title":"title3",
      "text":"ボウルにクリームチーズを入れ、滑らかになるまでよく混ぜます"},
    {
      "id":4,
      "category":2,
      "title":"title4",
      "text":"ココナッツクリームを加えて混ぜる"}
    ]
  }
}
```

　これらのbasicとbasic2をジョインして検索します。ジョイン検索では、次のようなクエリを書きます。

リスト2.34: query

```
fq={!join from=id fromIndex=movie_directors to=director_id
solrUrl="http://localhost:8984/solr"}has_oscar:true
```

　fromには結合元のフィールド名、toには結合先のフィールド名、fromIndexには結合先のコレクション名、solrUrlには結合先のSolrのエンドポイントをそれぞれ指定します。

　今回でいうと、fromにはbasic2の結合フィールドであるtitleをtoにはbasicの結合フィールドであるtitleをfromIndexにはbasicをsolrUrlにはhttp://host.docker.internal:8983/solrを指定します。host.docker.internalは、コンテナ内からホスト側のlocalhostへリクエストを投げるときのドメイン名です[22]。コンテナを使わないのであれば、普通にSolrのエンドポイントを指定してください[23]。

　気をつけなくてはいけないのが、結合先のsolrUrlは事前に定義しておく必要があるということです。localhost:8984からlocalhost:8983に結合しにいく場合は、localhost:8984のsolrconfig.xmlに以下を追加しておきます。

22.https://docs.docker.jp/desktop/networking.html#desktop-networking-i-want-to-connect-from-a-container-to-a-service-on-the-host
23.add-hostやextra_hosts オプションを指定すれば、コンテナ内からも localhost に接続できるようになります。https://docs.docker.jp/engine/reference/commandline/run.html#hosts-add-host , https://docs.docker.jp/v1.12/compose/compose-file.html#extra-hosts

リスト2.35: solrconfig.xml

```xml
<queryParser name="join" class="org.apache.solr.search.JoinQParserPlugin">
  <arr name="allowSolrUrls">
    <str>http://localhost:8983/solr</str>
  </arr>
</queryParser>
```

ここで定義したallowSolrUrlsだけが、solrUrlで指定できるURLになります。未登録のURLを指定してジョイン検索を使用とすると、500エラー（Internal Server Error）になります。

使い方がわかったところで、basicのtypeフィールドで絞り込んだ後、basic2のtextフィールドでさらに検索をかけてみます。

リスト2.36: response

```
// http://localhost:8984/solr/basic2/select?fq={!join method="crossCollection"
fromIndex="basic" from="title" to="title" solrUrl="http://host.docker.internal:89
83/solr"}type:1&q=text:クリームチーズ

{
  "response": {
    "numFound": 1,
    "start": 0,
    "numFoundExact": true,
    "docs": [
      {
        "id": 1,
        "category": 1,
        "title": "title1",
        "text": "クリームチーズは事前に冷蔵庫から出し、常温に戻しておく"
      }
    ]
  }
}
```

basicでtype=1のドキュメントは、title1とtitle2のドキュメントになります。そこからbasic2のtextフィールドで「クリームチーズ」で検索をかけるので、id=1のドキュメントだけヒットしました。このように、別のコレクションを使って、検索結果の絞り込みができます。

注意点としては、結合先のフィールドは検索結果に含まれないということです。ですので、flで結合先のフィールドを指定することはできません。また、検索結果に含まれないので、ソート条件にも使えません。詳しくは公式ドキュメントをご覧ください[24]。

24.https://solr.apache.org/guide/solr/latest/query-guide/join-query-parser.html

2.9 表記や表現の揺れに強くする

2.9.1 フレーズ検索

トークン化は、長い文書を適切な長さで分割することで、短いクエリでヒットさせる有用な手法です。ですが、分割せずに1語として扱いたいという場面もあるでしょう。そんなときは、検索キーワードをダブルクォーテーション（"）で囲むと、そのキーワードをひとつのトークンとして検索できます。

たとえば、「クリームチーズは」というクエリをダブルクォーテーションなしで検索すると、次のようになります。

リスト2.37: response

```
// http://localhost:8983/solr/basic/select?q=(text:クリームチーズは)&debugQuery=true

{
  "response": {
    "numFound": 3,
    "start": 0,
    "numFoundExact": true,
    "docs": [
      {
        "id": 1,
        "category": 1,
        "text": "クリームチーズは事前に冷蔵庫から出し、常温に戻しておく"
      },
      {
        "id": 2,
        "category": 1,
        "text": "オーブンは230℃に予熱しておく"
      },
      {
        "id": 3,
        "category": 2,
        "text": "ボウルにクリームチーズを入れ、滑らかになるまでよく混ぜます"
      }
    ]
  },
  "debug": {
    "rawquerystring": "(text:クリームチーズは)",
    "querystring": "(text:クリームチーズは)",
    "parsedquery": "text:クリームチーズ text:は",
    "parsedquery_toString": "text:クリームチーズ text:は",
```

```
        }
    }
```

debug部分を見ると、「クリームチーズ」と「は」に分割されて検索されています。これは、textフィールドはKuromojiによってトークン化するようにスキーマ定義を組んでいるためです。そして、それぞれのトークンをOR検索した結果が返却されます。

一方で、ダブルクォーテーションありで検索すると、次のようになります。

リスト2.38: response

```
// http://localhost:8983/solr/basic/select?q=(text:"クリームチーズ
は")&debugQuery=true

{
  "response": {
    "numFound": 1,
    "start": 0,
    "numFoundExact": true,
    "docs": [
      {
        "id": 1,
        "category": 1,
        "text": "クリームチーズは事前に冷蔵庫から出し、常温に戻しておく"
      }
    ]
  },
  "debug": {
    "rawquerystring": "(text:\"クリームチーズは\")",
    "querystring": "(text:\"クリームチーズは\")",
    "parsedquery": "PhraseQuery(text:\"クリームチーズ は\")",
    "parsedquery_toString": "text:\"クリームチーズ は\"",
  }
}
```

debugを見ると、「クリームチーズは」を一語として扱っています。キーワードをトークン化してほしくないクエリの場合に活用してください。詳しくは公式ドキュメントをご覧ください[25]。

2.9.2 あいまい検索

カタカナ語やかな漢字交じりのキーワードでは、表記ゆれがしばしば発生します。ユーザーにとっては誤差の範囲かもしれませんが、システムにとっては別ものと扱われます。その結果、検索結果

25.https://solr.apache.org/guide/solr/latest/getting-started/tutorial-techproducts.html#phrase-search

0件になってしまったら、よくない検索体験を与えてしまいます。

そこで、**編集距離**が一定の範囲内であれば同じものとみなす**あいまい検索**（fuzzy search）機能がSolrにはあります。編集距離は別名レーベンシュタイン距離とも呼ばれ、文字の挿入・削除・置換操作1回につき距離を1として、文字列間の距離を測る手法です[26]。

あいまい検索を行う場合は、キーワードの後ろにチルダ（~）と編集距離を指定します。

以下は、「ボール」というキーワードで編集距離1以内のドキュメントを検索しています。

リスト2.39: response

```
// http://localhost:8983/solr/basic/select?q=text:ボール~1

{
  "response": {
    "numFound": 1,
    "start": 0,
    "numFoundExact": true,
    "docs": [
      {
        "id": 3,
        "category": 2,
        "text": "ボウルにクリームチーズを入れ、滑らかになるまでよく混ぜます"
      }
    ]
  }
}
```

「ボウル」は「ボール」の「ウ」を「ー」に置き換えれば同じになるので、編集距離は1です。このようにすれば、表記ゆれがあってもしっかりヒットさせることができます。なお、Solrで指定できる編集距離の最大値は2までです。トークン化されたキーワードは長くても5, 6文字程度でしょう。なので、編集距離があまり大きすぎると、まったくの別キーワードになってしまいます。これくらいがちょうどいいのかもしれません。詳しくは公式ドキュメントをご覧ください[27]。

2.9.3　シノニム検索

シノニムとは日本語で言うと、同義語や類義語にあたります。つまり、類義語検索ができる機能になります。

あいまい検索で多少の表記ゆれが吸収できるという話をしました。ですが、文字の並びがまったく異なるが意味は近しいという場合には対応できません。そんなとき、シノニム辞書に類義語として登録しておくことで、文字列上は違うけど同じ意味のキーワードとして検索ができます。

26.https://ja.wikipedia.org/wiki/%E3%83%AC%E3%83%BC%E3%83%99%E3%83%B3%E3%82%B7%E3%83%A5%E3%82%BF%E3%82%A4%E3%83%B3%E8%B7%9D%E9%9B%A2

27.https://solr.apache.org/guide/solr/latest/query-guide/standard-query-parser.html#fuzzy-searches

辞書は1行ずつ登録します。

リスト2.40: synonyms.txt

```
度 => ℃
混ぜる,撹拌
```

カンマ区切り（,）だとOR検索、アロー（=>）だとマッピングになります。上記の例だと「度」は「℃」に置き換えたうえで検索をします。「混ぜる」または「撹拌」というクエリに対しては、「混ぜる OR 撹拌」というクエリに置き換えて検索をします。

辞書ファイルが作成できたら、analyzerに辞書を登録します。managed-schemaと同じ階層にファイルを置く場合は、以下のようにパスを指定して登録します。

リスト2.41: managed-schema

```
<fieldType name="text_ja" class="solr.TextField" positionIncrementGap="0"
positionStep="0">
  <analyzer>
    <!-- シノニム辞書の登録 -->
    <filter class="solr.SynonymGraphFilterFactory" synonyms="synonyms.txt"
ignoreCase="true" expand="true" />
  </analyzer>
<fieldType>
```

この状態でcollectionを作成して、検索をしてみます。

リスト2.42: response

```
// http://localhost:8983/solr/basic/select?q=text:撹拌&debugQuery=true

{
  "response": {
    "numFound": 1,
    "start": 0,
    "numFoundExact": true,
    "docs": [
      {
        "id": 4,
        "category": 2,
        "text": "ココナッツクリームを加えて混ぜる"
      }
    ]
  },
  "debug": {
```

```
    "rawquerystring": "text:撹拌",
    "querystring": "text:撹拌",
    "parsedquery": "SynonymQuery(Synonym(text:撹拌 text:混ぜる))",
    "parsedquery_toString": "Synonym(text:撹拌 text:混ぜる)",
  }
}
```

　ちゃんと、「撹拌」というキーワードを「撹拌 OR 混ぜる」に読み換えて検索されており、id=4のドキュメントがヒットしています。あいまい検索で拾い切れないような揺れについては、シノニム検索を使うことで吸収できます。詳しくは公式ドキュメントをご覧ください[28]。

2.9.4　MoreLikeThis

　あいまい検索やシノニム検索で、表記や表現の揺れに強い検索が実現できることがわかりました。ですが、弱点もあります。

　あいまい検索はある程度、文字の並びが近い場合に有効な検索です。「混ぜる」と「撹拌」のように表現がガラッと変わってしまうと、対応できません。また、「覚える」と「教える」のように意味が異なるものであっても、編集距離は1なので、あいまい検索だとヒットしてしまいます。あいまい検索をしてもヒットしない、あるいは過剰ヒットを誘発してしまうこともあります。

　シノニム検索は、あくまでシノニム辞書に登録されている範疇でしかカバーできません。辞書登録は人間が目で見て手動で登録するケースが多いと思います。となると、膨大にある言い換えパターンすべてに対応するのは困難でしょう。

　過剰ヒットと人力コストを抑えつつ、クエリの拡張ができると望ましいです。そこで役立ちそうなのが、MoreLikeThisという機能です。

　通常のキーワード検索だと、クエリに指定したキーワードを含む文書が検索できます。ユーザーはどんなドキュメントがインデックスされているのか知らないので、最初から必要十分なクエリを入力できるとは限りません。あいまい検索でも触れたように、表記ゆれや微妙な表現揺れは日常茶飯事です。MoreLikeThisを使うと、1件でもヒットできれば、そこから芋づる式に別のドキュメントを見つけられる可能性があります。

　MoreLikeThisの流れはこうです。まず、検索でヒットしたドキュメントに対して特徴語の抽出を行います。そして、その特徴語と類似性が高いドキュメントをインデックスの中から検索をします。文書間の類似度計算は、第1章で紹介したTF-IDFやBM25を用いて行われます。クエリヒットしたドキュメントとそれに類似したドキュメントが合わさって、検索結果が返却されます。

　たとえば、次のふたつの文書がインデックスされていたとしましょう。

・文書 A：大自然が堪能できる露天風呂がおすすめの日帰り温泉特集です。

・文書 B：緑に囲まれた大パノラマの露天風呂で日頃の疲れを癒やしませんか。

　ユーザーは自然が堪能できる温泉を探して、「温泉 自然」とキーワードを打ち込んで検索したとし

28.https://solr.apache.org/guide/solr/latest/indexing-guide/filters.html#synonym-filter

ます。文書Aはそのままクエリキーワードを含んでいるので、問題なくヒットします。一方、文書B
は直接クエリキーワードを含んでいないので、ヒットはしません。表現がクエリに合っていないだ
けで、このユーザーにとっては、文書Bも有用そうな文書です。ですが、ユーザーはインデックスさ
れている文書の中身を知らないので、文書Bをヒットさせるためにどのようなキーワードで検索す
べきか、そもそもキーワードを変えて再検索すべきかすらわかりません。これは非常に惜しいです。

　MoreLikeThisを使えば、ヒットした文書Aから特徴語を抽出し、それに近しい文書Bを見つけ出
すことができます。両文書から「露天風呂」という共通単語を特徴語として抜き出せれば、文書A
に近しい文書として文書Bも検索結果に出せるといった具合です。

　実際に使ってみると、クエリキーワードは含んでいませんが、近しい文書をヒットさせることが
できます。

リスト2.43: response

```
// http://localhost:8983/solr/basic/select?fl=* score&q=text:(お鍋 OR 冬) OR
text:(温泉 OR 旅)&mlt=true&mlt.fl=text&mintf=1&mlt.mindf=1&mlt.count=1&mlt.interes
tingTerms=list&mlt.minwl=1

{
  "response": {
    "numFound": 2,
    "start": 0,
    "maxScore": 1.7326276,
    "numFoundExact": true,
    "docs": [
      {
        "id": 6,
        "category": 2,
        "text": "ゴールデンウィークが近づいてきましたね。いつも忙しい自分へのご褒美に、癒しの
旅をプレゼントしてみるのはいかがでしょうか？今回は日本三大名湯でもある草津温泉を120%満喫できる癒
し旅プランを提案します。1泊2日で5つの温泉を味わい尽くしましょう。",
        "score": 1.7326276
      },
      {
        "id": 1,
        "category": 1,
        "text": "ちょっと寒くなってきた今日この頃。こんな寒い日にはお鍋料理が食べたくなります
よね。お肉もいいし、お魚も捨てがたい、何をメインにすればよいか頭を悩ませてしまうこともありません
か。今回のテーマは、海鮮特集として、冬のお鍋におすすめの海の幸10選をご紹介します。家族みんなで食
卓を囲んで暖まりませんか。",
        "score": 1.1545656
      }
    ]
```

```
    },
    "interestingTerms": {
      "1": [
        "text:癒し",
        "text:温泉",
        "text:旅",
        "text:お鍋"
      ],
      "6": [
        "text:癒し",
        "text:温泉",
        "text:旅"
      ]
    },
    "moreLikeThis": {
      "1": {
        "numFound": 1,
        "start": 0,
        "maxScore": 0.37215155,
        "numFoundExact": true,
        "docs": [
          {
            "id": 5,
            "category": 2,
            "text": "お鍋が恋しいこの季節。でも、同じような味のローテーションでそろそろ飽きてき
ちゃってませんか。そこで今回は、そんなときにおすすめの市販の変わり種鍋つゆをご紹介します。塩レモ
ン風味であっさりからトマトやチーズを使った洋風のものまで、どれも野菜やお肉など具材をもりもり食べ
られる満足度の高い巷で評判の鍋つゆ5選です。いつもの鍋とはひと味もふた味も違う風味をぜひチェックし
てみてくださいね。ひとつ目は、春の七草のひとつであるせりをたっぷり使った塩レモン鍋をご紹介します。
せりの苦味とレモンの酸味が合わさって、初春っぽいさっぱりとした味わいです。スープには豚バラ肉の旨み
がしみ込んで、さっぱりさの中にコクがあります。",
            "score": 0.37215155
          }
        ]
      },
      "6": {
        "numFound": 1,
        "start": 0,
        "maxScore": 1.169694,
        "numFoundExact": true,
        "docs": [
```

```
            {
                "id": 4,
                "category": 2,
                "text": "わたしにとって、冬といえば温泉の季節です。ちょうどこの冬、京都に旅行をするの
ですが、観光スポットを巡った後は、ゆっくり癒しの時間を堪能したい。でもお土産もいっぱい買いたいから
高級宿には泊まれない。今回は、そんな欲張りなあなたにおすすめのリーズナブルな温泉をご紹介します。源
泉かけ流しの美肌湯でお肌すべすべ、心も体もリラックスしてみませんか。",
                "score": 1.169694
            }
        ]
    }
}
```

　id=1の類似文書としてid=5、id=6の類似文書としてid=4がそれぞれ追加ヒットしています。インデックスされている文書間で表現が似ていれば、ユーザーのクエリが多少ずれてもヒットさせられるというのは画期的です。MoreLikeThisを有効活用できれば、ユーザー体験をグッとよくすることができるでしょう。

　使い方もが気になると思いますので、代表的なオプションをいくつか列挙しておきます。

- mlt：trueとすることで有効化する
- mlt.fl：どの項目を元に類似検索をするかを指定する。複数ある場合は、カンマ区切りで指定する
- mlt.mintf：Minimum Term Frequencyの略。対象のドキュメントでの出現頻度が指定数以下のトークンは無視される
- mlt.mindf：Minimum Document Frequencyの略。複数のドキュメントでの出現頻度が指定数以下のトークンは無視される
- mlt.count：取得する関連ドキュメントの最大件数
- mlt.interestingTerms：特徴語に関する返却設定。noneで返却なし、listで返却あり、detailsでフィールド名やboost値などの詳細表示
- mlt.minwl：無視される最小トークン長を設定する

　助詞などの重要な意味を持たないトークンが特徴語として抽出されてしまうときは、ストップワードを設定しておくと除去できます。ストップワードは通常の検索でも除去されてしまうので、その点は留意して設定してください。

　また、大規模なインデックスで使用すると、類似度計算コストが跳ねてレスポンス速度に影響が出ることがあります。使用するトークンの最小頻度や出現回数を制限することで、計算量を削減できます。

　ちなみに、MoreLikeThisは、ベースとなっているLuceneの機能なので、Elasticsearchなどのほ

かのLuceneベースの検索エンジンでも使用できます。詳しくは公式ドキュメントをご覧ください[29]。

2.10　2章のまとめ

トークン化に始まり、あいまい検索、シノニム検索、MoreLikeThisと既存の全文検索エンジンでもこれらを駆使すれば、かなり柔軟に表記や表現の揺れを吸収してドキュメントをヒットさせることができます。

ですが、いずれをとっても、あくまで文字列の並び上の処理にすぎません。シノニム検索であれば、辞書に登録された範囲でしか類似検索できません。MoreLikeThisも、共通キーワードがあって初めて、類似文書と判定できます。文字の並びを見ているだけで、その意味やニュアンスまでは汲み取っていません。

そんなもどかしさへの光明となるかもしれないのが、本書のメインテーマであるベクトル検索です。次章からいよいよ、本筋ベクトル検索の基本概念とその威力をご紹介します。とくとご覧あれ。

29.https://solr.apache.org/guide/solr/latest/query-guide/morelikethis.html

第3章　ベクトル検索の理論と要素技術

第1章、第2章では、全文検索としてのSolrの位置づけや機能について見てきました。第3章からは、いよいよ本書の主題であるベクトル検索についてお話ししていきます。まずは、ベクトル検索と全文検索では何がどう違うのか、座学で理解していきましょう。

3.1　ベクトル検索がもたらす体験

Solr 9から、DenseVectorFieldフィールド型とK近傍法（KNN）クエリーパーサーによる密ベクトルニューラル検索機能が追加されました[1]。

ベクトル検索を使えば、検索エンジンがユーザーの検索クエリの意味や意図を汲み取り、従来の全文検索エンジンでは到底実現できなかった検索ができるようになります。キーワードそのものは使わず、テキストをベクトルと呼ばれる数値情報に変換した上で検索を行うので、表記や表現の揺れに強いです。それも、シノニム（類義語辞書）を使わずにMoreLikeThisより柔軟な文書検索が実現できます。

実は、文書をベクトル化して比較する手法自体は、以前からありました。たとえば、文書に出現する単語の一致度や重複度合いを測ったり、TF-IDFやBM25などで文書をベクトル化して比較する手法です。第2章で見たMoreLikeThisは、その一例です。ですが先に見た通り、これらの手法は表記や表現の揺れに弱いという問題点がありました。

このような従来の文字列ベースのベクトル検索と区別して、密ベクトルニューラル検索は**セマンティック検索**と呼ばれることもあります。これ以降、本書でのベクトル検索は、セマンティック検索の意だと思ってください。

以下の例を見てください。検索クエリは「ホロホロの煮込んだお肉」としています。ひとつ目の文書は、確かに「煮込んだ」というキーワードを含んでいます。ですが、ふたつ目以降の文書は「ホロホロ」も「煮込んだ」も「お肉」も含まれていません。内容はお鍋やパスタソースを煮詰めているものなので、クエリにニュアンスは近く、ヒットしてもよさそうです。

従来の全文検索ではキーワードを含まないのでヒットさせられませんが、ベクトル検索ではこれが可能です。

第5章「実データを使ったベクトル検索」で実装するものを、先出しでお見せします。

---

[1].https://solr.apache.org/guide/solr/9_0/upgrade-notes/major-changes-in-solr-9.html

図3.1: 「ホロホロの煮込んだお肉」にニュアンスが近い文章を検索する

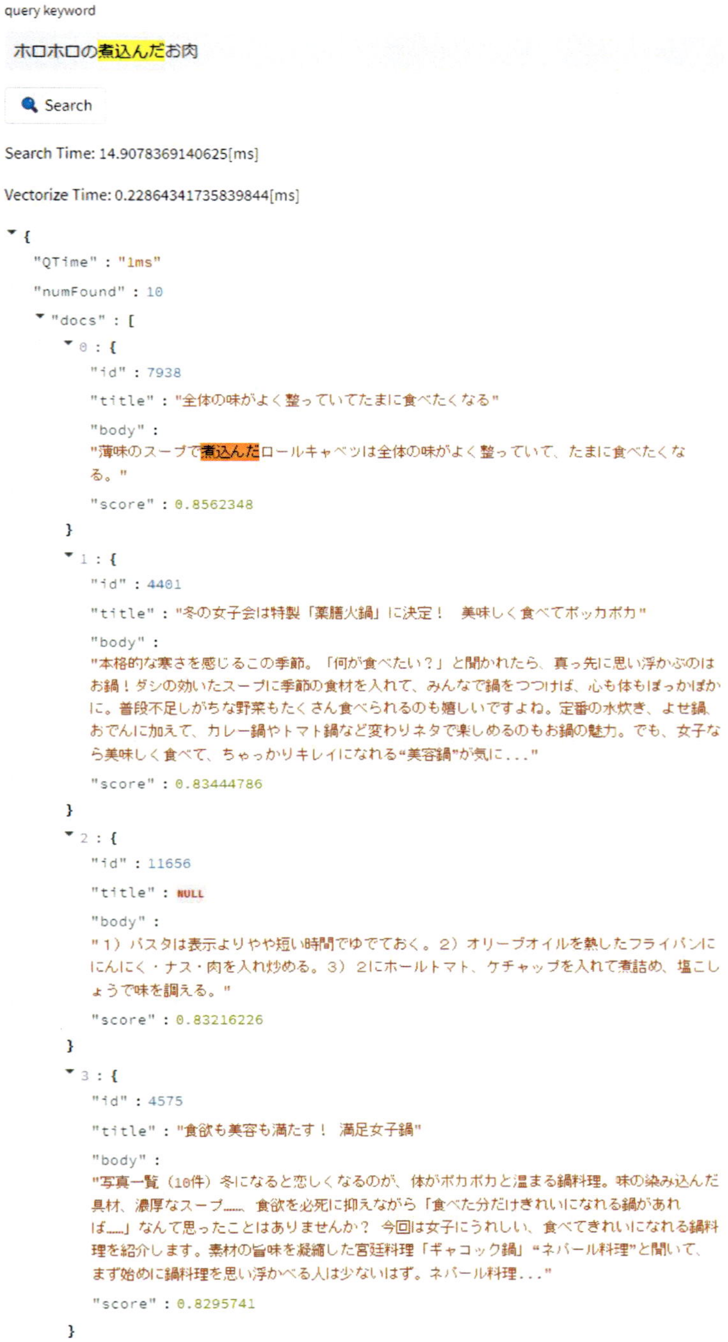

query keyword

ホロホロの煮込んだお肉

🔍 Search

Search Time: 14.9078369140625[ms]

Vectorize Time: 0.22864341735839844[ms]

```
▼ {
    "QTime" : "1ms"
    "numFound" : 10
    ▼ "docs" : [
        ▼ 0 : {
            "id" : 7938
            "title" : "全体の味がよく整っていてたまに食べたくなる"
            "body" :
            "薄味のスープで煮込んだロールキャベツは全体の味がよく整っていて、たまに食べたくな
            る。"
            "score" : 0.8562348
        }
        ▼ 1 : {
            "id" : 4401
            "title" : "冬の女子会は特製「薬膳火鍋」に決定！　美味しく食べてポッカポカ"
            "body" :
            "本格的な寒さを感じるこの季節。「何が食べたい？」と聞かれたら、真っ先に思い浮かぶのは
            お鍋！ダシの効いたスープに季節の食材を入れて、みんなで鍋をつつけば、心も体もぽっかぽか
            に。普段不足しがちな野菜もたくさん食べられるのも嬉しいですよね。定番の水炊き、よせ鍋、
            おでんに加えて、カレー鍋やトマト鍋など変わりネタで楽しめるのもお鍋の魅力。でも、女子な
            ら美味しく食べて、ちゃっかりキレイになれる"美容鍋"が気に..."
            "score" : 0.83444786
        }
        ▼ 2 : {
            "id" : 11656
            "title" : NULL
            "body" :
            "1）パスタは表示よりやや短い時間でゆでておく。2）オリーブオイルを熱したフライパンに
            にんにく・ナス・肉を入れ炒める。3）2にホールトマト、ケチャップを入れて煮詰め、塩こし
            ょうで味を調える。"
            "score" : 0.83216226
        }
        ▼ 3 : {
            "id" : 4575
            "title" : "食欲も美容も満たす！ 満足女子鍋"
            "body" :
            "写真一覧（10件）冬になると恋しくなるのが、体がポカポカと温まる鍋料理。味の染み込んだ
            具材、濃厚なスープ……。食欲を必死に抑えながら「食べた分だけきれいになれる鍋があれ
            ば……」なんて思ったことはありませんか？ 今回は女子にうれしい、食べてきれいになれる鍋料
            理を紹介します。素材の旨味を凝縮した宮廷料理「ギャコック鍋」"ネパール料理"と聞いて、
            まず始めに鍋料理を思い浮かべる人は少ないはず。ネパール料理..."
            "score" : 0.8295741
        }
```

　ニュアンスを組んだテキスト検索以外にも、画像から類似した画像の検索やテキストから画像の検索なども可能です。

図 3.2: クエリ画像に似ている画像を検索する

🔍 Search by Image

```
{
    "Search Time" : "500.18310548875[ms]"
    "Vectorized Time" : "424.16954649527344[ms]"
}
```

Result

```
{
    "QTime" : "29ms"
    "numFound" : 10
}
```

No.14, Score:1.0

No.898, Score:0.77522166

No.55, Score:0.72593904

図3.3: 「今日はがっつりめのラーメンを食べに行きます」に近いニュアンスの画像を検索する

究極的にはベクトル情報にさえ変換されていればよいので、テキスト、画像、音声、動画なんでも比較できます。

近年はChatGPTの登場によって、検索に破壊的な影響を及ぼしています。ですが、秘匿情報などの都合もあり、社内の独自データを含む自社サイト内の検索エンジンすべてがChatGPTに置き換え可能とは限りません。また執筆時点では、ChatGPTで検索できるのはテキストと画像のみです。音声や動画の検索にはベクトル検索が有用です。ベクトル検索は、自社サービスの検索体験をよりよくするための1キラー技術になりうると思います。

先進企業では、すでにサービスに取り入れられ始めています。YouTubeやGoogle画像検索については言わずもがなです[2]。

メルカリ[3]やZOZO[4]の類似商品検索、Spotify[5]やBASE[6]の類似テキスト検索、キヤノンITソリュー

2.https://cloud.google.com/blog/ja/topics/developers-practitioners/find-anything-blazingly-fast-googles-vector-search-technology

3.https://engineering.mercari.com/blog/entry/20220224-similar-search-using-matching-engine/

4.https://corp.zozo.com/news/20190826-8586/

5.https://engineering.atspotify.com/2022/03/introducing-natural-language-search-for-podcast-episodes/

6.https://devblog.thebase.in/entry/2018/10/17/110000

ションズの類似文書検索エンジンDiscoveryBrain[7]などなど、続々とベクトル検索を活用したサービスが登場しています。

自社で検索エンジンを持たない一般のWeb企業にとっても、他人事ではありません。2019年の下半期に、GoogleがBERTという機械学習モデルを使って、Google検索を大幅に改善したというニュースは、記憶に新しいかと思います[8]。SEO対策を考える上で、Googleの検索エンジンの仕組みは無視できません。これまでのように、メタタグやコンテンツにまったく関係ないキーワードをHTMLにひっそりと埋め込むといったSEO対策は通用しません。キーワードが乱雑にちりばめられた、キーワードヒット率が高いだけの質の低いコンテンツは淘汰されます。

ユーザーとしても、ビジネスとしても確実にベクトル検索は私たちの生活に進出し始めています。ホットな今こそ、ベクトル検索を学び、その活用方法を考えるいいタイミングだと思います。

まずはベクトル検索を触ってみたいという方は、Google CloudパートナーであるGroovenautsによって開発されたデモサイト[9]やロンウイットのKandaSearchによるデモサイト[10]を触ってみると、その威力が体感できると思います。特にKandaSearchのデモサイトは、裏では今回紹介するSolrによるベクトル検索が使われています。

Groovenautsによるデモサイトでは、GCPのサービスのひとつであるVertex AI Matching Engine[11]が使われています。Vertex AI Matching Engineについては、公式ドキュメントもわかりやすいですが、こちらのブログ記事[12]が端的によくまとまっています。

いずれにせよ、これまで検索と言えば当たり前とされてきたキーワード検索とは、まったく違ったUXをもたらす技術となることは間違いないでしょう。

3.2 ベクトル検索とは

数学的な厳密さは欠きますが、ざっくり言うと、ベクトルとは数字を配列上に並べたものです。たとえば、あるパソコンのスペックを配列上に並べてみます。

表3.1: ミドルウェアのバージョン

CPU	Memory Size	Disk Size	GPU Size
2	8	512	8

これがベクトルです。このパソコンに近いスペックのパソコンを探したいと思ったとき、テキストで探すよりこれらのスペック情報を使う方が早く、より適切なものが探せそうに感じられるかと思います。

可視化の都合上、CPUとMemoryの2次元にしますが、ベクトルデータに直してグラフ上の近い点を探せば、所望のパソコンが見つけられます。

7.https://www.canon-its.co.jp/products/discoverybrain/

8.https://blog.google/products/search/search-language-understanding-bert/

9.https://matchit.magellanic-clouds.com/

10.https://demo.rondhuit.com/

11.https://cloud.google.com/vertex-ai/docs/matching-engine?hl=ja

12.https://www.topgate.co.jp/blog/google-service/20766

図3.4: ベクトル検索のイメージ

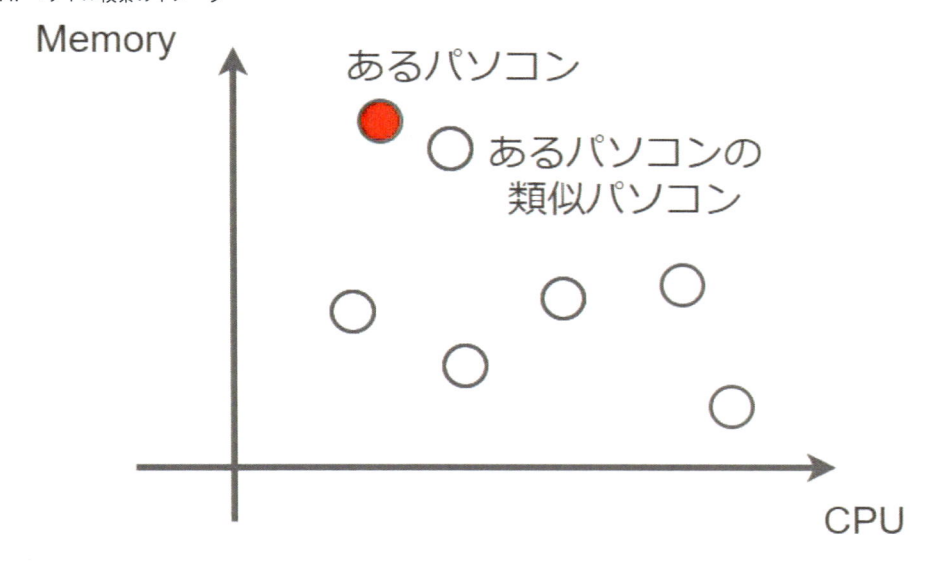

このようにベクトル情報を使って検索する手法が、ベクトル検索です。

3.3 埋め込み表現

スペックは、もともと数値情報なので、特別疑問もなくベクトルとして書き表せました。では、テキストや画像は、どのようにベクトル情報にすればよいでしょうか。

画像処理に詳しい読者の方なら、各ピクセルの輝度を使えばよいと思うかもしれません。サイズが 2 × 2 で白黒の2値画像であれば、ピクセルごとに0か1かの数字を並べてベクトルを作ることができます。

図3.5: 2 × 2の埋め込み表現の例

$$(0, 1, 0, 1)$$

カラー画像ならRGBの値を使うことも考えられます。ピクセル単体ではなく、画像全体のRGBヒストグラムを使うのもよいかもしれません。より高度にするなら、各種フィルターを使ってノイズ除去や強調をした上で、各ピクセルの情報を使うこともありえるでしょう。しかし、どのようなフィルターをどの順番で使うべきかを選択するには、高い専門性が要求されます。

そこで、問題と答えを大量に用意することで、適切なフィルターの種類と順序、重みを自動的に決めさせようというのが昨今のAIによる画像処理です。物体検出や画像分類というタスクを解く中で、AIは画像を数値情報に直して処理します。その処理結果をベクトルとして使おうという発想です。このようにして得られたベクトル情報は、**特徴量**と呼ばれたりします。AIによって得られた特徴量は従来のRGBなどの特徴量を使うより、はるかに類似画像検索や画像分類などで有効であるこ

とがわかっています。

図3.6: 深層学習による画像分類の仕組み (https://tech-blog.optim.co.jp/entry/2021/10/01/100000 より)

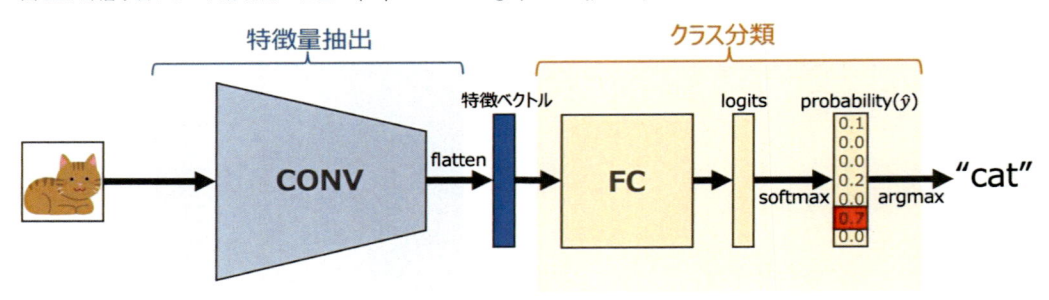

　テキストについても同様に、分類や翻訳、抽出などのタスクをAIに解かせる中で特徴量を抽出できます。こうして得られた特徴量は、単語頻度やTF-IDFを使う場合に比べて文字列の並びに縛られない、より意味の汲み取りが上手な類似性の計算ができます。

図3.7: 単語のベクトル化のイメージ

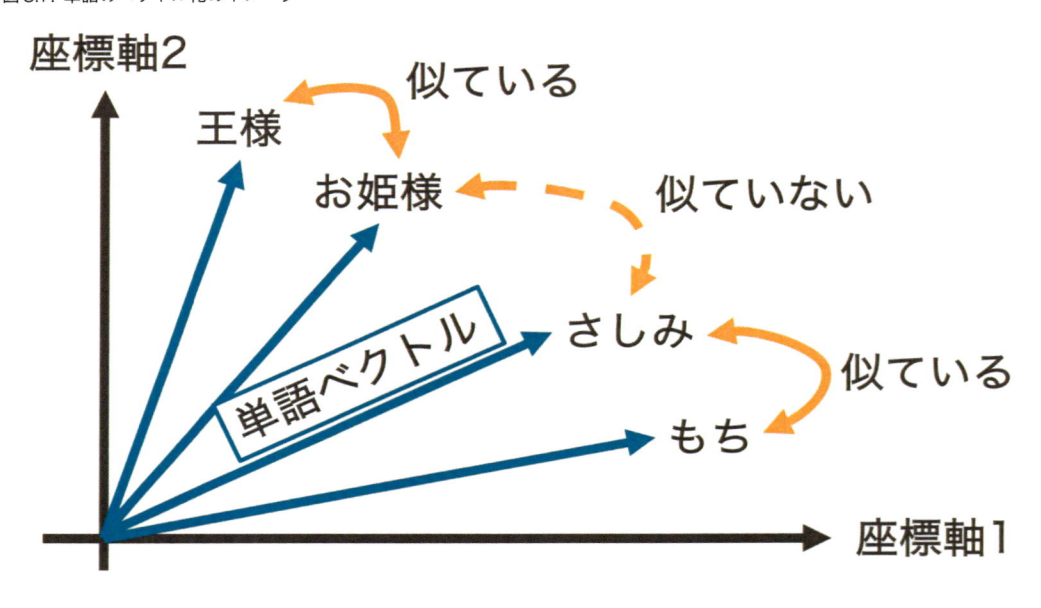

　機械学習や深層学習において、画像やテキストを数値情報に変換して表すことを**分散表現**や**埋め込み表現**（Embedding）といいます。類似性の計算だけでなく、さまざまなタスクにおいて画像やテキストからよりよい埋め込み表現を得ることがタスクの出来に大きく関わってきます。

　第4章「Solr上でベクトル検索を動かす」、第5章「実データを使ったベクトル検索」で詳しく説明しますが、Solrには埋め込み表現を得るための機能はありません。ですので、検索結果の良し悪しは、Solrへ投入する前のインデックス作成部分にかかっていると言っても過言ではありません。

　いい埋め込み表現を得るには、機械学習や深層学習の深い知識が要求されます。ことサービス活用においては、そのサービス特性などのドメイン知識も要求されます。このあたりが、ベクトル検

索のハードルを上げている要因と言えるでしょう。

　それでも数年前に比べると、これを使えばある程度よさそうな結果が作れるという定番が固まりつつあります。エコシステムも整ってきており、オープンソースとして公開されているものも増えてきました。そのおかげで、使うだけなら要求される機械学習や深層学習の専門知識も格段に下がりました。もちろん、変化が激しい分野なので、数年後には定番がひっくり返ることも想像に難くないです。それでも以前に比べると、敷居はかなり下がったように思います。

3.4　ベクトル検索における類似度

　埋め込み表現のいいところは、何より数値情報なので、類似性を定量的に計算できるということです。文書Aに対して、文書Bと文書Cのどちらがより似ているかを明確に判断できます。明確に線引きできるからこそ、検索結果の順位を決めることができます。

　Solrには埋め込み表現獲得の機能はありませんが、ベクトル間の類似性計算のアルゴリズムはSolr側で定義します。代表的なものを3つ紹介します。

3.4.1　ユークリッド距離

　ひとつ目はユークリッド距離[13]です。ユークリッド距離は、一般に「距離」と言われたときに私たちが想像する値です。

　具体的には、2点間の距離を三平方の定理によって計算します。2次元座標で考えると、次のようになります。

図3.8: ユークリッド距離の計算式

$$\text{distance} = \sqrt{(x_1 - x_2)^2 + (y_1 - y_2)^2}$$

13.https://ja.wikipedia.org/wiki/%E3%83%A6%E3%83%BC%E3%82%AF%E3%83%AA%E3%83%83%E3%83%89%E8%B7%9D%E9%9B%A2

図3.9: ユークリッド距離

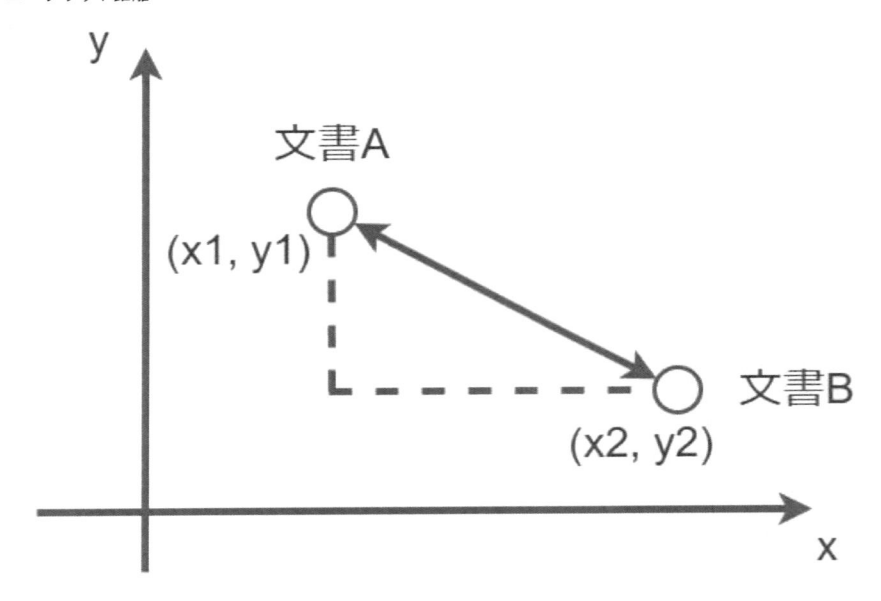

　画像やテキストも埋め込み表現で表された状態なら、ユークリッド距離が計算できます。ベクトルのひとつひとつの要素を地図上の緯度や経度のように考えれば、埋め込み表現はその画像やテキストの住所を表しているととらえることができます。

　住所、すなわち1点として画像やテキストが表せるので、ユークリッド距離によって画像やテキスト間の距離を測れるようになります。

3.4.2　ドット積

　ふたつ目は、ドット積[14]です。内積と呼ばれることもあります。内積には厳密にはいくつかの異なる定義がありますが、もっとも一般的な定義がドット積なので、ほぼ同じ意味で使われることが多いです。

　高校数学でも登場するドット積ですが、具体的には以下のように計算します。

図3.10: ドット積の計算式

$$\text{distance} = \boldsymbol{a} \cdot \boldsymbol{b}$$

$$= |\boldsymbol{a}||\boldsymbol{b}| \cos \theta$$

$$= x_1 x_2 + y_1 y_2$$

14.https://ja.wikipedia.org/wiki/%E3%83%89%E3%83%83%E3%83%88%E7%A9%8D

ふたつのベクトルa, bの大きさ[15]と成す角 θ （シータ）を掛け算します。これにより、ふたつのベクトルがどの程度同じ向きを向いているかを距離として測ることができます。

大きければ大きいほどふたつのベクトルは似ており、小さければ小さいほど真逆を向いていることになります。そして0に近いほど、ふたつのベクトルは直角の関係にあります。

3.4.3　コサイン類似度

コサイン類似度[16]は、ドット積からベクトルの大きさの情報を取り除いたものになります。より正確にはベクトルの大きさを1になるように変換したもので、専門用語では**正規化**あるいは**規格化**といいます。数式では次のように計算されます。

図3.11: コサイン類似度の計算式

$$
\text{distance} = \frac{\boldsymbol{a} \cdot \boldsymbol{b}}{|\boldsymbol{a}||\boldsymbol{b}|}
$$

$$
= \cos\theta
$$

$$
= \frac{x_1 x_2 + y_1 y_2}{\sqrt{(x_1^2 + y_1^2)} \times \sqrt{(x_2^2 + y_2^2)}}
$$

計算結果は $\cos\theta$ なので、値は-1から1になります。

3.4.4　どれを使うとよいのか

ユークリッド距離とコサイン類似度を比較すると、顕著に違いが出る場面があります。たとえば、2点が一直線上に並んだときです。

---

15. 長さともいいます。

16. https://ja.wikipedia.org/wiki/%E3%83%99%E3%82%AF%E3%83%88%E3%83%AB%E3%81%AE%E3%81%AA%E3%81%99%E8%A7%92#%E9%A1%9E%E4%BC%BC%E5%BA%A6

図3.12: ユークリッド距離とコサイン類似度で差が出る例1

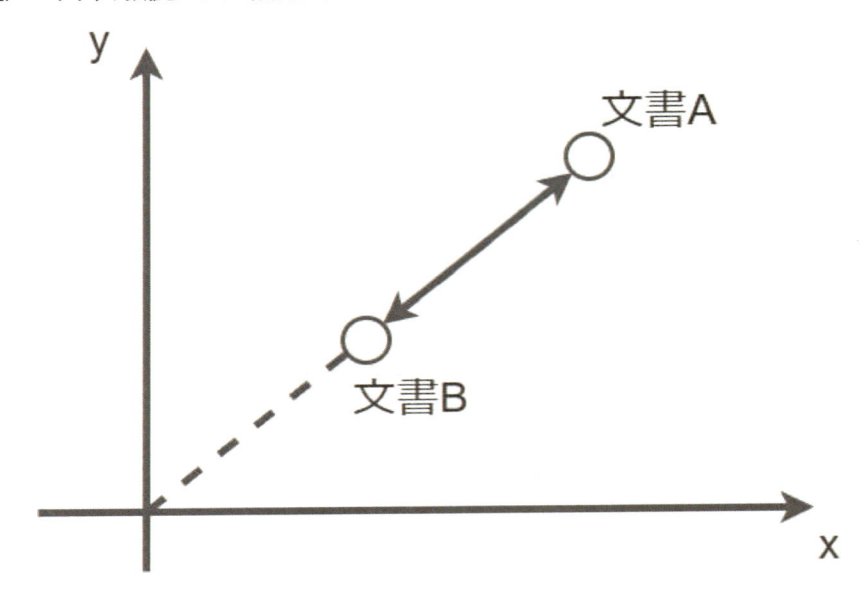

　コサイン類似度は向きだけを見て計算するので、類似度は1、すなわちふたつの文書は同じだと判定されます。一方、ユークリッド距離はそうはなりません。2点間の距離を測るので、角度が同じであってもベクトルの大きさが異なれば、同じ文書ではないと判定されます。

　もうひとつ考えられるシチュエーションが、原点を挟んで真向かいにあるときです。

図3.13: ユークリッド距離とコサイン類似度で差が出る例2

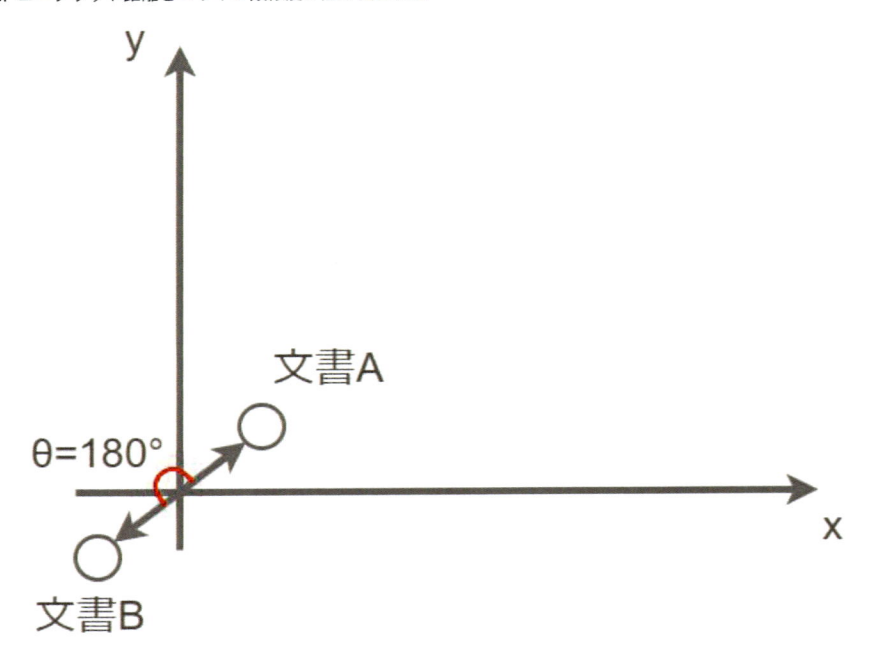

点自体はすごく近い位置にあるので、ユークリッド距離は0に近い、すなわち限りなく同じ文書であると判定されます。ですが、ふたつのベクトル間の角度は180度なので、コサイン類似度は最低値の-1、すなわち真逆の意味の文書であると判定されます。

このように、使う類似度指標によって判定結果が大きく変わることがあります。

では、どれを使うといいのでしょうか。絶対の正解はありませんが、一般にはコサイン類似度を使うことが多いです。Solrの公式ドキュメントでも、コサイン類似度を使うことが推奨されています。

特にテキストの埋め込み表現においては、ベクトルの長さよりも角度に意味があると言われています。テキストベクトルの大きさには意味や表現の強さが込められていると言われていますが、正規化したほうがタスクの精度が上がると言われている研究成果もあります[17]。類似ベクトル検索において、ベクトルの大きさをうまく活用できていないのが現状です。

理論的な理由は聞いたことがありませんが、対義語が真逆に来るというよりは、関係ない文書なら直角に近い位置関係になるということが効いていると私は思います。ユークリッド距離だと例1に見るように、同じ角度であっても大きさの違いで類似性は減ってしまいます。ドット積についても同様に大きさで類似度に色付けがされるので、好ましくないでしょう。

もちろん、ユークリッド距離やドット積が有効な場面もあるかもしれませんが、迷ったらまずはコサイン類似度から始めてみるとよいでしょう。

このあたりを比較考察しているブログ記事を見つけました[18]。なかなか面白い考察がされているので、ぜひ読んでみてください。

ベクトル検索は本当にベクトルを検索しているのか？

埋め込みによって得られる表現は、**ベクトル空間法**で扱えるように構成します。ベクトル空間法は、文書を多次元空間上のベクトルとして表現し、ふたつのベクトルを比較することにより、文書の類似度を測る手法です。ベクトルとして表現できていないと、コサイン類似度の計算が破綻してしまうので、ベクトルであることは間違いないです。

たとえば、以下のような3つの単語の分散表現を考えます。
・単語 A: [1, 2, 3]
・単語 B: [4, 5, 6]
・単語 C: [7, 8, 9]
このとき、
・単語Aと単語Bの分散表現を加算して、それに単語Cの分散表現を加算する場合
・単語Bと単語Cの分散表現を加算して、それに単語Aの分散表現を加算する場合
とで、結果は同じになります。

図3.14: 結合法則の例

$$(A + B) + C = [1 + 4 + 7, 2 + 5 + 8, 3 + 6 + 9]$$
$$= [12, 15, 18]$$
$$B + (C + A) = [4 + 1 + 7, 5 + 2 + 8, 6 + 3 + 9]$$
$$= [12, 15, 18]$$

---

17. 横井ら（2021）https://www.anlp.jp/proceedings/annual_meeting/2021/pdf_dir/A7-1.pdf
18. https://vigne-cla.com/5-11/

したがって、分散表現は加法の結合法則を満たします。他にもベクトル空間の公理には、以下のようなものがありますが、分散表現はそのいずれも満たします。

1. 加法が閉じている。a,b ∩ V ⇒ a+b ∩ V
2. 加法の結合則が成り立つ。a+(b+c)=(a+b)+c
3. 加法の交換則が成り立つ。a+b=b+a
4. 加法の零元0が存在する。a+0=0+a=a
5. 加法の逆元が存在する。a+(-a)=(-a)+a=0
6. スカラー積が閉じている。λa ∩ V
7. スカラー積の結合則が成り立つ。λ(μa)=(λμ)a
8. スカラー積の零元0が存在する。0a = 0
9. スカラー積の単位元1が存在する。1a = a
10. スカラー積と加法の分配法則が成り立つ。λ(a+b)=λa+λb

このように、計算上ベクトル空間の公理を満たしますが、意味の上でも同様に満たすとは限りません。

よくある例で、「王様」ー「男性」＋「女性」＝「王女様」といったものがありますが、一般にはこのような計算結果が得られることは何も保証していません[19]。あくまで、分散表現が計算上ベクトルとしての性質を満たすだけです。

もし意味の上でもベクトルの性質を満たすのであれば、クエリに対して複数の文書を組み合わせて回答するといった使い方もできそうです。

・Solr の使い方
・埋め込み表現の作り方
・Solr でのベクトル表現の定義の仕方

の3つの文書がインデックスされていたときに、「Solr でのベクトル検索の使い方を教えて」というクエリを投げたとします。それぞれの文書とクエリの類似度はイマイチですが、3つ足すとクエリとの類似性が非常に高くなります。であれば、3つのステップを踏めば解決できるとして、3つの文書を返すといった検索体験です。

ひとつのクエリに対してひとつの文書で回答しようとするのが通例ですが、人間は階層的に物事を捉えています。階層的な理解にあわせて、すべての内容を網羅する単一の文書がなかったときに、複数の文書を組み合わせて回答できると、より私たちにとってフレンドリーなUXを提供できることでしょう。

---

19. 特定の埋め込み手法においては、加工性が成り立つという研究成果があります。横井ら（2020）https://www.anlp.jp/proceedings/annual_meeting/2020/pdf_dir/P3-21.pdf

3.5　モデルと学習

埋め込み表現は、画像やテキストをAIに通すことで得られるのでした。具体的には、**モデル**を通すことで埋め込み表現が得られます。機械学習や深層学習の文脈で、モデルとは与えられたデータから埋め込み表現を得るためのアルゴリズムの一種です。このアルゴリズムが、さまざまなタスクを解くのに適切な特徴を得るためのフィルターの役割を果たします。

適切なモデルアーキテクチャを選択し、モデルに十分な学習をさせることで、よりよい埋め込み表現が得られます。

モデルアーキテクチャはその名の通り、モデルの構造や種類のことです。BERT やGPT もモデルの構造名のひとつです。モデルによってタスクの得意不得意があるので、適切なモデル選択はいい埋め込み表現を得る上で重要です。専門的な知識があれば自分でアーキテクチャを考えることもできるでしょうが、一般には専門家が考案したモデルの中から、自分の解きたいタスクに合ったものを選択して使います。モデルの選択であっても専門知識は要求されますが、デファクトスタンダードは固まりつつあります。テキストであれば、ChatGPT登場以前であれば、BERT と呼ばれるモデ

ルがデフォルトでした。ChatGPT の登場以後は、ChatGPT を始めとした大規模言語モデルがデフォルトになりつつあります。そういった手前申し訳ないのですが、本書では、マシンスペックや解きたいタスクの都合で、より軽量なモデルを使用します。詳しくは 第5章「実データを使ったベクトル検索」でご紹介します。

モデルの学習とは、データを元に機械学習モデルを最適化することです。平たく言うと、練習問題をたくさん用意して機械を勉強させることです。たとえば、あなたがかつて計算ドリルの問題を解いていたように、機械にもデータを与えて問題を解かせることをします。問題を解いて、答え合わせをし、間違っていれば回答が正しくなるように埋め込み表現を修正します。たくさんの問題を繰り返し解いていく過程で、画像やテキストに含まれる問題を解く上で重要そうな要素を見いだします。そうして得られた埋め込み表現を使うことで、未知のデータであっても回答を正しく予測できるようになります。

私たちと同じように解きたいタスクに適した質のいい問題を何度も何度も解いていくことで、よりよい埋め込み表現が獲得されます。さながら、機械の育成ゲームと言えるでしょう。

3.6 全文検索とベクトル検索の違い

同じ検索であるにもかかわらず、これまでベクトル検索エンジンは全文検索エンジンとは別ものとして発展してきました。その大きな理由のひとつが、インデックスや検索のアルゴリズムが全文検索とベクトル検索でまったく異なるということです。

全文検索の場合は、第1章で見たように、転置インデックスを作成することで高速に検索ができたのでした。

たとえば、検索対象の文書

- I have a bag.
- I play tennis.
- I eat rice.

に対して、以下のような転置インデックスを作ります。

表 3.2: 転置インデックス

Word	Doc ID
I	1,2,3
have	1
a	1
bag	1
play	2
tennis	2
eat	3
rice	3

これはKey-Valueシステムとして機能するので、Keyをスキャンすれば、ヒット対象のドキュメント群を瞬時に引き当てられます。SolrやElasticsearchといった全文検索システムでは、転置インデックスを用いることで、膨大なドキュメントを探索しているにも関わらず、近似することなく高速なレスポンスが実現できています。

　しかし、ベクトル検索の場合は、このような転置インデックスを作るのは難しいです。この違いはベクトルの密度に起因します。

　ベクトル検索では、ベクトルの**類似性**によってドキュメントを検索します。往々にしてクエリとドキュメントは完全には一致しない、つまり、この入力ベクトルだからこのドキュメントを返すといったKey-Valueペアをあらかじめ作れません。

　では、どうやってドキュメントをヒットさせるかというと、ベクトル同士の内積などを計算することでドキュメントの類似性を算出します。

　ここで課題になってくるのがベクトルの密度です。各単語や文章をベクトルデータに変換するわけですが、そのベクトルデータはどの次元にもまんべんなく値が入っています。

　内積の場合、数式でいうと以下のような計算をするわけですが、早い話がぎちぎちに詰まったデータのため、計算を省略することができません。

図3.15: 類似度計算の計算式

$$
\begin{aligned}
\text{similarity score} &= \boldsymbol{q} \cdot \boldsymbol{d} \\
&= \sum_{i=1}^{N} q_i d_i \\
&= q_1 \times d_1 + q_2 \times d_2 + \cdots + q_N \times d_N
\end{aligned}
$$

$\boldsymbol{q}$：　クエリベクトル
$\boldsymbol{d}$：　ドキュメントベクトル
N：　ベクトルの次元数

　そのため、ひとつひとつの内積計算に非常に時間がかかってしまいます。

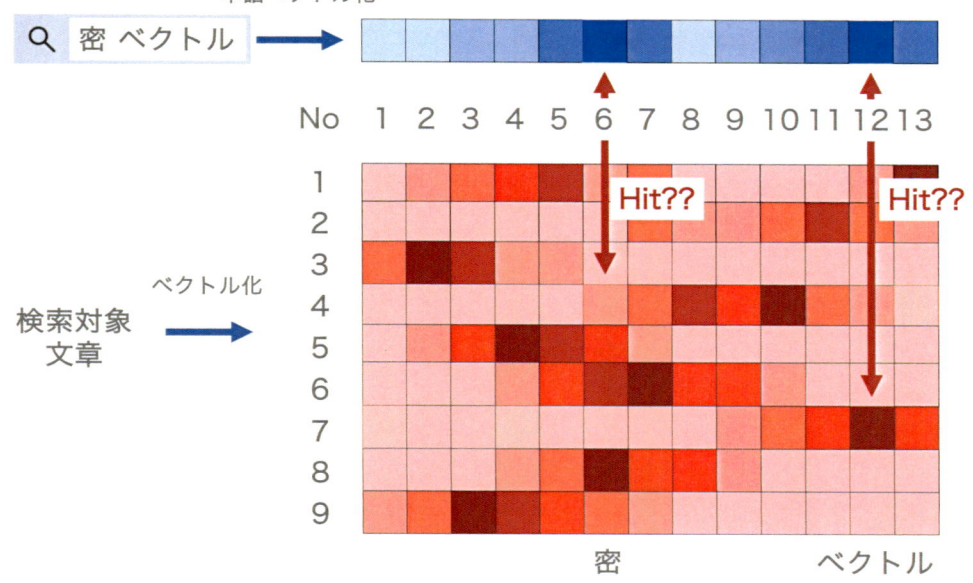

図3.16: 密ベクトルでの検索（色の濃度は値の大小を表している）

　転置インデックス（結合行列）を同じように内積計算に当てはめると、見ての通り、各文章のベクトルがほとんど0のスカスカ状態です。クエリか検索対象のドキュメントかどちらか一方が0の次元は、計算するまでもなく0になります。なので、互いが0ではない次元だけ取り出して計算すればよいので、内積計算が瞬時に行えます。

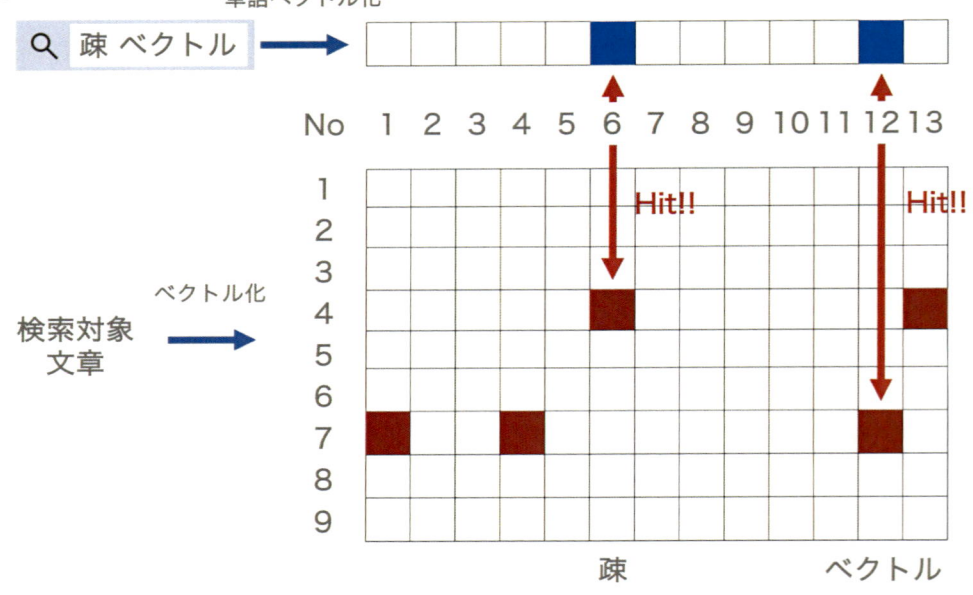

図3.17: 疎ベクトルでの検索

このように従来の全文検索と比較してベクトル検索では、検索アルゴリズムも違えば、速度面もネックになってきます。以上のことから、長らく全文検索とは別軸で、ベクトル検索ライブラリーは独自の発展を遂げてきました。その後、Apache Lucene にもこの独自進化の技術が実装され、晴れて Solr 9 からは、従来の全文検索と密ベクトル検索を Solr 上で両立できるようになりました。

3.7 近似最近傍探索

ベクトル検索を実現する上で欠かせない要素技術である、**近似最近傍探索（Approximate Nearest Neighbor:ANN）** についても触れておきます。これこそが、密ベクトルにおける類似ベクトルを高速に見つけだす手法であり、ベクトル検索が全文検索と分かれて進化してきた要因でもあります。

密ベクトルの類似度計算のボトルネックは、類似度計算のコストが高いことでした。そこで、多少の精度は犠牲にして大雑把に検索対象を絞り込んでから、その中でつぶさにベクトル間の類似度を検索すれば計算コストを節約できるのではないかというのが、近似最近傍探索のアイデアです。

近似最近傍探索のためのアルゴリズムはいくつかありますが、わかりやすいものをひとつだけ紹介します。これは、Annoy[20] という近似最近傍探索ライブラリーのベースになっている考え方です。

まず初めに、埋め込み空間上の2点をランダムに選びます。そして、その2点のちょうど真ん中になるように境界線を引きます。

20.https://github.com/spotify/annoy

図3.18: 分割ステップ1

次に、各分割領域内でそれぞれ2点ずつランダムに選んで中間に境界線を引きます。

図3.19: 分割ステップ2

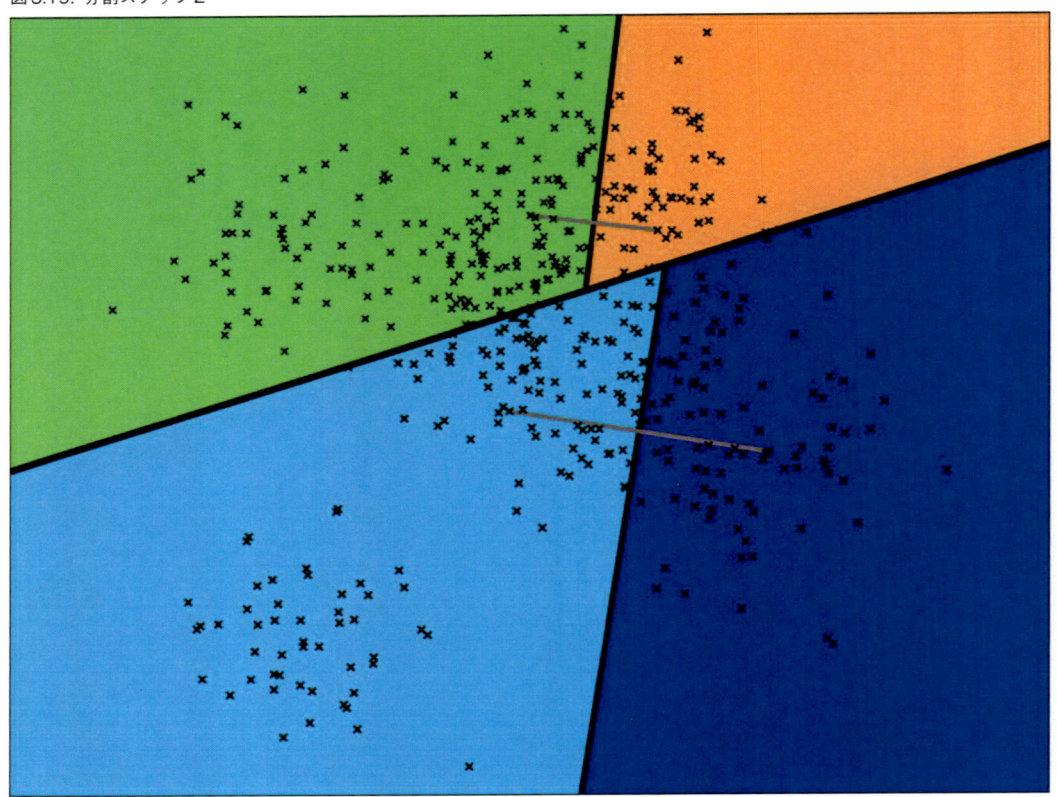

　領域分割の様子をツリーで表すと次のようになります。丸の中の数字はその領域内の埋め込みベクトルの数です。

図3.20: 4分割時のツリー構造

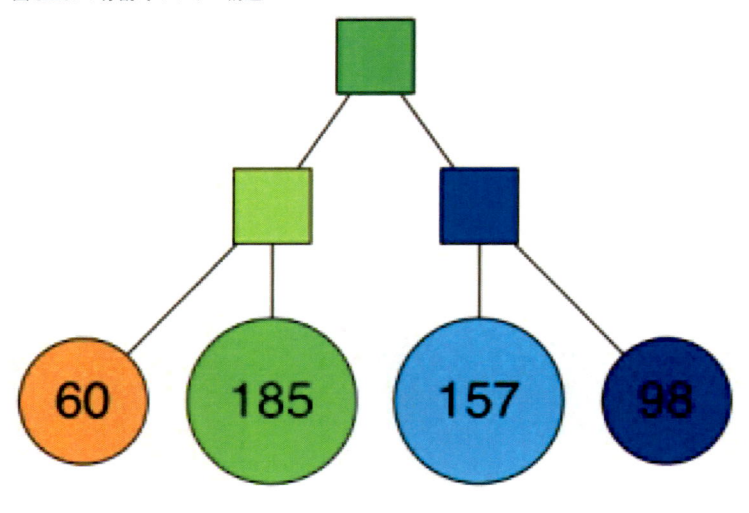

これを各境域内の点がK個以下になるまで繰り返します。

図3.21: 分割ステップN

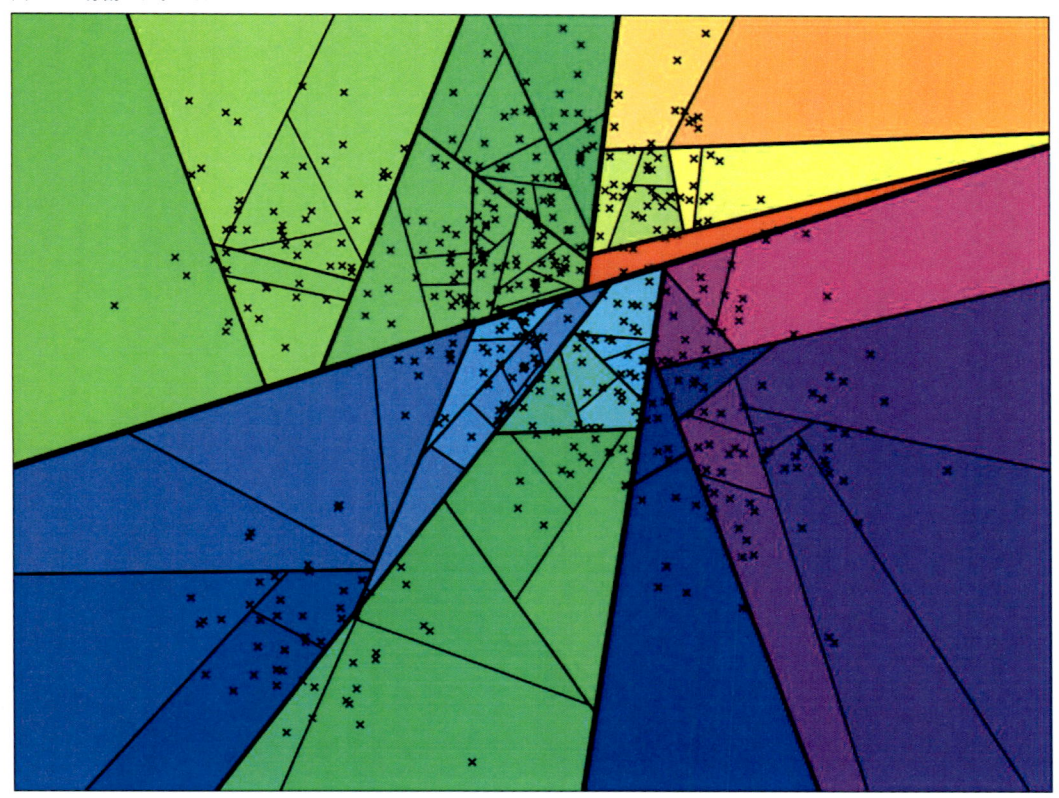

K=10としたとき、ツリー構造が次のようになったとします。

図3.22: K=10まで分割したときのツリー構造

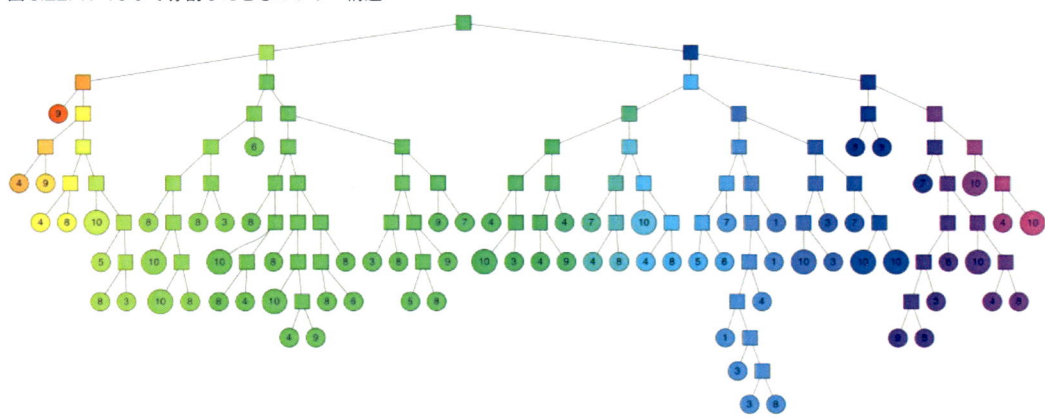

そして検索をするときは、分割された領域のうち、クエリベクトルがプロットされた領域内でだけ類似度計算を行います。領域内の点はK個以下なので、Kが小さければ小さいほど、計算対象が

少なくなります。また、クエリベクトルがどの領域に属するかの計算も有限の時間で収まります。所属領域を求めるには、2分木ツリーを追っていけばよく、データ点の数Nに対して最大でも2進対数（lg）を用いてlg N回でたどり着けることが知られています。

図3.23: 検索時にたどるツリー構造

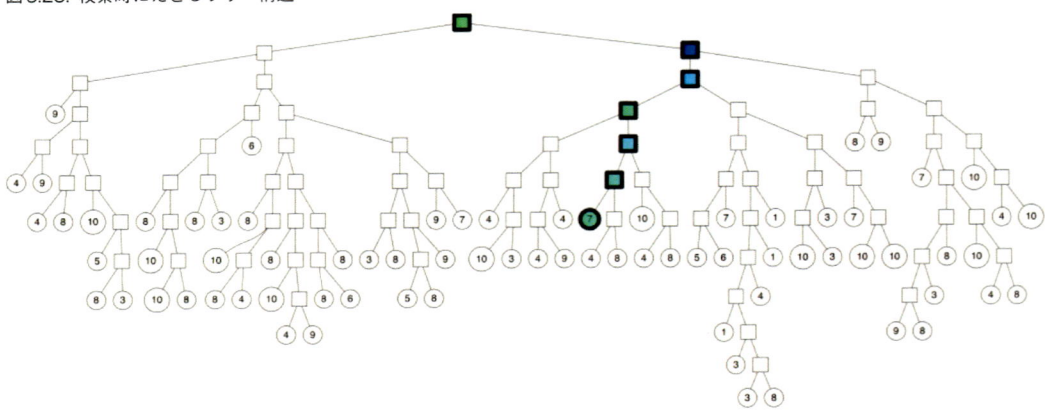

　これなら、厳密に近い順のベクトルを得ることはできませんが、実用可能な計算時間に収まるようになります。

　もちろん、実際にはここからより細かなチューニングを加えて精度と速度を高めていますが、近似計算のイメージはつかめたのではないでしょうか。このアルゴリズムの詳細は、Annoyの作者のブログで説明されています[21]。上記の図もブログ記事からお借りしたものです。気になる方はあわせて読んでみてください。

　これ以外にもいろいろな種類のアルゴリズムがありますが、転置インデックスとはまた違った発想で計算の効率化を図っています。着想も全文検索のものとはまた違ったものになっていて、独自進化を遂げた理由の一端を感じてもらえたと思います。

3.8　ベクトル検索をめぐるこれまで

　先ほど、ベクトル検索のアルゴリズムやライブラリーが、全文検索とは別軸で発展してきたと説明しました。では、その発展の歴史はどのようなものだったのでしょうか。私も完璧に追えているわけではありませんが、調べてみるとなかなか興味深いものでした。全文検索エンジン上でベクトル検索を行うべきか、専用のシステムを使うべきか選択するための判断材料にもなるかと思いますので、ちょっとだけ歴史を追ってみましょう。

　1999年に発表されたSIFT[22][23]やその改良版であるSURF[24]は当時、画像検索や分類、認識タスクにおいて画期的な特徴量だと言われていました。しかし、これらの特徴量ベクトルを用いた検索で

21.https://erikbern.com/2015/10/01/nearest-neighbors-and-vector-models-part-2-how-to-search-in-high-dimensional-spaces.html
22.Lowe et al.(1999) https://www.cs.ubc.ca/~lowe/papers/iccv99.pdf
23.Lowe et al.(2004) https://www.cs.ubc.ca/~lowe/papers/ijcv04.pdf
24.Rosten et al.(2006) https://link.springer.com/chapter/10.1007/11744023_32

は、データセットの次元数が増加すると検索時間が増大してしまう問題がありました[25]。

この問題に対して、2009年にFLANN（Fast Library for Approximate Nearest Neighbors）が提案されました[26][27]。FLANNではk-d treeと呼ばれる手法を用いています。「3.7 近似最近傍探索」で紹介した手法と同様に、空間を分割して比較対象を絞り込むTree系の代表格となる手法です。やり方はいくつかあるみたいですが、たとえば、データ点に対して分散が最大となる座標軸を選んで、その軸に対してデータ点の真ん中で分割するという方法があります。

図3.24: FLANN の木分割の例（https://ieeexplore.ieee.org/document/6809191 より）

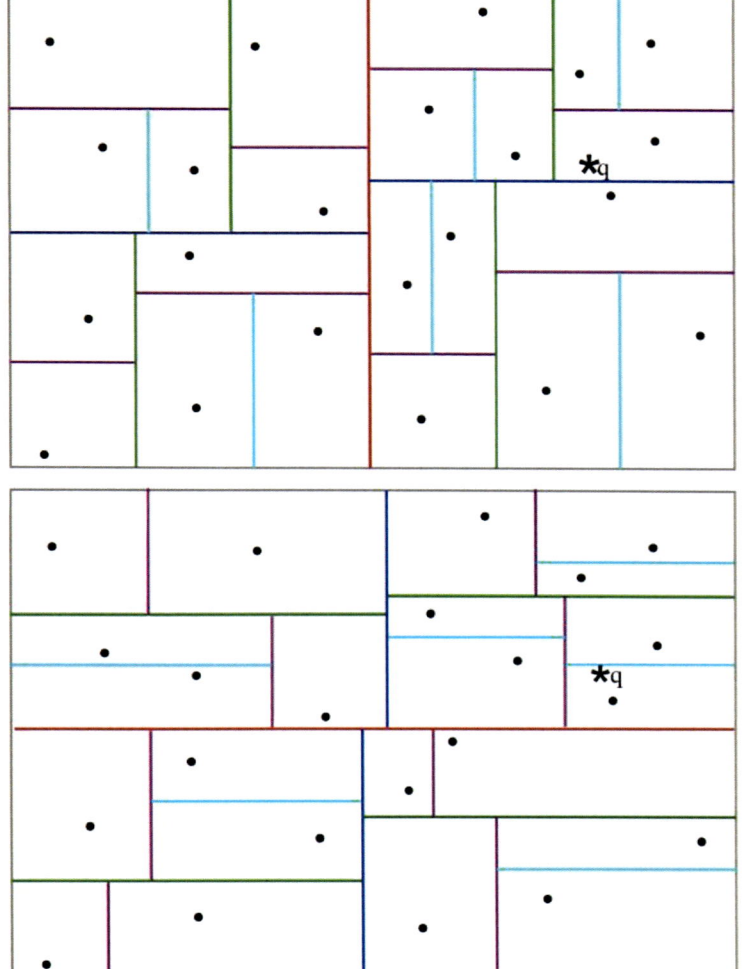

25.https://www.jstage.jst.go.jp/article/jjspe/77/12/77_1109/_pdf

26.https://github.com/flann-lib/flann

27.Muja et al.(2009) http://www.image.ntua.gr/iva/files/MujaLowe_ICCVTA2009%20-%20Fast%20Approximate%20Nearest%20Neighbors%20with%20Automatic%20Algorithm%20Configuration.pdf

実装がしやすく、OpenCV[28]やPCL[29]などのライブラリにも採用されているアルゴリズムです。2000年代後半から2010年代前半にかけて人気のライブラリーでした。FLANNの登場によって、ある程度の規模や次元のデータに対しても高速な近似最近傍探索が可能になりました。

しかし、高次元の大規模なデータセットに対しては、まだスケーラビリティーが不足していました。その後、2015年にSpotifyのエンジニアであるErik BernhardssonによってAnnoy（Approximate Nearest Neighbors Oh Yeah）が提案されました[30][31]。Annoyは、ランダムプロジェクションという手法を用いてベクトルを低次元空間にマップします[32]。これにより、高速な近似最近傍探索を実現し、million-scaleのベースラインポジションのライブラリーになっています。

同年代である2013年に、NMSLIB（Non-Metric Space Library）という階層的なグラフの構造を使用したライブラリーも登場しました[33][34]。インターフェイスもシンプルで、Annoyと同等以上の速度が出せます。

AnnoyやNMSLIBによって、大規模高次元データであっても高速に検索ができるようになりました。ですが、この高速さは、すべてのデータがメモリー上に載った場合に限ります。つまり、使うためには十分なサーバーリソースが要求されます。

その後、2017年に当時のFacebook（現Meta）がFaiss（Facebook AI Similarity Search）をリリースしました[35][36]。Faissでは、量子化と呼ばれるメモリー圧縮率のいい手法でベクトルをエンコードし、リソースの節約に成功しました。また、GPUに対応したことで、厳密な最近傍探索であっても現実的な時間で可能になりました。

これらのライブラリーがOSSとして公開されたことで、ベクトル検索を自社のサービスに組み込む企業が現れ始めます。日本国内でも、ZOZOやメルカリ、BASEなどが採用しています。2020年3月には、これらの企業が近似最近傍探索やベクトル検索のサービス活用を話す勉強会が開催されました[37][38]。

ライブラリーの整備によって、ベクトルの検索はまともにできるようになりましたが、言ってしまえばベクトル検索部分しかサポートしていません。システム、特にサービスとして使う以上、求められる耐障害性やスケーラビリティーについては基本的に範疇外です。上記勉強会でも、各社自前で創意工夫しながらシステムを設計し、なんとか運用を回していました。

やはりサービスで活用する以上、検索エンジンとしての機能は備える必要があるということで、Milvus（2019年）[39]やVald（2020年）[40]などが登場しました。

28.https://opencv.org/

29.https://pointclouds.org/

30.https://github.com/spotify/annoy

31.https://engineering.atspotify.com/2013/02/organizing-a-hack-week/

32.https://arxiv.org/abs/1610.02455

33.https://github.com/nmslib/nmslib

34.Boytsov et al.(2013) http://boytsov.info/pubs/sisap2013.pdf

35.https://github.com/facebookresearch/faiss

36.https://engineering.fb.com/2017/03/29/data-infrastructure/faiss-a-library-for-efficient-similarity-search/

37.https://ml-loft.connpass.com/event/169623/

38.https://logmi.jp/events/2264

39.https://github.com/milvus-io/milvus

40.https://github.com/vdaas/vald

これらのツールは、検索エンジンとして機能させることを意識しているので、SolrやElasticsearchでは当たり前とされている機能もきちんと搭載されています。たとえば、サービスを停止させることなくインデックスの更新や削除が可能です。レプリケーションやシャーディングにも対応しており、クラウドストレージへのインデックスの自動バックアップやリストアを備えているものもあります。

　以下がValdの基本アーキテクチャなのですが、Kubernetesをフル活用したとてもモダンな作りになっています。

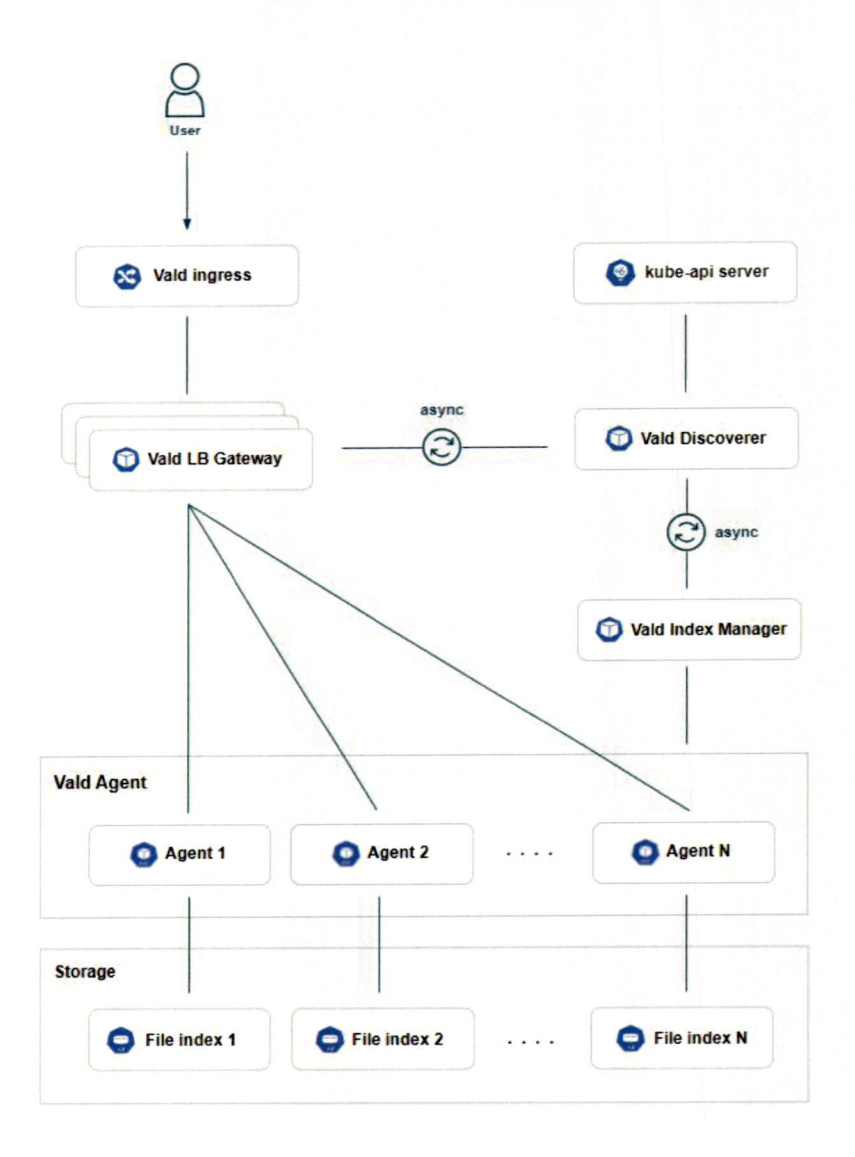

開発元がヤフーということもあり、注目技術が使われたクールなアーキテクチャに見えます。ということは、裏を返すと、運用にはそれらの注目技術が問題なく扱えることが前提になってきます。Vald であれば、Kubernetes の知識が必須になってくるでしょう。もともと Kubernetes の運用知見はあるが、全文検索エンジンの知見はあまりないというチームにはフィットするかもしれません。企業だと M3 が挑戦しています[41]。しかし、全文検索エンジンの知見もあり、Kubernetes もバリバ

41.https://www.m3tech.blog/entry/vald-sentence-bert

リ扱えるというチームはそう多くないでしょう。別チームでそれぞれ運用するならまだしも、既存の検索チームではもろ手を挙げて歓迎とはなりにくいです。

Milvusについても、いくつものシステムコンポーネントを組み合わせて、ベクトル検索エンジンとして機能しています。

図3.26: Milvusの基本的なシステムアーキテクチャ（https://milvus.io/docs/architecture_overview.md より）

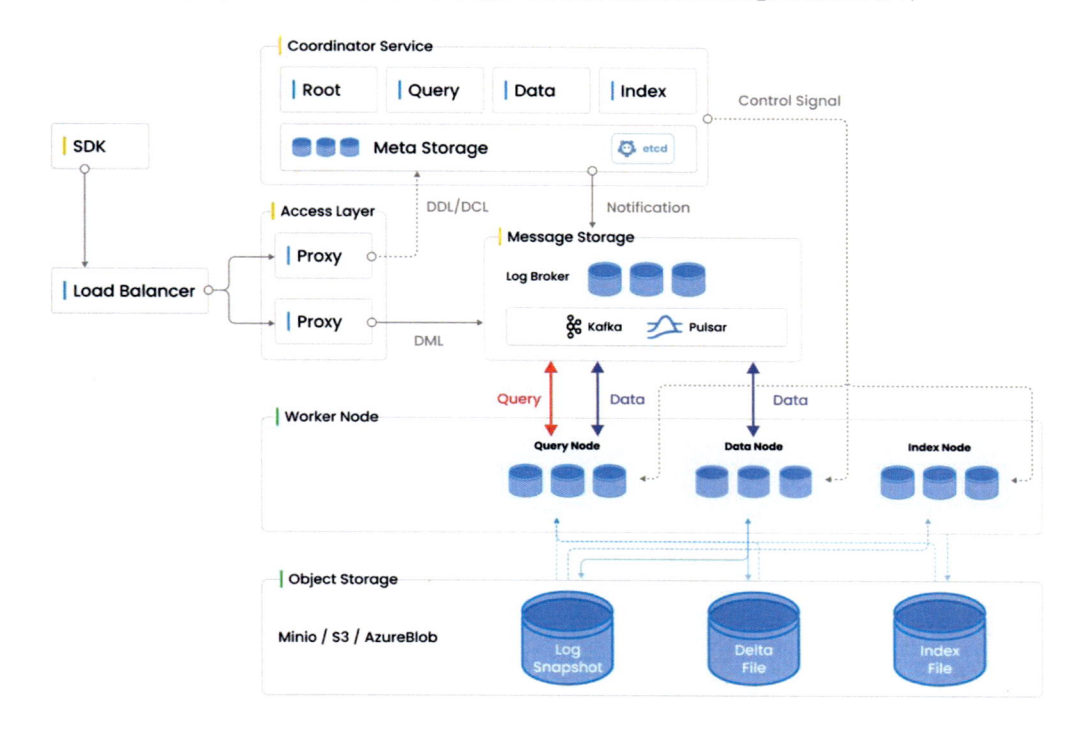

Milvusは、2017年創立の新進気鋭の中国企業Zillizによって開発されています。こちらはこちらで、SolrやElasticsearchとは違った新しい運用知見が求められます。おまけに、十分に稼働させるためにはハイエンドマシンが必要になってきます。

また、まだ日本人ユーザーが少なく、日本語のドキュメントや知見が探しづらいということもあります。私が見つけられたのは、個人のブログ記事3件だけでした[42][43][44]。ソフトウェアエンジニアなのだから、英語のドキュメントくらい読めと言われてしまうかもしれません。ですがチームで、しかもまったく新しいミドルウェアやツールを導入する際に非母国語のドキュメントを読み解き、不安を抱えたままサービスに導入するのは、とても勇気のいる決断です。

Search Engineering Tech Talk 2019 Summerでクックパッドのエンジニアリングチームの方の登壇[45]の中でも述べられていますが、全文検索エンジンさながらの機能が備わっているとはいえ、

42.https://acro-engineer.hatenablog.com/entry/2019/12/26/114500

43.https://note.com/masayuki_abe/n/n522fd287d8ef

44.https://k-jun.hateblo.jp/entry/2021/09/01/040947

45.https://logmi.jp/tech/articles/322022

まったく新しいフレームワークを採用するのは相当難しいことと思います。

発表にあるように、2017年以前から全文検索エンジンのひとつであるElasticsearchでベクトル検索はできていました。ただ、数百万件のインデックスに対してレスポンスに10秒以上かかったり、最大8次元のベクトルまでしか使えなかったりと、実用には程遠いレベルでした。

セルフホストでの運用が難しいとなった場合、次に注目を集めそうなのが、フルマネージドサービスです。フルマネージドであれば、自分たちでシステム構築や運用を行わないので、初期構築や日々の運用コストの削減が期待されます。

たとえば、Google Cloud Platform（以下、GCP）の提供するVertex Matching Engineがあります[46]。Matching Engineを使えば、インデックスデータさえ用意できれば、あとはシステム構成はほとんど考えることなく使えます[47]。

おまけに、Googleが開発したScaNN[48]という最新の近似最近傍探索アルゴリズムによって、10億件のインデックスに対して10万QPSのリクエストであっても5ms以内の返却が可能です。しかも、CPU使用量はfaissの1/4、Memory使用量はnmslibの1/3という超高性能技術に乗っかることができます。企業だとメルカリが早速導入しています[49]。

もちろん、サーバーレスだからと言って、運用上の課題が0なわけではありません。当然ですが、クラウドサービスを利用することになるので、クラウドサービスの知識が必要になってきます。また、新興サービスということもあって挙動が不安定であり、そのあたりのノウハウもまだ世にあまり出回っていません。サービスによっては、情報セキュリティー的にクラウドには載せられないということもあるでしょう。

また、要件によっては、オンプレに比べて費用がかさむかもしれません。インスタンスの利用料が106円/時間、インデックス更新が\$3/1GiBなので、\$1=120円で最低構成の2ノード構成、毎日1GiBのインデックス更新が発生するとして計算すると、1日あたり$106 \times 2 \times 24 + 3 \times 120 \fallingdotseq 6{,}000$円となります[50]。月額換算すると約18万円です。これにGPUやBigQueryの使用量が乗ったり、ノード数やインデックス更新が増えるとなると、月20〜30万円はかかるでしょう。これが安いと思えるか高いと思うかは、その企業の体力次第です。

Amazon Web Services（以下、AWS）であれば、Elasticsearchから分岐したAmazon OpenSearch Serviceを使うという手があります[51]。後述しますが、SolrもElasticsearchも同じLuceneをベースにしているので、OpenSearch Serviceでもベクトル検索ができます[52]。費用についてはご自身でご確認ください[53]。

費用さえ許されるのであれば、SaaSに乗っかるのが楽でしょう。特に、OpenSearch Serviceであれば、使い慣れたElasticsearchを使うことができます。私もSolrでベクトル検索ができるようにな

46. https://cloud.google.com/vertex-ai/docs/matching-engine?hl=ja
47. レプリカ台数を何台にするかなど検討事項がまったくないわけではありませんが、これまで検索エンジンの運用知見のないチームだけでも自分たちで導入が可能なくらいマネージド側で吸収してくれています。
48. https://ai.googleblog.com/2020/07/announcing-scann-efficient-vector.html
49. https://engineering.mercari.com/blog/entry/20220224-similar-search-using-matching-engine/
50. https://cloud.google.com/vertex-ai/pricing?hl=ja#matchingengine
51. https://docs.aws.amazon.com/ja_jp/opensearch-service/latest/developerguide/what-is.html
52. https://docs.aws.amazon.com/ja_jp/opensearch-service/latest/developerguide/knn.html
53. https://aws.amazon.com/jp/opensearch-service/pricing/

るまでは、このふたつを推していました。

その後、2019年7月のElasticsearch 7.3[54]、それから遅れること3年後の2022年5月のSolr 9.0[55]からは全文検索エンジンでもベクトル検索が可能になりました。2009年のFLANNから数えて苦節約20年、ようやく全文検索エンジンで培ってきた知見を活かしてベクトル検索を組み込んだシステムが運用できる時代が来ました。

埋め込み表現獲得のための機械学習部分もエコシステムが整備されてきており、今こそベクトル検索を始める好機といえるでしょう。ぜひみなさんも 第4章以降を読んで活用してみてください！

もちろん、本書で紹介したもの以外にも、さまざまな近似最近傍探索アルゴリズムが提案されています。このあたりの歴史については、東京大学の松井先生がわかりやすくまとめてくださっています[56]。気になる方はそちらを参考にしてみてください。

また、埋め込み表現以前の文字列ベースのベクトル検索までの歴史については、電子情報通信学会知識ベースの資料が参考になります[57]。こちらもあわせて読んでみてください。

ANNに代わる新たな近傍探索手法！？

2023/4/15、LangChain v0.0.141 に SVM Retriever という機能が実装されました[58]。

LangChain[59]とは、GPTだけではできなかったことを補助するためのライブラリーです。いわばGPTの拡張ツールのようなものです。LangChainを使うと、GPTをはじめとした複数の言語モデルの切り替えや組み合わせ、プロンプトと呼ばれる指示文のテンプレート化、それまでの文脈の記憶、Google検索や数値計算、独自データからの検索結果を踏まえた回答生成などができるようになります。

その検索部分で使用しているベクトル検索に、ANNに代わる新たな手法として取り入れられたのが、SVM Retrieverです。

私も先日知ったばかりで理解が浅いですが、近傍ベクトルを探すのにk-NNではなく、SVM（Support Vector Machine）を使おうという発想みたいです。SVMの詳細は割愛しますが、大まかに言うと特徴量ベクトルと各ベクトルに付与されたラベル情報を使って、ちょうどよさそうな分離境界面を引くという機械学習手法です。

図3.27: SVMによる分類イメージ（https://en.wikipedia.org/wiki/Support_vector_machine より）

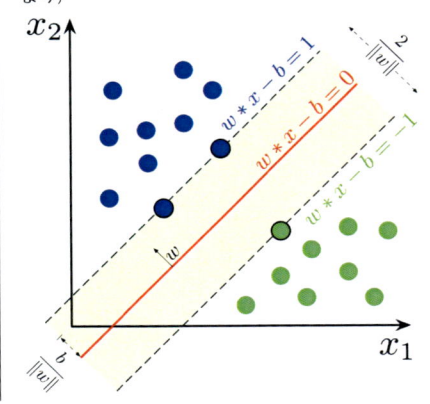

54.https://www.elastic.co/guide/en/elasticsearch/reference/7.3/release-notes-7.3.0.html

55.https://solr.apache.org/guide/solr/latest/upgrade-notes/major-changes-in-solr-9.html

56.https://speakerdeck.com/matsui_528/jin-si-zui-jin-bang-tan-suo-falsezui-qian-xian

57.https://www.ieice-hbkb.org/portal/doc_639.html

SVM Retriever では、クエリベクトルのラベルを 1、インデックスベクトルを 0 として、2 値分類を行います。そして、0 側の分類境界面に近い順に N 個を類似ベクトルとして取り出そうというものだと思われます。k-NN はすべての特徴量次元を等価に扱っていたのに対し、SVM なら分離に長けた特徴量次元を意識しながら分離面を引きます。そのため、漠然と近傍点を探す k-NN より妥当な検索結果が得られるように思えます。

　ただ、検索のたびに毎回分離境界を学習するとなると、k-NN に比べてものすごく計算コストがかかりそうなのが非常に気掛かりです。多少待たされても許されるチャットツールだからこそ使える手法かと思います。詳しく調べようと思いましたが、まだあまり情報が出回っておらず理解が間違っているかもしれません。

　検索結果の違いについては、ちょうど比較を紹介してくれているブログがありました[60]。一概にどちらの方がよいとは言い難いですが、両者のハイブリッドを取ると、ちょっとだけよくなっているとは思います。ただベクトル検索では、ずっと速度面がボトルネックになっていて、ANN が考案されてようやくサービスインできたことを考えると、SVM Retriever は大規模ドキュメント検索では採用しづらいのではと思います。

　発想は自体はおもしろいので、Web サービスとして耐えうる手法へ昇華することを期待しましょう。

58.https://python.langchain.com/en/latest/modules/indexes/retrievers/examples/svm_retriever.html

59.https://github.com/hwchase17/langchain

60.https://secon.dev/entry/2023/04/29/220000-langchain-svm-retriver/

第4章 Solr上でベクトル検索を動かす

ベクトル検索の基礎概念が理解できたところで、早速Solrを使ってベクトル検索をやってみましょう。使い方は思いのほか簡単です。公式ドキュメントに、しっかりとチュートリアルがあります[1]。それに従えば、機能としてはすぐに使い始められます。

4.1 Solr定義

まずは、スキーマ定義にベクトル検索用の型とフィールドを定義します。

リスト4.1: managed-schema

```xml
<?xml version="1.0" encoding="UTF-8" ?>
<schema name="example" version="1.6">
    <field name="_version_" type="plong" indexed="false" stored="false" />
    <field name="_root_" type="int" indexed="true" stored="false"
docValues="false" />

    <uniqueKey>id</uniqueKey>

    <field name="id" type="int" indexed="true" stored="true" required="true" />
    <field name="vector" type="knn_vector" indexed="true" stored="false" /> <!--
フィールド定義 -->

    <fieldType name="int" class="solr.TrieIntField" precisionStep="0"
positionIncrementGap="0" />
    <fieldType name="plong" class="solr.LongPointField" docValues="true" />
    <fieldType name="knn_vector" class="solr.DenseVectorField"
vectorDimension="4" similarityFunction="cosine" /> <!-- 型定義 -->
</schema>
```

1番下の行がベクトル用のフィールド定義です。

vectorDimensionはインデックスするベクトルの次元数です。Solr ver 9.4時点で指定できるのは、最大2048次元までです[2][3]。

similarityFunctionには、類似度計算の方法を定義します。デフォルトはユークリッド距離に

1.https://solr.apache.org/guide/solr/latest/query-guide/dense-vector-search.html

2. 底本となる ver 9.1 時点では 1024 次元まででしたが、ver 9.3.0 から 2048 次元まで対応しました。https://solr.apache.org/news.html#apache-solrtm-930-available

3.Elasticsearch, Solr それぞれでは OpenAI API の隆盛を受けて独自を高次元ベクトルに対応しましたが、Lucene 本体では引き続き高次元に対応すべきか議論されています。
https://shunyaueta.com/posts/2023-03-26-2208/

なっていますが、Solr公式の推奨はドット積です。本書では、事前の正規化作業を省くためにコサイン類似度を使用します。

ベクトルのノルムサイズ

　文章の類似度計算においては、長さ情報より角度情報に重要な意味があるとされていることが多いです。そのため、事前に単位ベクトル（ベクトルのノルムを1）に正規化して長さ情報を落としておくことが推奨されています[4]。
this similarity is intended as an optimized way to perform cosine similarity. In order to use it, all vectors must be of unit length, including both document and query vectors. Using dot product with vectors that are not unit length can result in errors or poor search results.

4.https://solr.apache.org/guide/solr/latest/query-guide/dense-vector-search.html#densevectorfield

2024/2/11現在、使用できる計算手法は以下の3つです。
- euclidean：ユークリッド距離（default はこれ）
- dot_product：ドット積（内積）
- cosine：コサイン類似度

各スコアの計算方法は、第3章で解説しています。

DenseVectorFieldはindexedとstoredが指定できます。Solr 9.4時点ではmultiValuedはサポートされていません。なので、ひとつのフィールドに複数のモデルでEmbeddingしたベクトルを持たせるといったことはできません。検索条件に合わせて使用するEmbeddingを変えたい場合は、DenseVectorFieldを複数定義します。

　基本的な定義はここまでで十分です。

　より緻密にパフォーマンスチューニングをしたいときは、細かいパラメーターを指定します。高度な設定をしたいときは、以下の行をsolrconfig.xmlに追加しておきます。

リスト4.2: solrconfig.xml

```
<config>
<codecFactory class="solr.SchemaCodecFactory"/>
...
```

その上で、スキーマ定義でパラメーターを指定します。

リスト4.3: managed-schema

```
<fieldType name="knn_vector" class="solr.DenseVectorField" vectorDimension="4"
similarityFunction="cosine" knnAlgorithm="hnsw" hnswMaxConnections="10"
hnswBeamWidth="40"/>
<field name="vector" type="knn_vector" indexed="true" stored="true"/>
```

knnAlgorithmでは、使用する近似最近傍探索のアルゴリズムを指定します。

Elasticsearch/Solrのコアエンジンである Apache Luceneで採用されている近似最近傍探索アルゴリズムは、2024/2/11時点でHierarchical Navigate Small World（HNSW）だけです。

HNSWはグラフ探索型のアルゴリズムで、ベクトル距離に応じて事前にグラフを構築しておきます。探索は高速だが、事前に構築したグラフの読み込みに時間がかかるという特性があります。また、圧縮せずに生データをそのままメモリー上に展開して処理をするので、メモリーの消費量が大きくなります。2020年にGoogleがScaNN[56]というより高速で高精度・高効率なアルゴリズムを提唱しましたが、2018年時点ではmillion-scaleのドキュメントの近似最近傍探索では決定版と言われていたアルゴリズムです。

図4.1: HNSWの検索時の動作イメージ (画像は Malkov+, Information Systems, 2013 から引用)

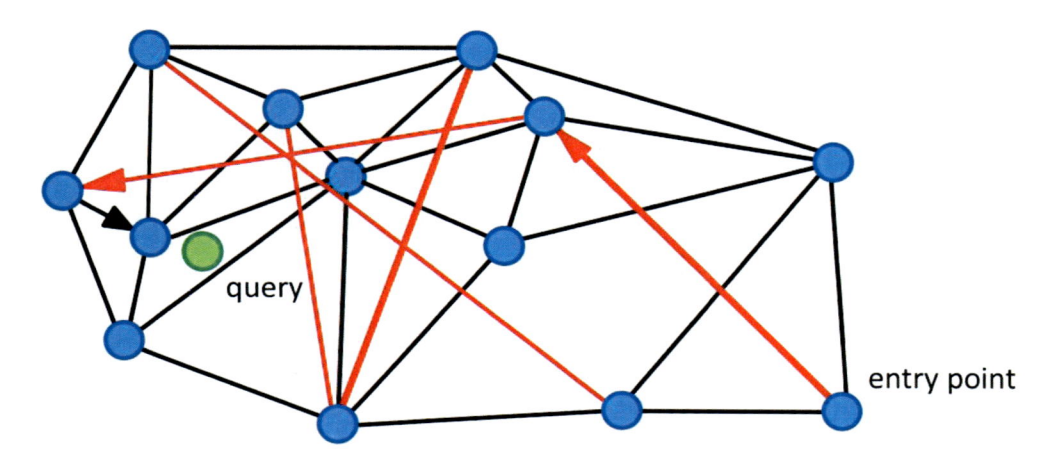

HNSWはPython製の近似最近傍探索ライブラリーであるnmslib[7]やfaiss[8]にも採用されています。
Solr上でチューニングできるパラメーターは、以下のふたつです。いずれも、HNSWでもっとも検索結果へのインパクトの大きいパラメーターと言われています。

- `hnswMaxConnections`: 隣接最大ノード数（default=16）
  - ある程度値を大きくすると検索精度が向上するが、インデクス作成時間とメモリー消費量は大きくなる
  - 妥当なパラメーター範囲は5〜100と言われている
- `hnswBeamWidth`: 探索近傍ノード数（default=100）
  - 値を大きくすると検索精度が向上するが、インデックス作成時間とレスポンス時間は長くなる
  - 妥当なパラメーター範囲は100〜2000と言われている（nmslibのデフォルトは200, faissのデフォルトは40）

基本的に値を大きくすると全探索に近づき、その分インデックス時間や検索時間、メモリー使用量が増えるようです。

HNSWの詳しいアルゴリズムは、付録C「Hierarchical Navigate Small World」で解説しています。

5.https://ai.googleblog.com/2020/07/announcing-scann-efficient-vector.html

6.https://ai-scholar.tech/articles/vector-search/scann

7.https://github.com/nmslib/nmslib

8.https://github.com/facebookresearch/faiss

4.2 インデックスデータの作り方

DenseVectorField型で定義したフィールドに、リスト形式でベクトルを登録します。ここでの
ベクトルの次元数は、vectorDimensionで指定したサイズに合わせておきます。

リスト4.4: index.json

```
[
  {
    "id": "1",
    "vector": [1.0, 2.5, 3.7, 4.1]
  },
  {
    "id": "2",
    "vector": [1.5, 5.5, 6.7, 65.1]
  },
  {
    "id": "3",
    "vector": [3.0, 11.0, 13.4, 130.2]
  },
  {
    "id": "4",
    "vector": [1.0, 2.1, 3.0, 4.0]
  }
]
```

ここまで理解できたら、実際にベクトルデータをインデックスしてみましょう。

本書用のサンプルリポジトリーをクローンして、アプリケーションを立ち上げます。第2章です
でに実行済みの場合は、登録するインデックスファイルが異なるだけで、その他は同じ手順になり
ます。

```
$ git clone git@github.com:Sashimimochi/today-solr-vs-book.git
$ sh ./launch.sh
```

　launch.shを実行すると、後々の章で使うデータやモジュールをダウンロードしてくるので、初回はやや時間がかかります。マシンスペックにもよりますが、およそ30分かかるかと思います。

　起動できたら http://localhost/8501 にアクセスしてみましょう。

図 4.2: ベクトル検索用画面

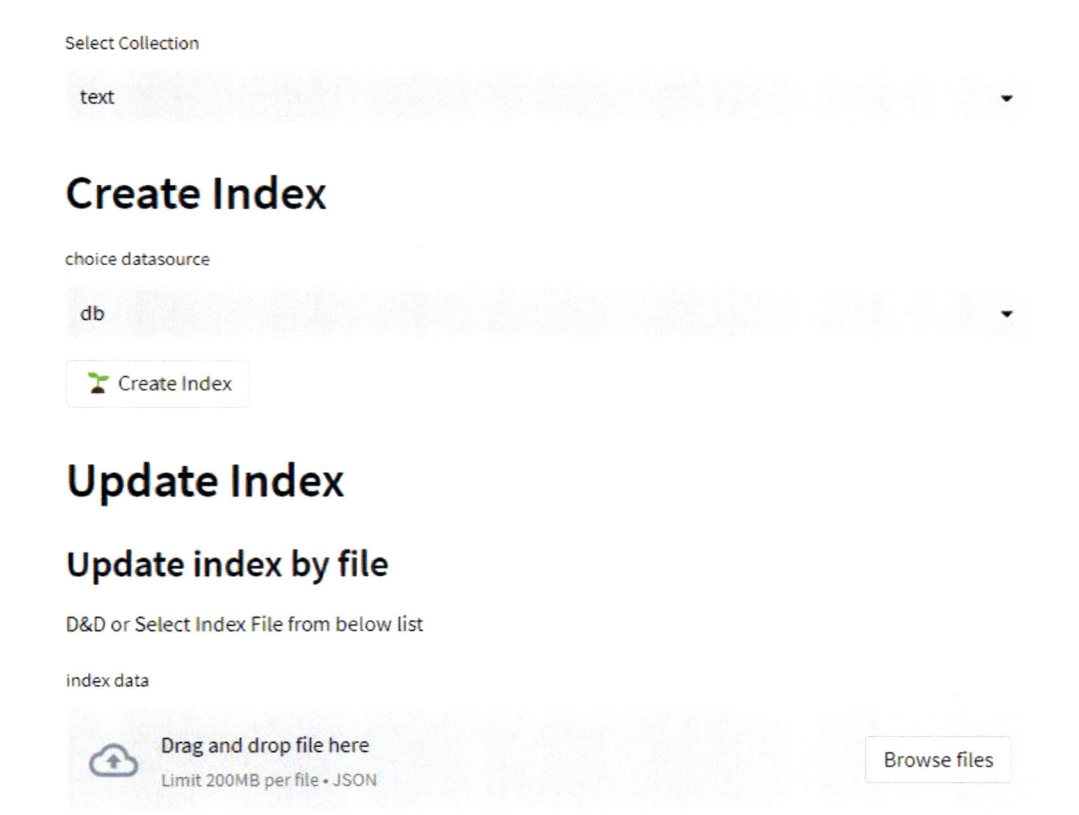

Vecotr Search Engine

Select Collection

Select Collection

text ▾

Create Index

choice datasource

db ▾

🍼 Create Index

Update Index

Update index by file

D&D or Select Index File from below list

index data

☁ Drag and drop file here
Limit 200MB per file • JSON

Browse files

　まず、Select Collectionから mini を選択します。

　次に、Update index by file の Drag and drop file here の部分にインデックスデータをドラッグアンドドロップします。Browse files からファイル選択をしてもよいです。上記のインデックスデー

タは`python/index/index.mini.json`に作成済みです。

　インデックスファイルを選択したら、Index with Fileボタンを押します。

図4.3: インデックス投入

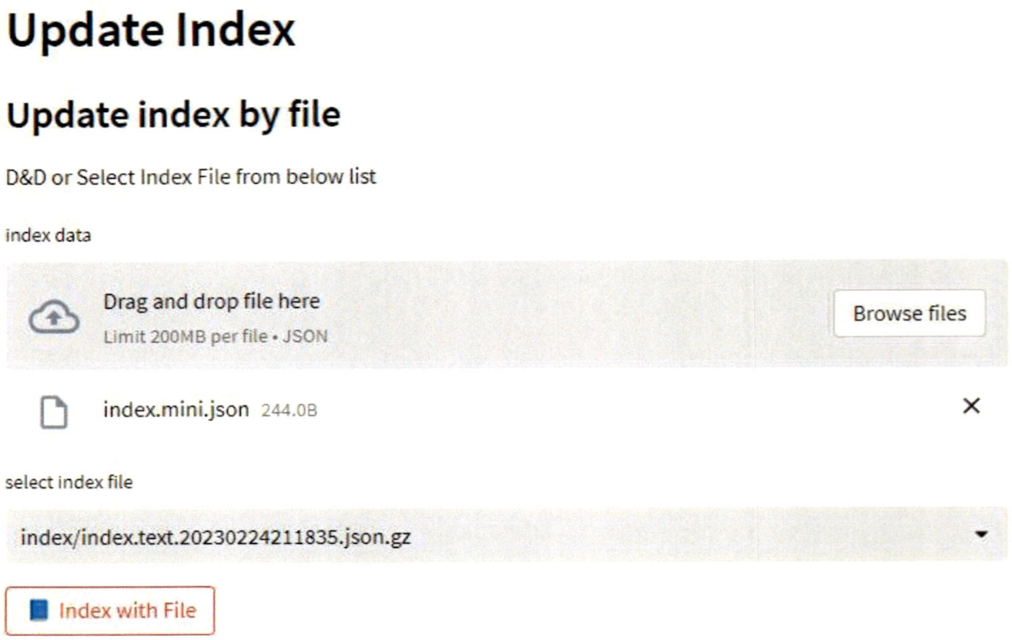

Update Index

Update index by file

D&D or Select Index File from below list

index data

index.mini.json　244.0B　×

select index file

index/index.text.20230224211835.json.gz ▾

■ Index with File

　successの文字が表示されたら、インデックス完了です。4件だけなので、数秒で終わります。

図4.4: インデックス成功

■ Index with File

💯 success

　インデックスが投入できたら、Solrの管理画面を確認してみましょう。http://localhost:8983 にアクセスして、`mini_shard1_replica_n1`のシャードを選択します。すると、ちゃんと4件のドキュメントがインデックスされていることが確認できます。

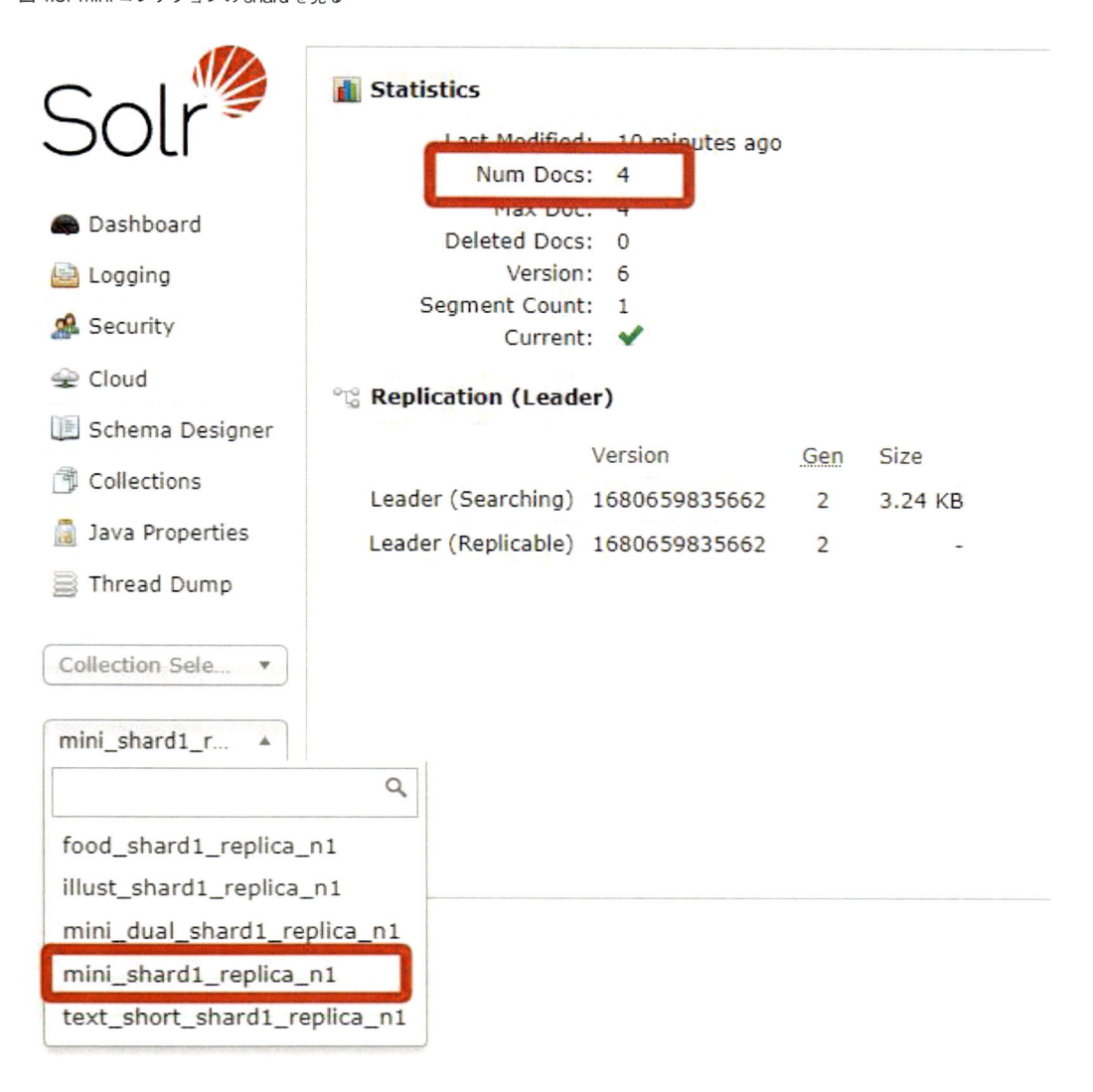

インデックスの件数が確認できたら、Solrの管理画面からクエリを投げてみましょう。今度は collection で mini を選択します。

図4.6: mini コレクションを見る

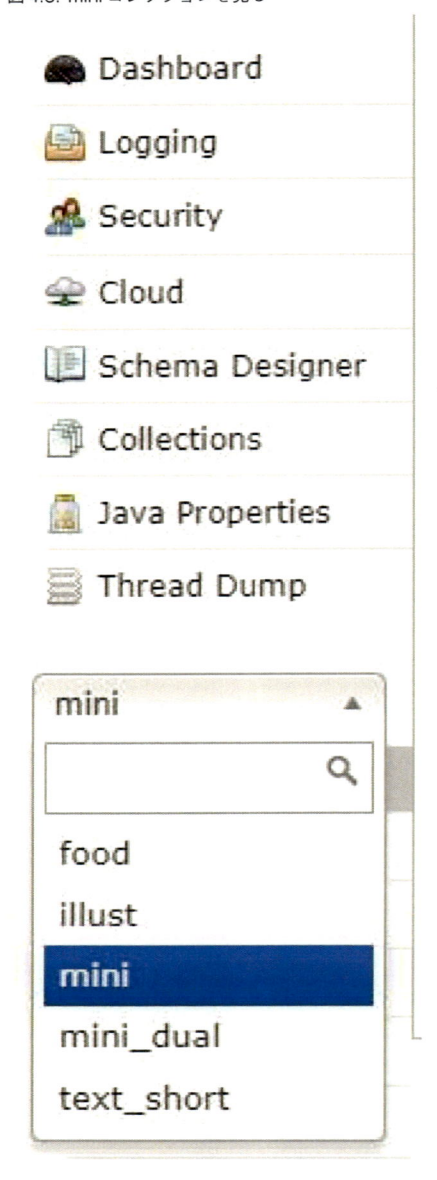

そして、Queryの項目を選択してください。

図4.7: Solr 管理画面からクエリを投げる

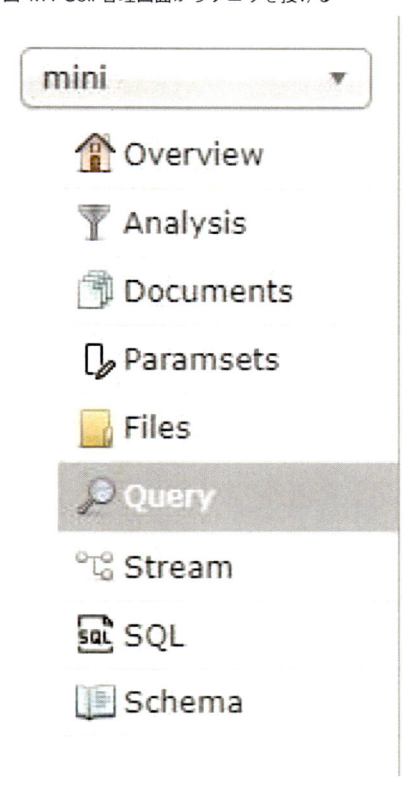

そのまま Execute Query を実行すると、ベクトルデータ付きのインデックスが作成されていることが確認できるかと思います。

図4.8: さきほどのインデックスデータでの検索結果

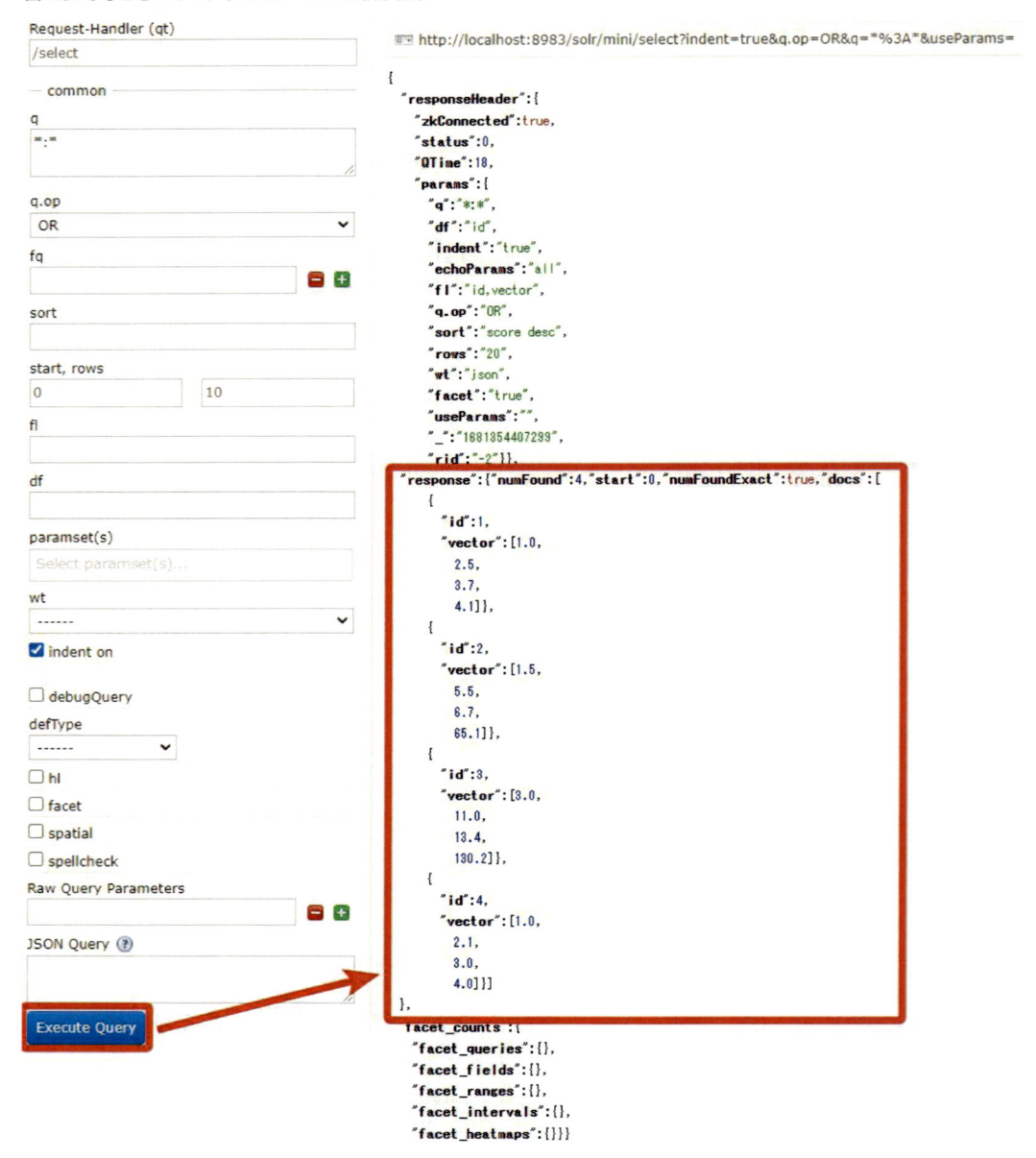

Dockerfile や docker-compose.yml を見た人はすでにお気づきかもしれませんが、この自作管理画面は Python で書かれています。より正確には、Python 用のライブラリーである Streamlit を使っています。Streamlit は、普段フロントエンドを触らない Python ユーザー向けのウェブフレームワークです。Python だけで簡単に、美麗な UI の Web アプリを作って共有できます。謳い文句の通り、HTML、CSS、JavaScript なしに、すぐに一定のクオリティの画面が作れてしまいます。研究界隈やデータサイエンス界隈のデモアプリ作成に大変重宝されています。詳しくは付録 B「フレームワークとサービス」で紹介しています。

　なぜ今回フロントエンドを Python で書いたかというと、本書を読んでくださっている皆さんに要求する技術スタックを極力増やさないためです。本書では、ベクトル検索の要となる Embedding 処理は Python を使って実装します。というのも、機械学習、特に DeepLearning 関連のライブラリーは Python が一番充実しており、扱いやすいからです。サーバーサイドの処理が Python なら、フロントエンドも Python に統一させました。

　この後もこのオリジナル管理画面はしばしば登場します。割と力作なので、ぜひ使いこなしてみてください。

---

9. ベクトルデータ以外については、DIH を使って MySQL からもインデックス投入ができます。詳しくは以前私が書いた記事を参考にしてみてください。https://qiita.com/Sashimimochi/items/7366f0eb11c6aafead80

4.3　メインクエリでの使い方

　検索時も簡単です。もし、各種クエリの使い方がわからない場合は、第2章で解説しています。適宜戻って見返してみてください。

　さて、ベクトルをインデックスさせたフィールドを指定して検索します。インデックス時と同じように、リスト形式でベクトルを渡します。

リスト 4.6: query

```
&q={!knn f=vector topK=10}[1.0, 2.0, 3.0, 4.0]
```

　f がベクトル検索対象フィールドで、topK が上位何件を取得するかの指定になります。topK のデフォルトは10件です。

　上記の例だと、ベクトル [1.0, 2.0, 3.0, 4.0] に近い順にスコアが高くなり、検索上位にヒットします。スコアは similarityFunction で指定した類似度計算の方法を使って算出された値になります。

リスト 4.7: response

```
// http://localhost:8983/solr/mini/select?&q={!knn f=vector topK=10}[1.0, 2.0,
3.0, 4.0]&fl=id score

  "response": {
    "numFound": 4,
    "start": 0,
    "maxScore": 0.9999288,
    "numFoundExact": true,
    "docs": [
      {
```

```
      "id": 4,
      "score": 0.9999288
    },
    {
      "id": 1,
      "score": 0.99773216
    },
    {
      "id": 2,
      "score": 0.90716124
    },
    {
      "id": 3,
      "score": 0.90716124
    }
  ]
}
```

スコア計算を cosine にしたので、id=2と角度が同じでノルムが2倍の id=3 のドキュメントは類似度が同じになります。

後述していますが、ベーシックなメインクエリ q だけでなく、フィルタークエリ fq やリランククエリ rq にもベクトル検索は使えます。

シャード分割されているときのヒット件数は？

シャード分割している場合は、それぞれのシャードから topK を集めてくるようです。なので、2シャード構成の場合は topK=10 だと 20 件ヒットします。

また、次のように filter cache や cost などのローカルパラメーターを使えば、類似度スコアを絞り込み条件に使用できます。

リスト4.8: query

```
&q={!knn f=vector topK=10}[1.0, 2.0, 3.0, 4.0]&fq={!frange cache=false l=0.99}$q
```

実際に検索してみた例がこちらです。

リスト4.9: response

```
  "response": {
    "numFound": 2,
    "start": 0,
    "maxScore": 0.9999288,
```

```
        "numFoundExact": true,
        "docs": [
          {
            "id": 4,
            "score": 0.9999288
          },
          {
            "id": 1,
            "score": 0.99773216
          }
        ]
      }
```

類似度スコア0.99以上のドキュメントに絞って検索ができています。

> ### Embeddingはどうするの？
>
> Solr自身にテキストや画像をEmbeddingする機能はありません。インデックスやリクエストの際にAPIなどで事前にEmbeddingした上でSolrにpostする必要があります。

4.4　フィルタークエリでの使い方

4.4.1　fqでの基本的な使い方

フィルタークエリfqにおいても、ベクトル検索を使用できます。たとえば、以下のようなクエリになります。

リスト4.10: query
```
&q=id:(1 2 3)&fq={!knn f=vector topK=10}[1.0, 2.0, 3.0, 4.0]&fl=id score
```

また、メインクエリでベクトル検索をしつつ、別のフィルタークエリを併用することもできます。たとえば、以下のようなクエリになります。

リスト4.11: query
```
&q={!knn f=vector topK=10}[1.0, 2.0, 3.0, 4.0]&fq=id:(1 2 3)&fl=id score
```

4.4.2　fqで使うときの注意点

フィルタークエリの性質として、スコア計算には関与しません。スコア計算はqで指定したほうで行われます。qで使うべきかfqで使うべきかはよく考えたうえで指定しましょう。

フィルタークエリでベクトル検索を使用した場合は、以下のようなレスポンスになります。

リスト4.12: response

```
// http://localhost:8983/solr/mini/select?&q=id:(1 2 3)&fq={!knn f=vector
topK=2}[1.0, 2.0, 3.0, 4.0]&fl=id score

  "response": {
    "numFound": 1,
    "start": 0,
    "maxScore": 0.54726034,
    "numFoundExact": true,
    "docs": [
      {
        "id": 1,
        "score": 0.54726034
      }
    ]
  }
```

メインクエリqで検索をかけ、fqによって類似度スコア上位2件（id=4,1）に絞り込みを行います。なので、id=1のみが最終的なヒットドキュメントになります。

一方で、メインクエリでベクトル検索を使用した場合は、以下のようなレスポンスになります。

リスト4.13: response

```
// http://localhost:8983/solr/mini/select?&fq=id:(1 2 3)&q={!knn f=vector
topK=2}[1.0, 2.0, 3.0, 4.0]&fl=id score

  "response": {
    "numFound": 2,
    "start": 0,
    "maxScore": 0.99773216,
    "numFoundExact": true,
    "docs": [
      {
        "id": 1,
        "score": 0.99773216
      },
      {
        "id": 3,
        "score": 0.90716124
      }
    ]
  }
```

類似度上位2件をメインクエリでヒットさせた上で、fqでid=1,2,3に絞り込みます。ここで、id=2とid=3は類似度スコアが同値になっています。どちらが選ばれるかは、ランダムだと思われます[10]。

4.5　リランククエリでの使い方

4.5.1　rqでの基本的な使い方

　リランククエリにおいてもベクトル検索を使用できます。たとえば、以下のようなクエリになります。

リスト4.14: query

```
&q=id:(3 4 9 2)&rq={!rerank reRankQuery=$rqq reRankDocs=4
reRankWeight=1}&rqq={!knn f=vector topK=10}[1.0, 2.0, 3.0, 4.0]&fl=id score
```

　リランククエリは絞り込みには寄与せず、その名の通りヒット結果を再度並び替えるための機能です。絞り込みはq、fqで十分に行えているので、並び順の改良にベクトル類似度を使いたいというときは有効でしょう。リランククエリはsortパラメーターでの並び順を上書きするので、注意してください。より正確には、sortの結果上位reRankDocs件に対してリランキングを行います。

4.5.2　rqで使うときの注意点

　リランククエリでベクトル検索を使用したときは、最終的なスコアはメインクエリqと類似度スコア（にreRankWeightを掛けたもの）の合算で決まります。
　メインクエリをidにしたときのスコアは、次のようになります。

リスト4.15: response

```
// http://localhost:8983/solr/mini/select?&q=id:(1 2 3 4)&fl=id score

  "response": {
    "numFound": 4,
    "start": 0,
    "maxScore": 0.54726034,
    "numFoundExact": true,
    "docs": [
      {
        "id": 1,
        "score": 0.54726034
      },
      {
        "id": 2,
```

---

10. 検証していないので定かではありませんが、HNSWの検索アルゴリズムを考えるとランダムになりそうです。もちろんキャッシュが効いている間は固定だと思います。詳しくは付録C「Hierarchical Navigate Small World」をご覧ください。

```
      "score": 0.54726034
    },
    {
      "id": 3,
      "score": 0.54726034
    },
    {
      "id": 4,
      "score": 0.54726034
    }
  ]
}
```

一方で、メインクエリをベクトル検索にしたときのスコア（類似度）は以下のようになります。

リスト4.16: response

```
// http://localhost:8983/solr/mini/select?&q={!knn f=vector topK=10}[1.0, 2.0,
3.0, 4.0]&fl=id score


  "response": {
    "numFound": 4,
    "start": 0,
    "maxScore": 0.9999288,
    "numFoundExact": true,
    "docs": [
      {
        "id": 4,
        "score": 0.9999288
      },
      {
        "id": 1,
        "score": 0.99773216
      },
      {
        "id": 2,
        "score": 0.90716124
      },
      {
        "id": 3,
        "score": 0.90716124
      }
```

```
        ]
    }
```

上のふたつの例を踏まえて、リランキングスコアを見てみます。

リスト 4.17: response

```
// http://localhost:8983/solr/mini/select?&q=id:(3 4 9 2)&rq={!rerank
reRankQuery=$rqq reRankDocs=4 reRankWeight=1}&rqq={!knn f=vector topK=10}[1.0,
2.0, 3.0, 4.0]&fl=id score

    "response": {
        "numFound": 3,
        "start": 0,
        "maxScore": 0.54726034,
        "numFoundExact": true,
        "docs": [
            {
                "id": 4,
                "score": 1.5471891
            },
            {
                "id": 2,
                "score": 1.4544215
            },
            {
                "id": 3,
                "score": 1.4544215
            }
        ]
    }
```

リランキングスコアは「idでのスコア」＋「類似度スコア」になっています。

また、類似度スコアの計算はメインクエリでの上位N件（reRankDocsで指定した数）のドキュメ
ントにだけなされます。

リスト 4.18: response

```
// http://localhost:8983/solr/mini/select?&q=id:(3 4 9 2)&rq={!rerank
reRankQuery=$rqq reRankDocs=1 reRankWeight=1}&rqq={!knn f=vector topK=10}[1.0,
2.0, 3.0, 4.0]&fl=id score

"response": {
```

```
      "numFound": 3,
      "start": 0,
      "maxScore": 0.54726034,
      "numFoundExact": true,
      "docs": [
        {
          "id": 2,
          "score": 1.4544215
        },
        {
          "id": 3,
          "score": 0.54726034
        },
        {
          "id": 4,
          "score": 0.54726034
        }
      ]
  }
```

上記の例だと、`id=2`のドキュメントだけ類似度スコアが加算されています。

詳しくはReRank Query Parser[11]をご覧ください。

リランク時のスコア計算方法について

Solr 9.2.0から修正されて、スコア計算を分離できるようになりました。

リスト4.19: query

```
reRankOperator=replace
```

とすると、リランクスコアだけを score として返却できます。たとえば、以下のように指定します。

リスト4.20: query

```
rq={!rerank reRankQuery=$rqq reRankDocs=1 reRankWeight=1 reRankOperator=repla
ce}
```

詳しくは、issueをご確認ください[12]。

12.https://issues.apache.org/jira/browse/SOLR-16643

11.https://solr.apache.org/guide/solr/latest/query-guide/query-re-ranking.html

4.6 ベクトルフィールドを複数使う

　検索条件に応じて、検索対象とするベクトルを使い分けたいという場面があるかと思います。たとえば、タイトルと本文とでそれぞれEmbeddingして流入ページごとに切り替えたいなどです。

　DenseVectorFieldはmultiValuedはサポートされていませんが、フィールドを複数設定することは問題なくできます。

リスト 4.21: managed-schema

```
<field name="id" type="int" indexed="true" stored="true" required="true"/>
<field name="category" type="int" indexed="true" stored="true"/>
<field name="vector1" type="knn_vector" indexed="true" stored="true"/>
<field name="vector2" type="knn_vector" indexed="true" stored="true"/>
<field name="text" type="text_ja" indexed="true" stored="true"/>
```

　これに合わせて、インデックスデータを用意します。

リスト 4.22: index.mini_dual.json

```
[
  {
    "id": "1",
    "category": "1",
    "vector1": [1.0, 2.5, 3.7, 4.1],
    "vector2": [17.0, 90.0, 48.0, 35.0],
    "text": "クリームチーズは事前に冷蔵庫から出し、常温に戻しておく"
  },
  {
    "id": "2",
    "category": "1",
    "vector1": [1.5, 5.5, 6.7, 65.1],
    "vector2": [7.0, 76.0, 18.0, 4.0],
    "text": "オーブンは230℃に予熱しておく"
  },
  {
    "id": "3",
    "category": "2",
    "vector1": [3.0, 11.0, 13.4, 130.2],
    "vector2": [83.0, 32.0, 93.0, 36.0],
    "text": "ボウルにクリームチーズを入れ、滑らかになるまでよく混ぜます"
  },
  {
    "id": "4",
    "category": "2",
```

```
    "vector1": [1.0, 2.1, 3.0, 4.0],
    "vector2": [40.0, 97.0, 73.0, 15.0],
    "text": "ココナッツクリームを加えて混ぜる"
  }
]
```

あとは、vector1フィールドに対してベクトル検索したい場合は、f=vector1を指定するだけです。

リスト4.23: query

```
&q={!knn f=vector1 topK=10}[1.0, 2.0, 3.0, 4.0]
```

同様に、vector2フィールドに対してベクトル検索したい場合は、f=vector2を指定します。

リスト4.24: query

```
&q={!knn f=vector2 topK=10}[1.0, 2.0, 3.0, 4.0]
```

これで、複数のEmbeddingを持たせて使い分けることができます。

サンプルコードで試す場合は、mini_dualコアを使用します。miniコアと同様に、mini_dualコアをインデックスさせてください。

http://localhost/8501 のSelect Collectionからmini_dualを選択します。

図4.9: ベクトル検索用画面

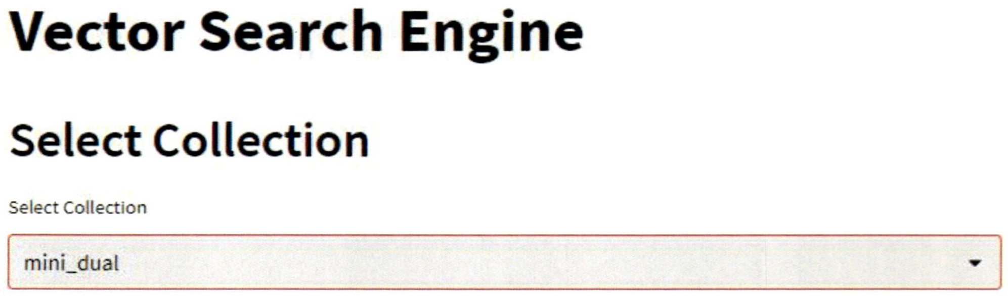

Vector Search Engine

Select Collection

Select Collection

mini_dual	▼

Update index by fileからインデックスデータを渡して、Index with Fileボタンを押してください。上記のインデックスデータはpython/index/index.mini_dual.jsonに作成済みです。

図4.10: インデックス投入

「success」の文字が表示されたら、インデックス完了です。
あとはSolrの管理画面からクエリを投げてみてください。

リスト4.25: response_1

```
// http://localhost:8983/solr/mini_dual/select?q={!knn f=vector1 topK=4}[1.0,
2.0, 3.0, 4.0]&fl=*

{
  "response":{"numFound":4,"start":0,"numFoundExact":true,"docs":[
    {
      "id":4,
      "category":2,
      "vector1":[1.0,
        2.1,
        3.0,
        4.0],
      "vector2":[40.0,
        97.0,
        73.0,
```

```
      15.0],
    "text":"ココナッツクリームを加えて混ぜる",
    "_version_":1763030212721770496},
  {
    "id":1,
    "category":1,
    "vector1":[1.0,
      2.5,
      3.7,
      4.1],
    "vector2":[17.0,
      90.0,
      48.0,
      35.0],
    "text":"クリームチーズは事前に冷蔵庫から出し、常温に戻しておく",
    "_version_":1763030212388323328},
  {
    "id":2,
    "category":1,
    "vector1":[1.5,
      5.5,
      6.7,
      65.1],
    "vector2":[7.0,
      76.0,
      18.0,
      4.0],
    "text":"オーブンは230℃に予熱しておく",
    "_version_":1763030212716527616},
  {
    "id":3,
    "category":2,
    "vector1":[3.0,
      11.0,
      13.4,
      130.2],
    "vector2":[83.0,
      32.0,
      93.0,
      36.0],
    "text":"ボウルにクリームチーズを入れ、滑らかになるまでよく混ぜます",
```

```
    "_version_":1763030212719673344}]
  },
}
```

リスト 4.26: response_2
```
// http://localhost:8983/solr/mini_dual/select?q={!knn f=vector2 topK=4}[1.0,
2.0, 3.0, 4.0]&fl=*

{
  "response":{"numFound":4,"start":0,"numFoundExact":true,"docs":[
      {
        "id":1,
        "category":1,
        "vector1":[1.0,
          2.5,
          3.7,
          4.1],
        "vector2":[17.0,
          90.0,
          48.0,
          35.0],
        "text":"クリームチーズは事前に冷蔵庫から出し、常温に戻しておく",
        "_version_":1763030212388323328},
      {
        "id":3,
        "category":2,
        "vector1":[3.0,
          11.0,
          13.4,
          130.2],
        "vector2":[83.0,
          32.0,
          93.0,
          36.0],
        "text":"ボウルにクリームチーズを入れ、滑らかになるまでよく混ぜます",
        "_version_":1763030212719673344},
      {
        "id":4,
        "category":2,
        "vector1":[1.0,
          2.1,
```

```
         3.0,
         4.0],
      "vector2":[40.0,
         97.0,
         73.0,
         15.0],
      "text":"ココナッツクリームを加えて混ぜる",
      "_version_":1763030212721770496},
    {
      "id":2,
      "category":1,
      "vector1":[1.5,
         5.5,
         6.7,
         65.1],
      "vector2":[7.0,
         76.0,
         18.0,
         4.0],
      "text":"オーブンは230℃に予熱しておく",
      "_version_":1763030212716527616}]
  },
}
```

　このように複数フィールドを定義しておけば、条件に応じて使用するEmbeddingを切り替えることができます。ただし、その分インデックスサイズやメモリー使用量は増えるので、ご注意ください。

4.7　全文検索機能との組み合わせ

4.7.1　キーワード検索と組み合わせる

　ベクトル検索に興味を持ったみなさんは、こんな課題感を持っているのではないでしょうか？

・文字列ベースのあいまい検索に限界を感じている

・0件ヒットをなくしたい

　確かに、ベクトル検索は類似度スコアを計算してヒットドキュメントを決めるので、表記ゆれにも強く、必ずtopK件のヒットが見込めます。一方で、文字列を見ない分、ヒットドキュメントに対してハイライトをさせることはできません。キーワードマッチしたドキュメントが検索上位に出て、ハイライトがされていた方が、ユーザー体験的にプラスでしょう。

　となると、ベクトル検索単独ではなく、キーワード検索と組み合わせて使いたいというニーズがありそうです。これができるのが、全文検索エンジンを使ってベクトル検索をする大きな強みのひ

とつです。

これまでの例で見てきたように、idの代わりにキーワード検索を使えば実現はできます。ただ、上記の課題感を解決するには使い方はちょっと工夫したほうがよさそうです。

q、fq、rqのどれで使うとよさそうでしょうか。

まず、rqは難しいでしょう。rqのセクションで説明しましたが、リランククエリで使用した場合、ベクトル検索はヒット結果に対する類似度スコアでのリランキングとして機能します。ですので、qやfqの絞り込み時点で0件ヒットだとどうしようもないです。したがって、qかfqのいずれかで使うことになりそうです。

一般的に、キーワード形式のクエリと同様にそれをベクトル情報に変換したものも、毎回バラバラになるでしょう。であれば、キャッシュの恩恵は受けにくいので、個人的にはqで使う方がよいかと思います。

このとき、fqでもqでもキーワード検索をしてはいけません。そうでないと、せっかくベクトル検索で稼いだヒット件数が、キーワードマッチによって0件ヒットになってしまいます。

代わりに、ファンクションクエリを使ってソートします。ファンクションクエリの詳細については、第2章をご覧ください。具体的には、ローカルパラメーターqqとしてキーワードマッチさせたい検索条件を送ります。これをソートパラメーターに渡して、キーワードマッチするかを判定します。

リスト4.27: query

```
q={!knn f=vector topK=4}[1.0, 2.0, 3.0, 4.0]&sort=exists(query($qq)) desc,score
desc&qq=text:クリームチーズ
```

キーワードマッチしたドキュメントはexists(query($qq))がTrue、マッチしなかったドキュメントはFalseになります。これでヒット件数を確保しつつ、キーワードマッチしたドキュメントを上位に配置できるようになります。

リスト4.28: response

```
// http://localhost:8983/solr/#/mini_dual/query?q={!knn f=vector1
topK=4}[1.0, 2.0, 3.0, 4.0]&fl=exists(query($qq)) id text score
vector1&sort=exists(query($qq)) desc,score desc&qq=text:クリームチーズ

"response":{"numFound":4,"start":0,"maxScore":0.9999288,"numFoundExact":true,"do
cs":[
      {
        "id":1,
        "vector1":[1.0,
          2.5,
          3.7,
          4.1],
        "text":"クリームチーズは事前に冷蔵庫から出し、常温に戻しておく",
        "exists(query($qq)) ":true,
```

```
              "score":0.99773216},
        {
          "id":3,
          "vector1":[3.0,
            11.0,
            13.4,
            130.2],
          "text":"ボウルにクリームチーズを入れ、滑らかになるまでよく混ぜます",
          "exists(query($qq)) ":true,
          "score":0.90716124},
        {
          "id":4,
          "vector1":[1.0,
            2.1,
            3.0,
            4.0],
          "text":"ココナッツクリームを加えて混ぜる",
          "exists(query($qq)) ":false,
          "score":0.9999288},
        {
          "id":2,
          "vector1":[1.5,
            5.5,
            6.7,
            65.1],
          "text":"オーブンは230℃に予熱しておく",
          "exists(query($qq)) ":false,
          "score":0.90716124}]
      },
```

　マッチしたキーワードのハイライトをさせたい場合は、hl.qに同様に、ハイライトクエリを指定します。

リスト4.29: response

```
// http://localhost:8983/solr/mini_dual/select?qq=text:クリームチーズ
&fl=exists(query($qq)) id text score vector1&sort=exists(query($qq)) desc,score
desc&q={!knn f=vector1 topK=4}[1.0, 2.0, 3.0, 4.0]&hl=true&hl.simple.pre=<highligh
tkey>&hl.simple.post=</highlightkey>&hl.q=text:クリームチーズ&hl.fl=text

{
  "response": {
```

```
"numFound": 4,
"start": 0,
"maxScore": 0.9999288,
"numFoundExact": true,
"docs": [
  {
    "id": 1,
    "vector1": [
      1.0,
      2.5,
      3.7,
      4.1
    ],
    "text": "クリームチーズは事前に冷蔵庫から出し、常温に戻しておく",
    "exists(query($qq)) ": true,
    "score": 0.99773216
  },
  {
    "id": 3,
    "vector1": [
      3.0,
      11.0,
      13.4,
      130.2
    ],
    "text": "ボウルにクリームチーズを入れ、滑らかになるまでよく混ぜます",
    "exists(query($qq)) ": true,
    "score": 0.90716124
  },
  {
    "id": 4,
    "vector1": [
      1.0,
      2.1,
      3.0,
      4.0
    ],
    "text": "ココナッツクリームを加えて混ぜる",
    "exists(query($qq)) ": false,
    "score": 0.9999288
  },
```

```
        {
          "id": 2,
          "vector1": [
            1.5,
            5.5,
            6.7,
            65.1
          ],
          "text": "オーブンは230℃に予熱しておく",
          "exists(query($qq)) ": false,
          "score": 0.90716124
        }
      ]
    },
    "highlighting": {
      "1": {
        "text": [
          "<highlightkey>クリームチーズ</highlightkey>は事前に冷蔵庫から出し、常温に戻してお
く"
        ]
      },
      "2": {

      },
      "3": {
        "text": [
          "ボウルに<highlightkey>クリームチーズ</highlightkey>を入れ、滑らかになるまでよく混
ぜます"
        ]
      },
      "4": {

      }
    }
}
```

　こういった高度な検索ができるのが、全文検索エンジン上でベクトル検索をする強みです。
　ハイライトクエリの詳細については、第2章をご覧ください。

4.7.2 ファセット検索と組み合わせる

Solrを使うなら、ファセットを取りたいと思う方もいるのではないでしょうか。もちろん、ベクトル検索とファセットを両立して検索ができます。

使い方も特別工夫は入りません。普段通りファセットに関するパラメーターを指定すればいいだけです。

リスト4.30: response

```
// http://localhost:8983/solr/mini_dual/select?facet.field=category&facet=true&fl
=id text score vector1 category&q={!knn f=vector1 topK=3}[1.0, 2.0, 3.0, 4.0]
{
  "response":{"numFound":3,"start":0,"maxScore":0.9999288,"numFoundExact":true,"do
cs":[
      {
        "id":4,
        "category":2,
        "vector1":[1.0,
          2.1,
          3.0,
          4.0],
        "text":"ココナッツクリームを加えて混ぜる",
        "score":0.9999288},
      {
        "id":1,
        "category":1,
        "vector1":[1.0,
          2.5,
          3.7,
          4.1],
        "text":"クリームチーズは事前に冷蔵庫から出し、常温に戻しておく",
        "score":0.99773216},
      {
        "id":2,
        "category":1,
        "vector1":[1.5,
          5.5,
          6.7,
          65.1],
        "text":"オーブンは230℃に予熱しておく",
        "score":0.90716124}]
  },
  "facet_counts":{
```

```
    "facet_queries":{},
    "facet_fields":{
      "category":[
        "1",2,
        "2",1]},
    "facet_ranges":{},
    "facet_intervals":{},
    "facet_heatmaps":{}}}
```

ベクトル検索でヒットしたドキュメント群に対して、ファセットを取ることができました。

また、facet.queryにもベクトル検索を使うことはできます。ですが、topKに指定した数がそのままファセットの件数になります。使って有効な場面はないためか、公式チュートリアルで扱われていません。

リスト 4.31: response

```
// http://localhost:8983/solr/mini_dual/select?facet.query={!knn f=vector1
topK=3}[1.0, 2.0, 3.0, 4.0]&facet.field=category&facet=true&fl=id text score
vector1 category&q={!knn f=vector1 topK=3}[1.0, 2.0, 3.0, 4.0]

{
  "response": {
    "numFound": 3,
    "start": 0,
    "maxScore": 0.9999288,
    "numFoundExact": true,
    "docs": [
      {
        "id": 4,
        "category": 2,
        "vector1": [
          1.0,
          2.1,
          3.0,
          4.0
        ],
        "text": "ココナッツクリームを加えて混ぜる",
        "score": 0.9999288
      },
      {
        "id": 1,
        "category": 1,
```

```
      "vector1": [
        1.0,
        2.5,
        3.7,
        4.1
      ],
      "text": "クリームチーズは事前に冷蔵庫から出し、常温に戻しておく",
      "score": 0.99773216
    },
    {
      "id": 2,
      "category": 1,
      "vector1": [
        1.5,
        5.5,
        6.7,
        65.1
      ],
      "text": "オーブンは230℃に予熱しておく",
      "score": 0.90716124
    }
    ]
  },
  "facet_counts": {
    "facet_queries": {
      "{!knn f=vector1 topK=3}[1.0, 2.0, 3.0, 4.0]": 3
    },
    "facet_fields": {
      "category": [
        "1",
        2,
        "2",
        1
      ]
    },
  }
}
```

4.7.3　グルーピングと組み合わせる

　グルーピングも、Solrの特徴的な機能のひとつです。グルーピングともベクトル検索は組み合わ

せることができます。

リスト 4.32: response

```
// http://localhost:8983/solr/mini_dual/select?fl=id text score vector1
category&sort=score desc&q={!knn f=vector1 topK=3}[1.0, 2.0, 3.0,
4.0]&group.field=category&group=true&group.limit=10

{
  "grouped": {
    "category": {
      "matches": 3,
      "groups": [
        {
          "groupValue": 2,
          "doclist": {
            "numFound": 1,
            "start": 0,
            "maxScore": 0.9999288,
            "numFoundExact": true,
            "docs": [
              {
                "id": 4,
                "category": 2,
                "vector1": [
                  1.0,
                  2.1,
                  3.0,
                  4.0
                ],
                "text": "ココナッツクリームを加えて混ぜる",
                "score": 0.9999288
              }
            ]
          }
        },
        {
          "groupValue": 1,
          "doclist": {
            "numFound": 2,
            "start": 0,
            "maxScore": 0.99773216,
            "numFoundExact": true,
```

```
      "docs": [
        {
          "id": 1,
          "category": 1,
          "vector1": [
            1.0,
            2.5,
            3.7,
            4.1
          ],
          "text": "クリームチーズは事前に冷蔵庫から出し、常温に戻しておく",
          "score": 0.99773216
        },
        {
          "id": 2,
          "category": 1,
          "vector1": [
            1.5,
            5.5,
            6.7,
            65.1
          ],
          "text": "オーブンは230℃に予熱しておく",
          "score": 0.90716124
        }
      ]
    }
  }
  ]
  }
 }
}
```

　ベクトル検索での絞り込み結果をcategoryごとにグループにまとめて、検索結果を得ることができました。

　group.queryにもベクトル検索を使うことはできますが、ファセットと同様に単一のグループができるだけです。やはりできるというだけで、group.queryでベクトル検索を使う有効な使い道は思いつきませんでした。

リスト 4.33: response

```
// 20230411152450
// http://localhost:8983/solr/mini_dual/select?&fl=id text score vector1
category&group.limit=10&sort=score desc&group.query={!knn f=vector1 topK=4}[1.0,
2.0, 3.0, 4.0]&q={!knn f=vector1 topK=3}[1.0, 2.0, 3.0, 4.0]&group=true
{
  "grouped": {
    "{!knn f=vector1 topK=4}[1.0, 2.0, 3.0, 4.0]": {
      "matches": 3,
      "doclist": {
        "numFound": 3,
        "start": 0,
        "maxScore": 0.9999288,
        "numFoundExact": true,
        "docs": [
          {
            "id": 4,
            "category": 2,
            "vector1": [
              1.0,
              2.1,
              3.0,
              4.0
            ],
            "text": "ココナッツクリームを加えて混ぜる",
            "score": 0.9999288
          },
          {
            "id": 1,
            "category": 1,
            "vector1": [
              1.0,
              2.5,
              3.7,
              4.1
            ],
            "text": "クリームチーズは事前に冷蔵庫から出し、常温に戻しておく",
            "score": 0.99773216
          },
          {
            "id": 2,
```

```
            "category": 1,
            "vector1": [
                1.5,
                5.5,
                6.7,
                65.1
            ],
            "text": "オーブンは230℃に予熱しておく",
            "score": 0.90716124
          }
        ]
      }
    }
  }
}
```

4.7.4 ジョイン検索でベクトル検索をする

第2章で触れたように、Solrでは、複数のコレクションをまたいでの検索ができます。既存のコレクションの変更が難しいという場合もあるでしょう。ジョイン検索を使えば、新規にベクトルフィールドだけ持たせたコレクションを用意して、通常の検索は今まで通り、ベクトル検索だけ新規コレクションを使ってということができます。

‖‖‖
ジョイン検索用のサンプルコード
システムアーキテクチャの都合で、別リポジトリーにサンプルコードを用意しています[13]。使い方自体は同じです。また、ポート番号が被るので、メインのコンテナは落としてから起動してください。
‖‖‖

たとえば、新規コレクションとして以下のようなものを用意したとします。`title`が結合用のフィールドです。

リスト 4.34: response

```
// http://localhost:8983/solr/mini/select?q={!knn f=vector}[1.0, 2.0, 3.0,
4.0]&fl=* score

{
  "response": {
    "numFound": 4,
    "start": 0,
```

13.https://github.com/Sashimimochi/today-solr-vs-book-dual

```
    "maxScore": 0.9999288,
    "numFoundExact": true,
    "docs": [
      {
        "id": 4,
        "title": "title4",
        "vector": [
          1.0,
          2.1,
          3.0,
          4.0
        ],
        "score": 0.9999288
      },
      {
        "id": 1,
        "title": "title1",
        "vector": [
          1.0,
          2.5,
          3.7,
          4.1
        ],
        "score": 0.99773216
      },
      {
        "id": 2,
        "title": "title2",
        "vector": [
          1.5,
          5.5,
          6.7,
          65.1
        ],
        "score": 0.90716124
      },
      {
        "id": 3,
        "title": "title3",
        "vector": [
          3.0,
```

```
        11.0,
        13.4,
        130.2
      ],
      "score": 0.90716124
    }
  ]
  },
}
```

　これに対して、結合元のコレクションを以下のように用意します。先の例のコレクションを流用しているので、ベクトルデータ用のフィールドがありますが、なくてもよいです。

リスト4.35: response

```
// http://localhost:8984/solr/mini_dual/select?q=*:*&fl=*

{
  "response": {
    "numFound": 4,
    "start": 0,
    "numFoundExact": true,
    "docs": [
      {
        "id": 1,
        "category": 1,
        "vector1": [
          1.0,
          2.5,
          3.7,
          4.1
        ],
        "vector2": [
          17.0,
          90.0,
          48.0,
          35.0
        ],
        "title": "title1",
        "text": "クリームチーズは事前に冷蔵庫から出し、常温に戻しておく",
      },
      {
```

```
      "id": 2,
      "category": 1,
      "vector1": [
        1.5,
        5.5,
        6.7,
        65.1
      ],
      "vector2": [
        7.0,
        76.0,
        18.0,
        4.0
      ],
      "title": "title2",
      "text": "オーブンは230℃に予熱しておく",
    },
    {
      "id": 3,
      "category": 2,
      "vector1": [
        3.0,
        11.0,
        13.4,
        130.2
      ],
      "vector2": [
        83.0,
        32.0,
        93.0,
        36.0
      ],
      "title": "title3",
      "text": "ボウルにクリームチーズを入れ、滑らかになるまでよく混ぜます",
    },
    {
      "id": 4,
      "category": 2,
      "vector1": [
        1.0,
        2.1,
```

```
        3.0,
        4.0
      ],
      "vector2": [
        40.0,
        97.0,
        73.0,
        15.0
      ],
      "title": "title4",
      "text": "ココナッツクリームを加えて混ぜる",
    }
  ]
},
}
```

　第2章で説明したときと同様に、結合元と結合先を指定してジョイン検索をします。このときの絞り込み条件として、ベクトル検索を使います。

リスト4.36: response

```
// http://localhost:8984/solr/mini_dual/select?fq={!join method="crossCollection"
fromIndex="mini" from="title" to="title" solrUrl="http://host.docker.internal:8983
/solr"}{!knn f=vector topK=2}[1.0, 2.0, 3.0, 4.0]&q=category:1&fl=score *

{
  "response": {
    "numFound": 1,
    "start": 0,
    "maxScore": 0.31506687,
    "numFoundExact": true,
    "docs": [
      {
        "id": 1,
        "category": 1,
        "vector1": [
          1.0,
          2.5,
          3.7,
          4.1
        ],
        "vector2": [
```

```
        17.0,
        90.0,
        48.0,
        35.0
      ],
      "title": "title1",
      "text": "クリームチーズは事前に冷蔵庫から出し、常温に戻しておく",
      "score": 0.31506687
    }
  ]
 },
}
```

　id=1,4がベクトル検索で絞り込まれた上位2件で、そこからcategory=1のドキュメントを検索するので、id=1のドキュメントだけがヒットします。

　このように、既存コレクションを変更しなくても、別のコレクションが用意できれば、ベクトル検索を使うこともできます。

第5章 実データを使ったベクトル検索

第4章で、Solr上でのベクトル検索の使い方は理解できました。本章では、より実践に近いデータを使ってベクトル検索をする例を紹介します。

5.1 ニュース記事でベクトル検索

5.1.1 テキストデータのインデックスの作り方

まずは、http://localhost:8501 にアクセスして、collection で text_short を選択します。Create Index タブから choice database で db を選択して、Create Index ボタンを押してください。これで、各テキストに Embedding データが付与されたインデックスデータが作成されます。

図5.1: インデックスデータの作成

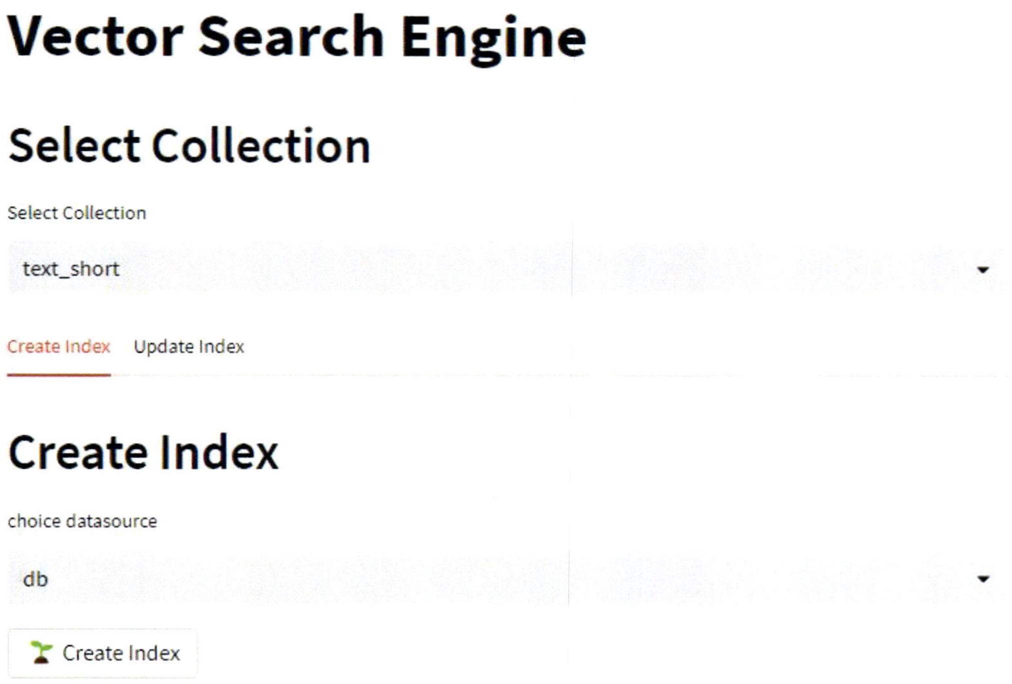

Vector Search Engine

Select Collection

Select Collection

text_short ▾

Create Index　　Update Index

Create Index

choice datasource

db ▾

🌱 Create Index

マシンスペックにもよりますが、ボタンを押してからインデックスデータの完成に3〜5分ほどかかるかと思います。もし、launch.sh 時にオプションで必要なデータのダウンロードを省略した場合は、先にダウンロードを実施しておいてください。詳しくは README に記載してあります。

その間に、このボタンを押した裏側でどのような処理が行われているかを解説します。

まず、システム全体のアーキテクチャは次のようになっています。

図5.2: システムアーキテクチャのメイン部分

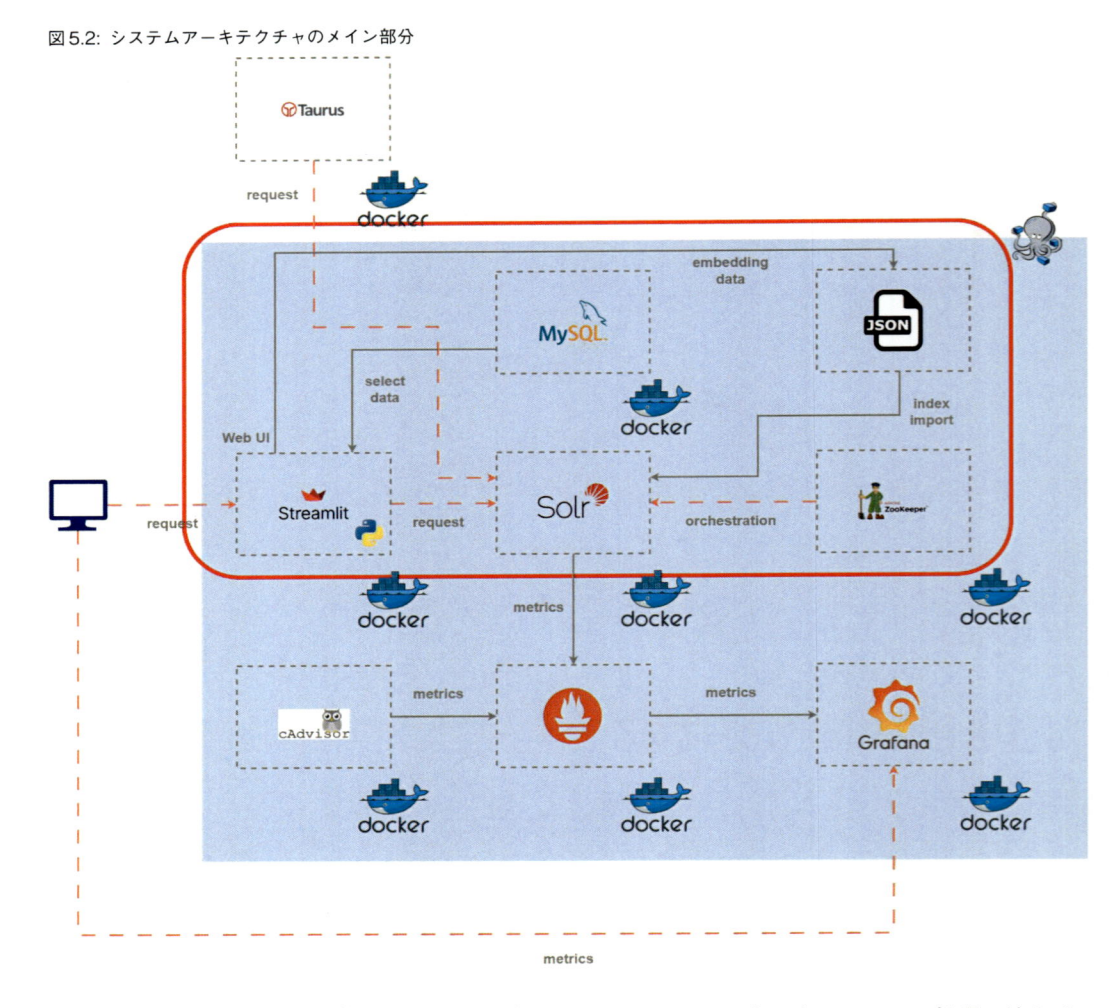

このうち、実線で囲んだ範囲がメイン部分のアーキテクチャです。インデックス処理の流れは、以下のようになっています。

1．MySQLからインデックス用データを取り出す
2．Pythonで取り出したインデックス用データにEmbeddingを施す
3．インデックスデータをJSON形式で出力する
4．PythonからSolrにJSONデータを渡してインデックスする

デフォルト設定では、`launch.sh`を実行した際にインデックス用データをダウンロードしてデータベースに書き込んであります。Create Indexボタンを押すことで、データベースからデータを取得します。そして、各レコードにEmbeddingを付与して、インデックスデータを作っています。

インデックス用データですが、以下の3つを使用しています。

1．livedoorニュースコーパス[1]
2．京都大学テキストコーパス[2]
3．京都大学ウェブ文書リードコーパス[3]

合わせて10,000件ほどのレコードができます。

Embeddingには、Word2Vecというモデルを使います。Word2Vecはおよそ10年前に登場した、今となっては古株のモデルです。大雑把にいうと、単語ごとにWord2Vecの持つボキャブラリ内を検索して、対応するベクトル情報に変換して出力します。

古典的なモデルではありますが、シンプルなモデルゆえ、CPUでも十分な処理速度が出せます。詳しくは付録A「本書で扱うモデル」で解説しています。

Word2Vecはその名の通り、単語を入力としてベクトルを出力します。ですので、文章からEmbeddingデータを得るには、文書を単語単位に分割して入力する必要があります。文書を単語単位に分けることを、専門用語では**分かち書き**といいます。この分かち書きした文章をWord2Vecに入力します。

そして、出力された単語ベクトルを足し合わせて、最終的にひとつの文章ベクトルにします。これで、各レコードにEmbedding情報を付加したインデックスデータが作成できました。

一連の流れをコードにすると、以下のようになります。

リスト 5.1: w2v_vectorizer.py

```python
from gensim.models import word2vec, KeyedVectors
import MeCab
import numpy as np
from config import MODEL


class Vectorizer:
    def __init__(self) -> None:
        model_path = MODEL.get('model_path')
        binary = MODEL.get('binary')
        model_format = MODEL.get('model_format')
        if model_format == 'vector_only':
            self.model = KeyedVectors.load_word2vec_format(model_path,
binary=binary)
        else:
            self.model = word2vec.Word2Vec.load(model_path)
        path = "/usr/lib/x86_64-linuxgnu/mecab/dic/mecab-ipadic-neologd"
        self.mt = MeCab.Tagger(path) # 形態素解析器
```

1.https://www.rondhuit.com/download.html
2.https://nlp.ist.i.kyoto-u.ac.jp/index.php?%E4%BA%AC%E9%83%BD%E5%A4%A7%E5%AD%A6%E3%83%86%E3%82%AD%E3%82%B9%E3%83%88%E3%82%B3%E3%83%BC%E3%83%91%E3%82%B9
3.https://nlp.ist.i.kyoto-u.ac.jp/index.php?KWDLC

```python
    def _vectorize(self, word) -> None:
        return self.model.wv.get_vector(word)


    def text_vectorize(self, text):
        sum_vec = np.zeros(self.model.vector_size)
        word_count = 0
        node = self.mt.parseToNode(text)
        while node:
            fields = node.feature.split(',')
            word = node.surface
            if fields[0] in ['名詞', '動詞', '形容詞'] and word in
self.model.wv.vocab.keys():
                sum_vec += self._vectorize(word)
                word_count += 1
            node = node.next
        return sum_vec / word_count
```

　また、インデックスデータに合わせて、Solrのschema定義を修正する必要もあります。今回使用したWord2Vecモデルは、200次元のベクトルを出力します[4]。なので、managed-schemaにはvectorDimension="200"と定義します。

4.http://www.cl.ecei.tohoku.ac.jp/~m-suzuki/jawiki_vector/

```
    <fieldType name="knn_vector" class="solr.DenseVectorField"
vectorDimension="200" similarityFunction="cosine" /> <!-- 型定義 -->
```

　一概に、Word2Vecだから200次元と決まっているわけではありません。モデルによって出力次元数は異なるので、モデル選定の際にチェックしておきましょう。

　ベクトルデータの作成が完了したら、python/index/配下にindex.text_short.{生成時刻}.jsonという名前で作成されています。あとは、第4章のときと同様に、自作管理画面からインデックスデータを投入します。

5.1.2　テキスト検索リクエストの実装

　検索部分でも同様に、Embedding処理が必要です。
　先ほどのシステムアーキテクチャだと、次のような流れになります。

図5.3: システムアーキテクチャ

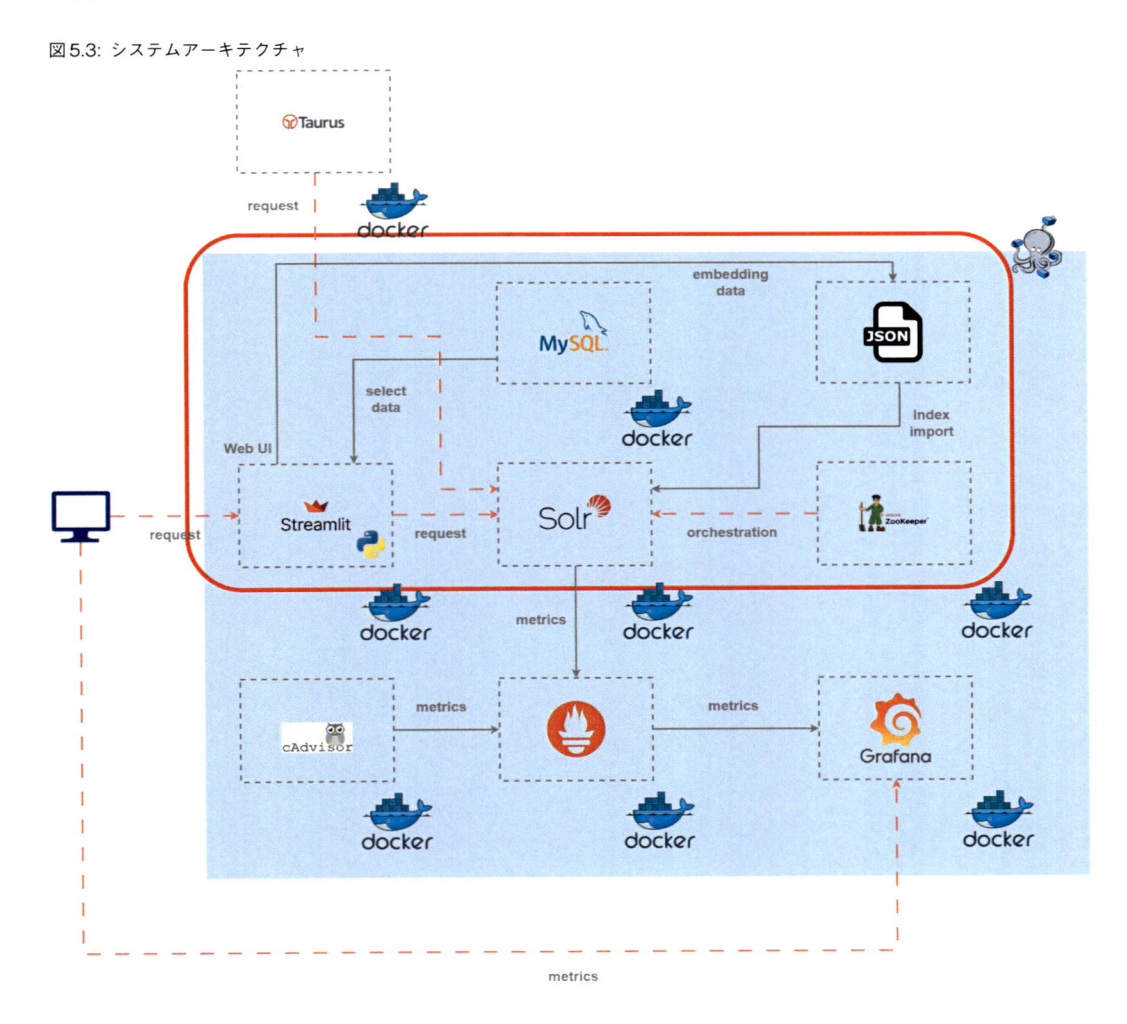

1．Pythonで入力クエリにEmbeddingを施す

2．PythonでEmbedding結果をSolr用のクエリに組み立てる

3．PythonからSolrに対してリクエストを投げる

　具体的には、入力クエリを分かち書きをして、インデックス時と同様にWord2Vecに渡してEmbeddingします。Embedding結果が得られたら、それをメインクエリに渡して検索をします。

　サンプルコードでは、_text_queryで、入力クエリをEmbeddingし、_queryでSolrへのリクエスト用のクエリを組み立てています。

リスト5.3: request.py

```python
class VectorSearcher(Searcher):
    def __init__(self) -> None:
        super().__init__()
        self.v = Vectorizer()

    def search(self, collection, query):
        return self._text_query(collection, query)

    def _text_query(self, collection, query):
        model = COLLECTION.get(collection).get('embedding_model')
        s_time = time.time()
        vec = self.v.get_text_vector(model, query.get('q'))
        v_time = time.time() - s_time
        return self._query(collection, vec), v_time

    def _query(self, collection, vec):
        col_info = COLLECTION.get(collection)
        q = '{!knn f=vector topK=10}'+f'{vec}'
        fl = 'id title body score'

        solr = pysolr.SolrCloud(self.zookeeper, collection=collection,
timeout=30, retry_count=5, retry_timeout=0.2, always_commit=False)
        try:
            solr.ping()
        except SolrError:
            res = [{'status': ':umbrella_with_rain_drops: connection failed'}]
            return res

        results = solr.search(q=q, fl=fl)
        return results
```

　仕組みがわかったところで、実際に検索してみましょう。

自作画面の下の方に、検索用UIを用意しておきました。Search by Textのquery keyword欄に検索したいテキストを入力して、Searchボタンを押します。

‖‖‖
自作UIの工夫について

　画面としての見せ方の工夫解説は割愛します。気になる方は、サンプルコードを読んでみてください。

query keyword

ホロホロの<mark>煮込んだ</mark>お肉

🔍 Search

Search Time: 14.9078369140625[ms]

Vectorize Time: 0.22864341735839844[ms]

```
▼ {
    "QTime" : "1ms"
    "numFound" : 10
    ▼ "docs" : [
        ▼ 0 : {
            "id" : 7938
            "title" : "全体の味がよく整っていてたまに食べたくなる"
            "body" :
            "薄味のスープで煮込んだロールキャベツは全体の味がよく整っていて、たまに食べたくな
            る。"
            "score" : 0.8562348
        }
        ▼ 1 : {
            "id" : 4401
            "title" : "冬の女子会は特製「薬膳火鍋」に決定！ 美味しく食べてポッカポカ"
            "body" :
            "本格的な寒さを感じるこの季節。「何が食べたい？」と聞かれたら、真っ先に思い浮かぶのは
            お鍋！ダシの効いたスープに季節の食材を入れて、みんなで鍋をつつけば、心も体もぽっかぽか
            に。普段不足しがちな野菜もたくさん食べられるのも嬉しいですよね。定番の水炊き、よせ鍋、
            おでんに加えて、カレー鍋やトマト鍋など変わりネタで楽しめるのもお鍋の魅力。でも、女子な
            ら美味しく食べて、ちゃっかりキレイになれる"美容鍋"が気に..."
            "score" : 0.83444786
        }
        ▼ 2 : {
            "id" : 11656
            "title" : NULL
            "body" :
            "1）パスタは表示よりやや短い時間でゆでておく。2）オリーブオイルを熱したフライパンに
            にんにく・ナス・肉を入れ炒める。3）2にホールトマト、ケチャップを入れて煮詰め、塩こし
            ょうで味を調える。"
            "score" : 0.83216226
        }
        ▼ 3 : {
            "id" : 4575
            "title" : "食欲も美容も満たす！ 満足女子鍋"
            "body" :
            "写真一覧（10件）冬になると恋しくなるのが、体がポカポカと温まる鍋料理。味の染み込んだ
            具材、濃厚なスープ...... 食欲を必死に抑えながら「食べた分だけきれいになれる鍋があれ
            ば......」なんて思ったことはありませんか？ 今回は女子にうれしい、食べてきれいになれる鍋料
            理を紹介します。素材の旨味を凝縮した宮廷料理「ギャコック鍋」"ネパール料理"と聞いて、
            まず始めに鍋料理を思い浮かべる人は少ないはず。ネパール料理..."
            "score" : 0.8295741
        }
```

|||||||||||||||||||||||||||||||||||||||||||||||||||||||||||||||||||||||||||||||||||||||||||||||||||||||||||||||||||||||

　キーワードを直接含んでいなくても、ニュアンスの近い文章がヒットしましたね。これがベクト

ル検索の威力です。

5.2 画像でベクトル検索

5.2.1 画像データでのインデックスの作り方

続いては、画像を検索してみましょう。全文検索では、テキストで画像を検索するには、あらかじめ画像にタグなどをつけないと検索できませんでした。それが、画像を直接検索できるのがベクトル検索のすごいところです。

例によってEmbeddingに時間がかかるので、先にインデックスデータの作成をしましょう。まずは、データのダウンロードから実施します。

-dオプションでダウンロードの種類を指定します。

リスト5.4: 画像データをダウンロードする

```
$ launch.sh -d open_images -c open_images # または -d full -c open_images
```

|||||||||||||||||||||||||||||||||||||||||||||||||||||||||||||||||||||||||||||||||||
WARNING

データサイズが大きいので、ダウンロードに30分ほどかかります。余裕のあるときに実施してください。
|||||||||||||||||||||||||||||||||||||||||||||||||||||||||||||||||||||||||||||||||||

ダウンロードしたデータは、以下に展開されます。

リスト5.5: ダウンロードデータのディレクトリー構造

```
$ tree python/img
python/img
├── open_images
│   └── Food
│       ├── README.txt
│       ├── images
│       │   ├── 000001.jpg
```

　無事ダウンロードが完了したら、インデックスデータを作成します。ベクトル検索用管理画面から collection は open_images を選択し、choice datasource は db を選択して Create Index ボタンを押してください。マシンスペックにもよりますが、10分ほどかかります。

図5.5: open_images index の作成

Vector Search Engine

Select Collection

Select Collection

open_images ▾

Create Index　Update Index

Create Index

choice datasource

db ▾

　待ち時間の間に解説していきます。

　まずインデックス用データですが、Open Images Dataset V6[5]を使用しています。これは、Google が提供している約900万枚のデータからなる、世界最大規模の画像データセットです。単なる画像データセットではなく、ラベルや物体位置を示すバウンディングボックスやセグメンテーションマ

5.https://storage.googleapis.com/openimages/web/index.html

スクなど、機械学習に使用する教師データも付属しています。ライセンスは、画像がCC BY 2.0で、アノテーション情報はCC BY 4.0になっています。

このうち1,000枚ほどをピックアップして、インデックス用データにします。なんでもいいのですが、ここではわかりやすいように食品関係の画像で1辺512ピクセル以上の画像を使うことにします。マシンスペックと処理時間を考慮してのサンプリングなので、耐えられるなら全画像を使っても構いません。ただ、900万枚すべてだと、データダウンロードだけで途方もない時間がかかるので、必要最小限にすることをおすすめします。

ダウンロードには、公式が推奨しているfiftyoneというライブラリーを使用しています[6]。fiftyoneはアノテーションツールで、ブラウザー上でデータセットのアノテーション情報の確認や変更などができる便利ツールです。Pythonでデータセットを指定してセッションを立ち上げるだけで、すぐに構築できます。インストールはpipからできます[7]。

今回は、データセットのダウンロード機能だけを使います。fiftyoneを使うと、カテゴリーやアノテーション条件、画像枚数などを指定して選択的に画像のダウンロードができます。具体的な実装は、サンプルリポジトリー内のimage_downloader.pyを参考にしてください。

リスト5.6: download_scripts

```
$ tree download_scripts/
download_scripts/
├── Dockerfile
├── download_wiki.sh
├── image_downloader.py
├── make_data.sh
└── requirements.txt
```

どのようなカテゴリー名があるかは、Annotations and metadataのClass NamesからダウンロードできるCSVファイルから確認できます。

6.https://docs.voxel51.com/index.html

7.https://pypi.org/project/fiftyone/

図5.6: https://storage.googleapis.com/openimages/web/download.html より

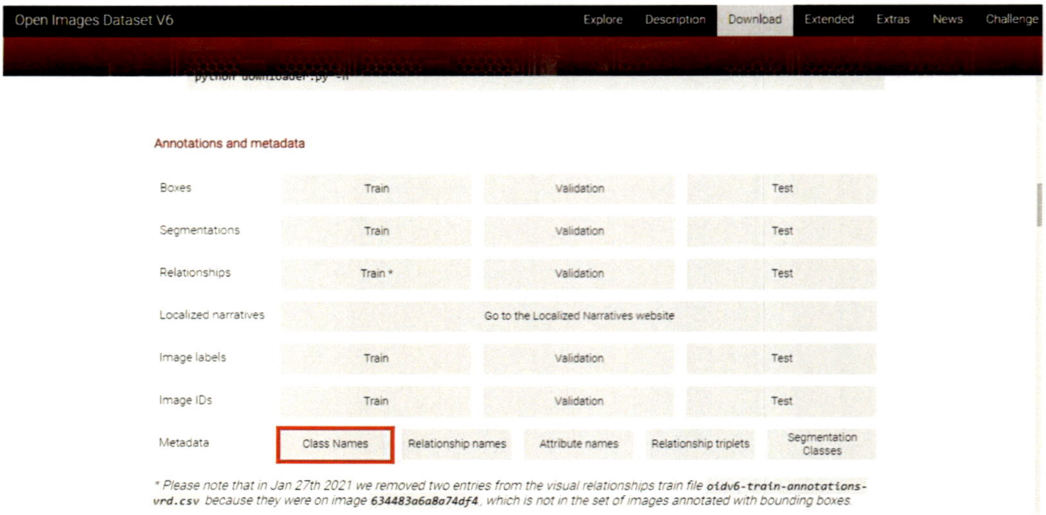

リスト5.7: class-descriptions-boxable.csv

```
$ head class-descriptions-boxable.csv
/m/011k07,Tortoise
/m/011q46kg,Container
/m/012074,Magpie
/m/0120dh,Sea turtle
/m/01226z,Football
/m/012n7d,Ambulance
/m/012w5l,Ladder
/m/012xff,Toothbrush
/m/012ysf,Syringe
/m/0130jx,Sink
```

　これらの画像をインデックスデータにするのですが、Embedding対象がテキストから画像に変わります。「5.1 ニュース記事でベクトル検索」で使ったWord2Vecでは、画像データのEmbeddingはできません。

　画像をEmbeddingするモデルはいろいろありますが、今回はCLIPというモデルを使用します。CLIPは昨今話題のChatGPTの開発元である、OpenAIが開発したモデルです。CLIPの特徴は画像とテキストをセットで入力し、お互いの関連性を学習させています。つまり、画像同士を比較検索できるだけでなく、テキストから画像の検索も可能です。

　実際には、りんな社が日本語データで学習させたモデルを使用します[8]。詳しくは付録A「本書で扱うモデル」で紹介しています。

8.https://huggingface.co/rinna/japanese-clip-vit-b-16

モデルに関しては、Hugging Faceにて公開されています。Hugging Faceは機械学習モデルの開発や共有、公開をするためのプラットフォームです。公開されているツールやライブラリー、モデルのほとんどは、誰でも無料で使用できます。詳しくは付録B「フレームワークとサービス」で紹介しています。

　Word2Vecと違って、モデル呼び出し時にモデルのダウンロード処理を行うようにしています。肝となるEmbedding処理はpython/vectorizer/clip_vectorizer.pyに実装してあります。

リスト5.8: clip_vectorizer.py

```python
import torch
import japanese_clip as ja_clip


class Vectorizer:
    def __init__(self) -> None:
        self.device = 'cuda' if torch.cuda.is_available() else 'cpu'
        self.model, self.preprocess = ja_clip.load('rinna/japanese-cloob-vit-b-16',
device=self.device)
        self.tokenizer = ja_clip.load_tokenizer()
```

　load関数でモデル名を指定するだけで、ダウンロードもまとめて行ってくれます。これがHugging Faceのいいところであり、厄介なところでもあります。

　実行都度モデルのダウンロードが行われるので、立ち上がりが遅くなります。繰り返し利用する場合は、事前にローカルにダウンロードしておいたものを読み込む形式に変更することをおすすめします。ダウンロードスクリプトのサンプルは以下の通りです。

リスト5.9: download_model.py

```python
import argparse
from huggingface_hub import snapshot_download

def main():
    parser = argparse.ArgumentParser(description="")
    parser.add_argument("--model_id", type=str, help="HuggingFace上のモデルのID ex.
lmsys/vicuna-13b-v1.5", required=True)
    parser.add_argument("--output_dir", type=str, help="出力ディレクトリー名",
required=True)
    args = parser.parse_args()

    model_id = args.model_id
    output_dir = args.output_dir

    snapshot_download(
```

```
        repo_id = model_id,
        local_dir = output_dir,
        local_dir_use_symlinks = False,
        revision = "main"
    )


if __name__ == "__main__":
    main()
```

Word2Vecに比べると、Embeddingはシンプルに使えるようラッピングされています。画像をモデルに渡すと、Embedding結果を返してくれます。

リスト5.10: clip_vectorizer.py

```
    def img_vectorize(self, img):
        image = self.preprocess(img).unsqueeze(0).to(self.device)
        with torch.no_grad():
            image_features = self.model.get_image_features(image)
        return image_features
```

テキストについてもほぼ同様です。むしろ、分かち書きまでモデル内でやってくれるので、Word2Vecより楽まであります。

リスト5.11: clip_vectorizer.py

```
    def text_vectorize(self, text):
        if type(text) == str:
            texts = [text]
        elif type(text) == list:
            texts = text
        else:
            raise TypeError(f'Invalid type {type(text)}')

        encodings = ja_clip.tokenize(
            texts=texts,
            max_seq_len=77,
            device=self.device,
            tokenizer=self.tokenizer
        )
        with torch.no_grad():
            text_features = self.model.get_text_features(**encodings)
        return text_features
```

CLIPは、複数ファイルやテキストをリスト形式で同時に受け取ることを想定しています。ですので、出力もリスト形式になることに注意します。

TIPS

　本書では意図的に1ファイルずつ、1テキストずつ入力しています。これは CLIP がメモリーを大量に消費するためです。一度にまとめて入力した方が若干早いですが、メモリーエラーでサーバーが落ちては本末転倒です。なので、大人しくひとつずつに入力するのがオススメです。どのみちクエリの場合は1入力として扱うので、統一させておきましょう。

　CLIPの出力は512次元のベクトルになります。なので、スキーマ定義は以下のようにします。

リスト5.12: managed-schema

```
    <fieldType name="knn_vector" class="solr.DenseVectorField"
vectorDimension="512" similarityFunction="cosine" />
```

　それ以外のSolrの設定はほぼ同じです。タイトルの代わりに画像パスにしたなど、ニュース記事のときとはインデックスデータのフィールドを変えたくらいです。ベクトル検索に関してSolr側で意識するのはベクトルの次元数程度なので、ハードルは低いかと思います。

　ベクトルデータの作成が完了したら、python/index/配下にindex.food.{生成時刻}.jsonという名前で作成されています。あとは、これまでと同様に、自作管理画面からインデックスデータを投入します。

図 5.7: OpenImagesDataset index の投入

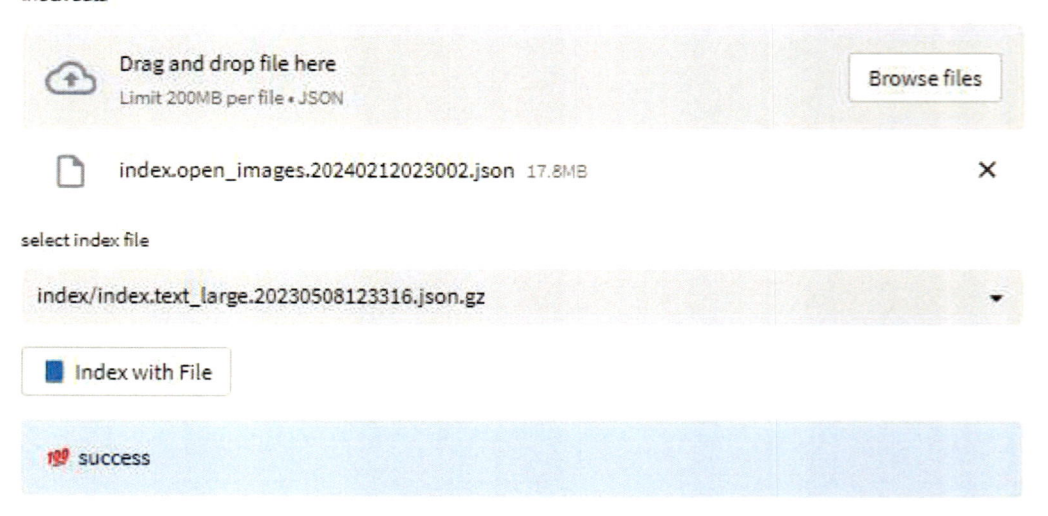

5.2.2　画像検索リクエストの実装

　Embedding 処理自体は、インデックス作成時と変わりません。

　画面側の工夫は、クエリ画像のパスではなく、画像を直接選べるようにします。これは、Streamlit のウィジェットを使えば簡単にできます。

　また CLIP には、画像は読み込んだオブジェクトとして渡す必要があります。なので、事前に画像

をopenした状態でモデルに渡します。

リスト5.13: app.py

```python
def img_search(collection):
    img = st.file_uploader(label='image', type=['jpg','png'])
    if img:
        st.image(img)
        if st.button(label=':mag: Search by Image'):
            image = Image.open(img)
            s_time = time.time()
            resp, v_time = searcher.search(collection, query={'q': image})
```

　あとは見た目がいい感じになるよう、検索結果を整形したUIを作ります。これも、Streamlitの機能を使えば簡単にできます。

　仕組みがわかったところで、実際に検索してみましょう。まずは類似画像の検索をしてみます。

　Search by Imageタブから検索したい画像を選択します。インデックスと同様にドラッグ＆ドロップまたはBrowse filesで選択します。

図5.8: クエリ画像の選択

Search by Text　Search by Image

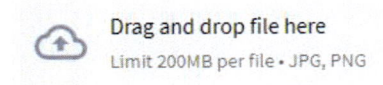

画像を選択できたら、Search by Imageボタンを押して検索を実行します。

図 5.9: 類似画像の検索

ラーメンのクエリ画像を入力すると、それに類似した画像をヒットさせることができました。

続いて、テキストから画像を検索してみましょう。Search by Text タブに移動して、検索窓にクエリキーワードを入力します。ここでは「今日はがっつりめのラーメンを食べに行きます」と入力して検索してみます。

図5.10: テキストから画像を検索する

query keyword

> 今日はがっつりめのラーメンを食べに行きます

🔍 Search

```
▾ {
    "Search Time" : "696.6133117675781[ms]"
    "Vectorized Time" : "660.5608463287354[ms]"
}
```

Result

```
▾ {
    "QTime" : "8ms"
    "numFound" : 10
}
```

No.889, Score:0.77238375

No.843, Score:0.7720752

No.1055, Score:0.7618828

No.847, Score:0.7429657

No.808, Score:0.7412298

No.836, Score:0.73607796

すると、がっつり目はどうかはさておき、ちゃんとラーメンの画像がヒットしています。

スキーマ定義を見ればわかるように、インデックスには通し番号とファイルパス以外のテキスト情報は一切入れていません。

リスト5.14: managed-schema

```
    <field name="id" type="int" indexed="true" stored="true" required="true" />
    <field name="filepath" type="string" indexed="false" stored="false"
docValues="true" />
    <field name="vector" type="knn_vector" indexed="true" stored="false" />
```

それでも、テキストから画像が検索できてしまうのは画期的です。

ベクトル検索とCLIPなどのマルチモーダルモデルを組み合わせれば、今までなかったような検索体験を提供できます。

ChatGPTを使ったEmbeddingは？

詳しい方なら、「ChatGPTでもベクトル化できる」と思われたかもしれません。

確かに、OpenAIのAPIを使って埋め込み表現を得ることはできます。取得方法も簡単で、テキストとモデルを指定してAPIリクエストを投げるだけです[9]。

リスト5.15: OpenAI APIでEmbeddingをする例

```
curl https://api.openai.com/v1/embeddings \
  -H "Content-Type: application/json" \
  -H "Authorization: Bearer $OPENAI_API_KEY" \
  -d '{
    "input": "Your text string goes here",
    "model": "text-embedding-3-small"
  }'
```

レスポンスとして、埋め込み表現が返ってきます。

リスト5.16: OpenAI APIでのEmbedding結果の例

```
{
  "object": "list",
  "data": [
    {
      "object": "embedding",
      "index": 0,
      "embedding": [
        -0.006929283495992422,
        -0.005336422007530928,
        ... (omitted for spacing)
        -4.547132266452536e-05,
        -0.024047505110502243
```

```
    ],
  }
],
"model": "text-embedding-3-small",
"usage": {
  "prompt_tokens": 5,
  "total_tokens": 5
}
}
```

その手軽さゆえ、すでに何人かが OpenAI API の埋め込み表現を使った検索エンジン化を試しています[10][11]。
出力次元数を見てみると、ドキュメントには次のように書かれています。

図 5.11: OpenAI API の Embedding 仕様

Second-generation models

MODEL NAME	TOKENIZER	MAX INPUT TOKENS	OUTPUT DIMENSIONS
text-embedding-ada-002	cl100k_base	8191	1536

その後登場した text-embedding-3-small についても、1536 次元、text-embedding-3-large では 3072 次元です。Solr 9.3 以降は 2048 次元まではインデックスできるようになったので、text-embedding-3-small であれば問題なくインデックスできます。次元数を減らしたい場合は、API パラメーターとして dimensions を指定すると返却次元数を指定値に変更できるようです[12]。

本章での実装に自信がない場合は、思い切って OpenAI API に頼ってしまうというのも手かもしれません。

ただし、新しいインデックスデータを作るときはもちろん、インデックスとクエリで Embedding 条件を合わせておく必要があるので、検索の度に OpenAI API を利用する必要があります。text-embedding-3-small だと 1000 トークンあたり $0.00002、日本語 50,000 文字程度で 3 円ほどです。

表 5.1: OpenAI Embedding models の料金表

Model	Usage
text-embedding-3-small	$0.00002 / 1K tokens
text-embedding-3-large	$0.00013 / 1K tokens
ada v2	$0.00010 / 1K tokens

コストが許容できるかは、事前に考えておいた方がいいでしょう。最新の価格は、公式のドキュメントをご覧ください[13]。

また、2024/2/12 現在では、まだ画像データの埋め込み表現を返却する機能はないので、画像データのインデックスを作成するには別の方法を使う必要があります。

画像の Embedding についてもマネージドサービスを使いたいのであれば、Google の Multimodal Embeddings を利用する手があります[14]。料金は画像 1 枚あたり $0.0025、つまり画像 10 枚で 4 円ほどです。最新の価格は、公式のドキュメントをご覧ください[15]。

表 5.2: Vertex AI Generative AI の料金表

Model	Feature	Type	Price
Gemini Pro	Multimodal	Image Input	$0.0025 / image
-	-	Video Input	$0.002 / second
-	-	Text Input	$0.00025 / 1k characters
-	-	Text Output	$0.0005 / 1k characters

費用対効果を考えながら、自分に合った方法を選択しましょう。

9.https://platform.openai.com/docs/guides/embeddings/what-are-embeddings

10.https://zenn.dev/tfutada/articles/b4062347cb4769

11.https://speakerdeck.com/ryoheiigushi/chatgpt-apinoembedding-kasutamaisuru-men

12.https://platform.openai.com/docs/guides/embeddings/use-cases

13.https://openai.com/pricing

14.https://cloud.google.com/vertex-ai/docs/generative-ai/embeddings/get-multimodal-embeddings

15.https://cloud.google.com/vertex-ai/docs/generative-ai/pricing

5.3 パフォーマンスを測る

Solrでのベクトル検索の使用方法がわかったところで、実用に耐えうる性能を出せるか見てみます。

今回使用したマシンスペックは、以下の通りです。

表5.3: マシンスペック

CPU	Memory	JVM-memory
6 Core	6 GB	2 GB

||||||||||||||||||||||||||||||||||||||||||||||||||||||||||||||||||||||||||||||||||||||||||||||||||||||||||||||||
NOTICE

1台のマシンで、フロントエンドもAPIもSolrも動かしています。そのため、ネットワーク通信によるラグは少ないと思いますが、その分CPUやMemoryは共同なので、各ミドルウェアがフルでリソースを使えているわけではありません。
||||||||||||||||||||||||||||||||||||||||||||||||||||||||||||||||||||||||||||||||||||||||||||||||||||||||||||||||

インデックスデータは「5.1 ニュース記事でベクトル検索」と「5.2 画像でベクトル検索」のデータを使用しています。見ての通り、検索速度は数十ミリ秒ほどで結構早いです。検索の際には、ベクトルの次元数による検索速度には大きな違いはなさそうです。

図5.12: 200次元の場合

query keyword

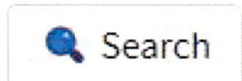
ホロの煮込んだお肉

🔍 Search

Search Time: 115.28897285461426[ms]

Vectorize Time: 0.24700164794921875[ms]

▼ {
   "QTime" : "76ms"

図5.13: 512次元の場合

query keyword

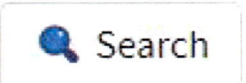
ホロの煮込んだお肉

🔍 Search

Search Time: 505.66697120666504[ms]

Vectorize Time: 425.42099952697754[ms]

▼ {
   "QTime" : "67ms"
   "numFound" : 10

どちらかというと、クエリのテキストや画像のEmbedding時間の方がボトルネックになってくるでしょう[16]。このあたりは軽量なモデルを使う、よりハイスペックなマシンやGPUを使うなど、API側の工夫次第です。

また、連続して同じクエリを投げると、おそらくキャッシュが効いてレスポンスが早くなりました。

図 5.14: 1 回目。Qtime は 249 ms

🔍 Search by Image

```
▼ {
    "Search Time" : "1596.177339553833[ms]"
    "Vectorized Time" : "642.9564952850342[ms]"
}
```

Result

```
▼ {
    "QTime" : "249ms"
    "numFound" : 10
}
```

---

16. 200 次元は Word2Vec を 512 次元は CLIP を使っています。

図5.15: 2回目。QTime は 10 ms

🔍 Search by Image

```
▼ {
    "Search Time" : "539.2580032348633[ms]"
    "Vectorized Time" : "504.92095947265625[ms]"
}
```

Result

```
▼ {
    "QTime" : "10ms"
    "numFound" : 10
}
```

　先ほどのテキストの例だと、3, 4回目だとほぼ一瞬でレスポンスが得られるようになりました。

図5.16: 200次元の場合

query keyword

ホロの煮込んだお肉

 Search

Search Time: 14.448881149291992[ms]

Vectorize Time: 0.22268295288085938[ms]

```
▼ {
    "QTime" : "1ms"
    "numFound" : 10
```

図5.17: 512次元の場合

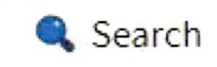

query keyword

ホロホロの煮込んだお肉

🔍 Search

Search Time: 198.23718070983887[ms]

Vectorize Time: 182.94024467468262[ms]

```
▼ {
    "QTime" : "2ms"
    "numFound" : 10
```

「Embedding＋検索」のトータルで数百ミリ秒なので、サービス要件がそこまできつくないサービスであれば十分組み込めそうです。

ただ、実際にSolr運用者の方だと、数万件オーダーのドキュメントは少なすぎると思われたかもしれません。確かに、Solrをサービスで導入している場合は、少なくとも100万件オーダー以上のドキュメントがインデックスされているケースが多いと思います。そこで、100万件オーダーになってもこのレスポンス速度が保てるのかについても調べてみました。

||||||||||||||||||||||||||||||||||||||||||||||||||||||||||||||||||||||||||||||||||||||||||||||||||||||||||||||||||||||||||||
NOTICE
ここから先は、フロントエンドを介さずにEmbedding済みのリクエストを直接Solrに送った場合の計測になります。
||||||||||||||||||||||||||||||||||||||||||||||||||||||||||||||||||||||||||||||||||||||||||||||||||||||||||||||||||||||||||||

インデックスデータには、日本語Wikipediaデータを扱いやすくしたCirrusSearch[17]のダンプデータを使いました。実際のデータは、こちら[18]から取得できます。ここから120万件ほどデータを集めてきてインデックスさせます[19]。

このインデックスに対して、手作業で100パターンほどクエリを用意して負荷をかけてみます。1

17.https://www.mediawiki.org/wiki/Help:CirrusSearch/ja

18.https://dumps.wikimedia.org/other/cirrussearch/

19. ダンプデータ全体だと300万件ほどありましたが、私の手元のマシンスペック的にこれが限界でした。

行1クエリで試験用のクエリデータを作成しておきます。インデックスデータを作るときと同じ要領でテスト用のテキストを用意しておき、それを埋め込み表現に変換してデータを作成します。

リスト5.17: bash

```
$ head -n 1 performance_test/query.log
q=%7B!knn+f%3Dvector+topK%3D10%7D%5B0.038862407207489014%2C+-0.09241692954674363%2
C+0.18932476453483105%2C(中略)-0.020851219072937965%5D&fl=id+title+body+score&wt=
json
```

　負荷試験ツールには、Taurus[20]を使用しています。

　Taurusは、BlazeMeter社[21]によって開発されたオープンソースの負荷試験ツールです。BlazeMeterは、クラウドベースの負荷試験サービスを提供しているのですが、Taurusはそのサービスの一部として開発されました。

　簡単なテストシナリオを書くだけで、負荷試験を実行し、モニタリングレポートを作成してくれる優れものです。YAMLかJSONファイルでテストシナリオを設定できます。JMeterやSeleniumなどの既存の負荷試験ツールのラッパーとしても使えるので、複雑なこれらのツールのテストシナリオを簡便に定義できます。

　実行中はオシャレな進捗画面が見られます。

図5.18: Taurus実行中の画面

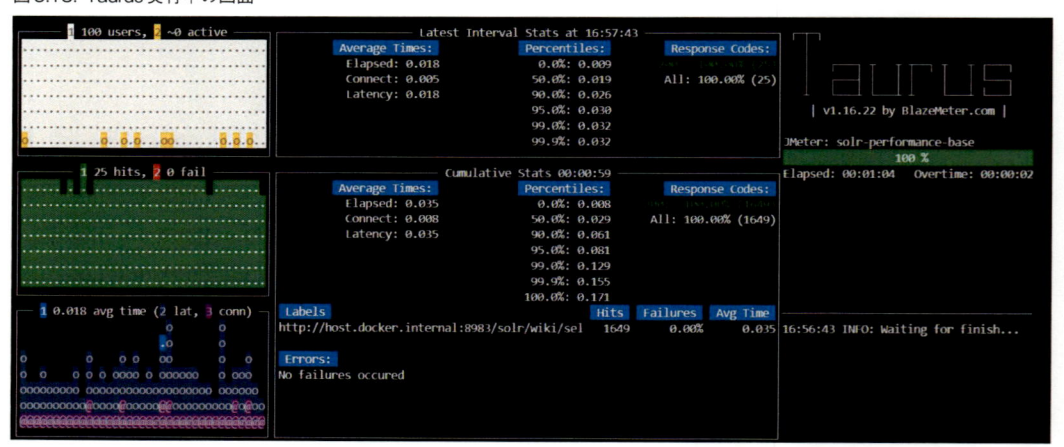

　また、完了後に次のようなURLが発行されます。

20.https://gettaurus.org/

21.https://www.blazemeter.com/

リスト5.18: text

```
https://a.blazemeter.com/app/?public-token=xxx#/accounts/-1/workspaces
/-1/projects/-1/sessions/r-ext-xxx/summary/summary
```

　発行されるURLにアクセスすると、モニタリングレポートが参照できます[22]。

　Taurusを使って、次の条件で負荷をかけてみます。

表5.4: 負荷試験の条件

ドキュメント数	ベクトルの次元数	Replica 数	Shard 数	同時アクセス数	QPS
1,200,000	200	1	2	5vu	20QPS

　モニタリングレポートは、次のようになりました。

図5.19: 5vu, 20QPSにおけるモニタリングレポート

　平均レスポンスタイムは65msと、ドキュメント数が増えてもさほど影響はなさそうです。

　さっきと同じ構成で、もう少し負荷を上げてみます。

表5.5: 負荷試験の条件

同時アクセス数	QPS
5vu	50QPS

22.URLの有効期間は 1 週間です。それを過ぎると参照できなくなります。

図5.20: 5vu, 50QPSにおけるモニタリングレポート（クエリは非固定）

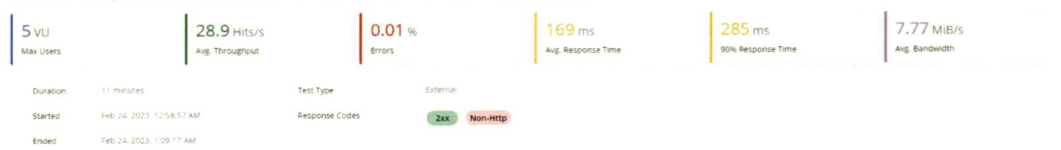

　すると、同じマシン上で負荷試験ツールを動かしていることもあってか、そもそもマシンスペック的に30QPSが限界のようでした。負荷が増えて、平均レスポンスタイムも169msと3倍弱ほどに増えました。

　先ほどの画面から見る分に、キャッシュが効いていると早そうでした。そこで、クエリを固定して同条件で負荷をかけてみます。

図5.21: 5vu, 50QPSにおけるモニタリングレポート（クエリは固定）

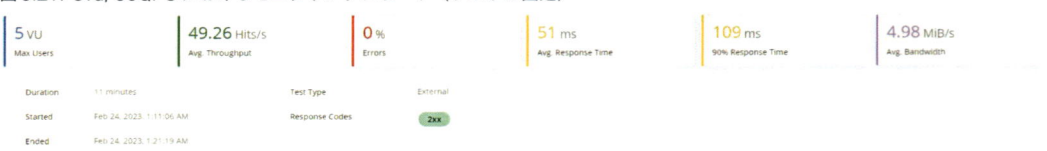

　やはりキャッシュが効いているのか、ちゃんと50QPSが出ており、平均レスポンスタイムも51msとかなり高速になりました。

　ただ、実際にはキーワードクエリに比べて、同じベクトルのリクエストが飛んでくることは稀なので、あまりキャッシュが効くことは期待できないと思われます。

　最後に、同時アクセス数を上げてベースと比較してみます。私の手元の環境だと、まともに捌けるのは30QPSほどのようですので、この値で計測することにします。

表5.6: 負荷試験の条件

同時アクセス数	QPS
100vu	30QPS

図 5.22:q=＊:＊のとき (ベースライン)

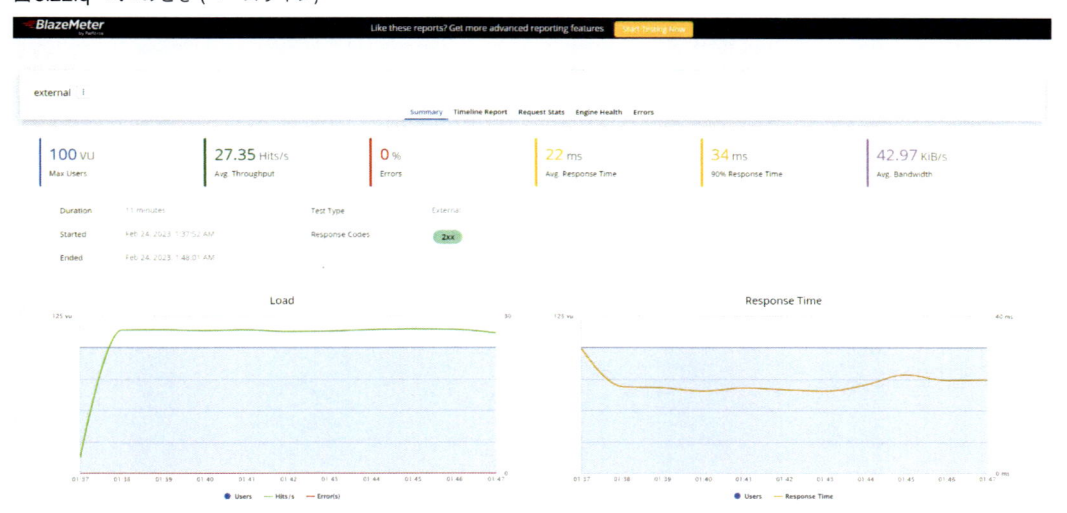

図 5.23:q={!knn ...}のとき

　ベースラインの平均レスポンスタイムが22msに対して、ベクトル検索時の平均レスポンスタイムは332msでした。やはり高負荷がかかると、どうしてもレスポンスタイムへの影響は出てくるようでした。それでも、まあまあ悪くない速度といえるのではないでしょうか。

　手元で試したい場合は、必要データをダウンロードしてください。

```
$ sh launch.sh -d wiki # または -d full
```

　ダウンロード完了後に、コレクションでwikiを選択してインデックスしてください。

図5.24: wikiコレクション用のインデックス作成

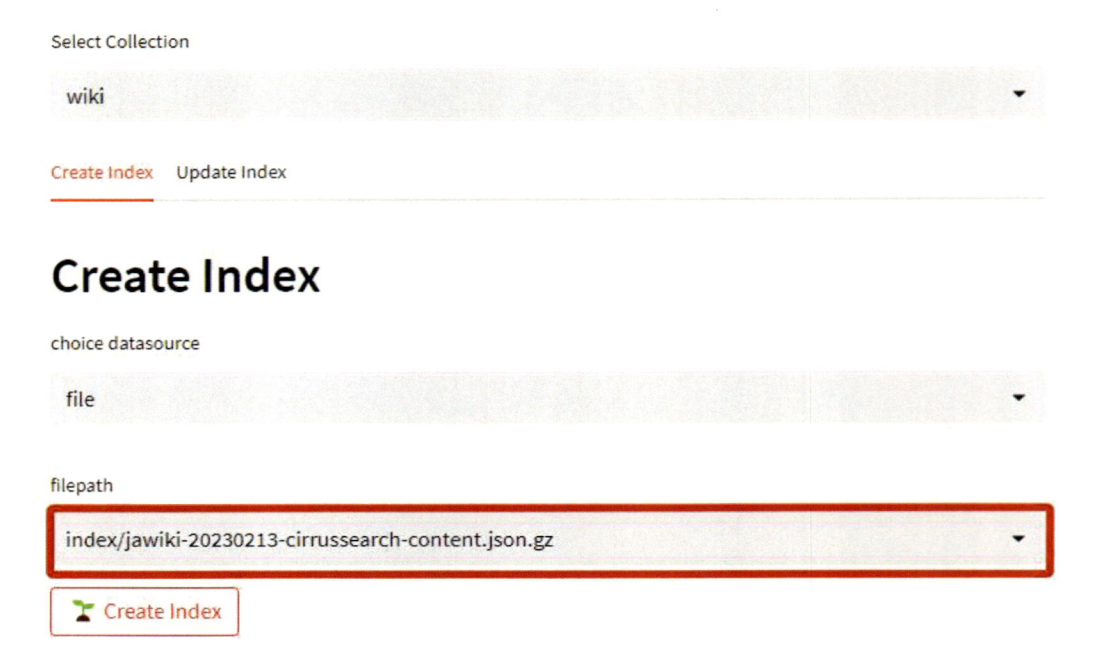

choice datasourceは、fileでfilepathにダウンロードしたダンプデータを指定します。これは datasourceが巨大なため、メモリーに載る範囲で逐次処理を行うためです。

図5.25: wiki コレクション用のインデックス投入

Create Index Update Index

Update Index

Update index by file

D&D or Select Index File from below list

index data

> Drag and drop file here
> Limit 200MB per file · JSON
>
> Browse files

select index file

```
index/index.wiki.20230220113049.json.gz
```

■ Index with File

また、インデックスデータの投入もファイル選択から行います。select index file で作成したインデックスデータを指定して、Index with File を押します。インデックス作成と同様に、巨大なデータを逐次処理でSolr に POST します。

インデックスが無事完了したら、パフォーマンス実行用スクリプトを実行します。

リスト5.20: パフォーマンステスト用のスクリプト実行

```
$ cd performance
$ sh performance.sh
```

Taurus のコンテナが起動し、test.yml に定義したシナリオに従って、負荷試験が実行されます。

5.4　インデックスサイズの計測

インデックスサイズも測定します。先ほどの Wikipedia のダンプデータ120万件に対して測定します。200次元で Embedding したときのインデックスサイズは、以下の通りになりました。

表5.7: インデックスのデータサイズ

ベクトルなし	ベクトルあり
8.69G	12.28GB

ドキュメントのみに比べて、1.5倍くらいになりました。数値データだけとはいえ、数100次元の

データとなれば、それなりのインデックスサイズになるようです。

Elasticsearch でのベクトル検索

　Elasticsearch も Solr と同様に、Apache Lucene を基盤に持ちます。なので、Elasticsearch でもベクトル検索ができます。本書は Solr にフォーカスした本のため、簡単にだけ触れておきます。

　Elasticsearch でのベクトル検索の魅力は、なんといっても Elasticsearch 上でモデルが動かせることです。つまり、Embedding 用の API 不要で、ベクトル検索が実現できてしまいます。

図 5.26: Elasticsearch でのベクトル検索パイプライン

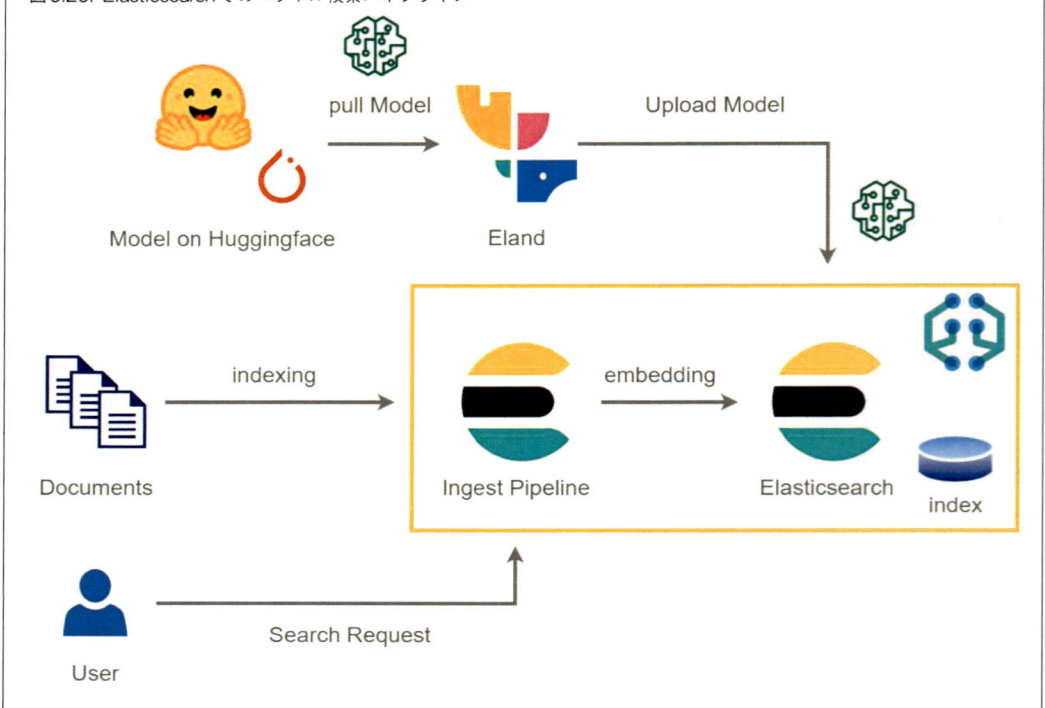

　Elasticsearch には、Ingest Pipeline という、Solr でいうところの DIH を拡張したようなモジュールがあります。これが今回の API のような役割を果たして、インデックスやリクエスト前のクエリの加工処理を担います。

　デプロイも簡単で、Hugging Face 上のモデル ID を指定するだけで、Elasticsearch 上にモデルがデプロイできます。Elasticsearch の使用に不自由ないなら、Solr に比べると格段に楽といえるでしょう。

　もちろん制限もあって、このパイプラインで処理できるのはテキストだけです。画像は Solr と同じように、パイプライン外で Embedding しておく必要があります。

　また、デプロイできるモデルはなんでもいいわけではなく、サポートしているもののみです[23]。BERT を始めとした主要モデルはサポートされているので、そこまで支障はないでしょう。

　あとは、GPU がサポートされていません。処理スロット数は増やせるようですが、CPU だけでどこまで速度が出せるか疑問です。ベクトルデータに加えてモデルも動かすので、メモリーの使用量だけでも結構なスペックが要求されそうです。

　詳しくは公式のドキュメントや、実践された方のブログ記事をお読みください[24]。

　なお、Machine Learning 機能はプラチナプラン以上の有償プランでのみ使用できる機能です[25]。検討の場合はご注意ください。

23.https://www.elastic.co/guide/en/machine-learning/current/ml-nlp-model-ref.html

24.https://www.elastic.co/jp/blog/how-to-deploy-nlp-text-embeddings-and-vector-search

25.https://www.elastic.co/jp/pricing/

第6章　生成AIとベクトル検索

本章では、昨今話題の生成 AI とベクトル検索の関係性についてお話しします。

6.1　なぜ、ベクトル検索が急速に注目を集めているのか

「3.8 ベクトル検索をめぐるこれまで」に記載した通り、ベクトル検索自体は 2000 年代以前から研究、実装されてきましたが、ここ 1, 2 年で急速に注目を集めています。非機械学習エンジニアや、ベンチャー投資家からも認知される一般用語になりつつあります。なぜここまで注目されるようになったのでしょうか。

それは、ChatGPT の登場が起因しています。ChatGPT の登場以後、各種ベンダーがこぞってベクトル検索に関する新サービスや新機能をリリースしています。ベクトルデータベースと呼ばれるソフトウェアの GitHub リポジトリーのスター数を見ると、その注目度が如実に見て取れます。

図6.1: Made by star-history.com(https://thedataquarry.com/posts/vector-db-2/)

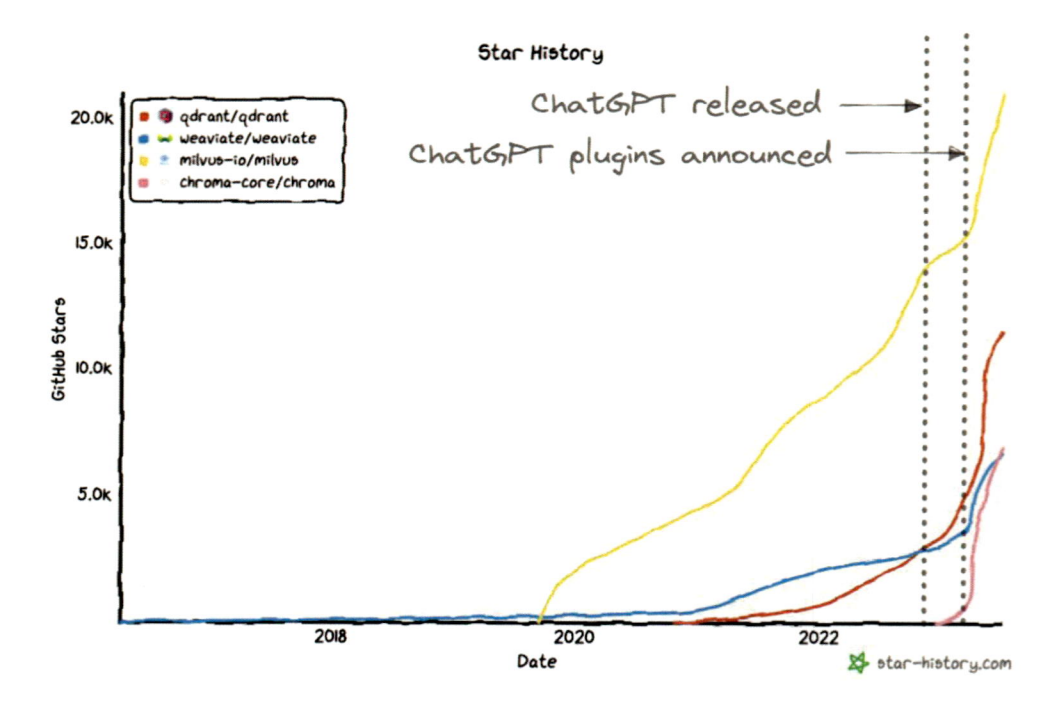

ベクトル検索やベクトルデータベースがここまで注目されているのは、ChatGPT を始めとする LLM（Large Language Model）が現在抱えるいくつかの課題を解消する、ひとつの糸口になると

考えられているからです。

6.2　ベクトルDBとは

ベクトルデータベース（以下、ベクトルDB）とは、一言でいうと、ベクトル検索機能を備えたデータストアです。あえて「データベース」ではなく、「データストア」と表現した理由は、「6.8 従来型DBとベクトルDBの違い」で触れます。

ベクトルDBの提供各社のドキュメントをいくつか見てみると、次のような説明がなされています[1][2][3]。

その名の通り、ベクトル形式のデータを効率的に貯蔵、抽出するためのデータストアです。画像や音声、動画などの非構造化データあるいはテキストや地理空間データも埋め込み表現に変換して扱いたいという昨今のニーズに応える機能が盛り込まれています。たとえば、保存したベクトルデータに対する近似近傍探索機能などです。これは、従来のリレーショナルデータベース（以下、RDB）にはなかった機能です。もちろんRDBと同様に、拡張性やバックアップ、セキュリティー機能も持ち合わせています。

6.3　LLM文脈におけるベクトル検索

ChatGPTを始めとするLLM（Large Language Model）と呼ばれる機械学習モデルは、従来に比べて汎用性が高く、私たちが普段使っている自然言語をそのまま入力として扱えます。ですので、非機械学習エンジニアでも使えるとして、実応用が急速に普及しています。ことChatGPTはその中でも群を抜いて出来がよく、さまざまな場面での活用が期待されています。もちろん、いかなるシチュエーションにおいても万能というわけではなく、いくつかの弱点があります。

ひとつの大きな弱点は、モデルが学習していない情報に関しては正しい回答ができないことです。たとえば、ChatGPTの無料版であるGPT-3.5については、2021年9月までのWeb上の情報をもとに学習をしているので、それ以後に世に出た情報については知りません。また、Web上に公開されている情報源に関してしか知らないので、自社のサービス固有の情報に関する回答や社外秘情報に関しては当然ながら答えられません。

特定のドメイン知識を獲得させたいなら、ファインチューニングをすればいいじゃないかと思われるかもしれません。確かにファインチューニングによるドメイン適応はよく言われている手法です。しかし、実際に試した人たちの間では、回答形式のチューニングはできても新規知識の獲得は難しいと言われています。自社でもLLMの開発を行っているMeta社は、ファインチューニングによって言語モデルに知識を追加するアプローチは容易ではないという報告をしています[4]。また、NTTデータやNTTコミュニケーションズと共同で機械学習自動化プラットフォームを開発したDataRobot社の日本法人元CEOの柴田氏は、自身のブログで先行研究を交えながら、ファインチューニングが得

1.https://aws.amazon.com/jp/what-is/vector-databases/

2.https://www.elastic.co/jp/what-is/vector-database

3.https://www.cloudflare.com/ja-jp/learning/ai/what-is-vector-database/

4.Chunting et al.(2023) https://arxiv.org/abs/2305.11206

意なことは応答の形式の質を上げることだと語っています[5]。その他にも、ファインチューニングの得手不得手について面白い考察されている記事がいくつか見つかりましたので、興味があれば見てみてください[6][7][8]。

　知らない知識に関しては、一律答えられませんと言ってくれればまだいいのですが、それより厄介なことも起こりえます。ハルシネーション（幻覚）と呼ばれる現象で、誤った回答であるにもかかわらず、自信満々に真実であるかのように回答してしまうことがあるのです[9]。お勉強用途でLLMが返してきたサンプルコードを動かしたらエラーで動かなかった、程度で済めばまだいいですが、プロダクトとしてリリースしたものが嘘八百状態では、会社の信用問題にかかわるので致命的です。仮に追加で知識が付与できたとしても、AIはそれが真実であるか否かは関知しないので、ハルシネーションを完全に防止することはできません。

　活発な研究開発によって技術進化は日進月歩であるので、数年後には解消できているかもしれませんが、少なくとも現時点でこれらの問題は実応用における障壁となっています。そこで、LLMの苦手なことは、それが得意な外部システムにやらせればいいじゃないかという風潮になりました。

　その中で今一番有力とされているのが、RAG（Retrieval Augmented Generation）と呼ばれる手法です[10]。RAGは、ユーザーからの質問に回答するために必要そうな内容が書かれた文章を検索し、その文章をLLMへの入力（プロンプト）に付け加えて入力する手法です。プロンプトと呼ばれるLLMへの入力情報にモデル外部の情報源からの検索結果を付加して、検索結果に基づいた回答をさせるようにすれば、モデルの知識にないことであっても正確に答えられるようになるのではないかという発想です。

　RAGはベクトル検索やベクトルDBとともにバズワードになっていて、SNS上で騒がれているベクトル検索は主にこの文脈に関するものです。この使い方は**あくまでベクトル検索の応用例のひとつ**に過ぎません。ですが、要約や質問応答といったLLMの得意なタスクにフォーカスし、苦手な検索は外部に任せるのは、現状のLLMの使い方としては正しいのかもしれません。

　RAGを使うことで、過去の営業資料を効率的に探せるようになったり[11][12]、お問い合わせメールへの返信文の生成をチャットベースで依頼できるようになっています[13]。

　企業に留まらず、行政でもRAGの活用が始まっています。佐賀市がサーバーエージェントと東京大学と共同で、窓口に寄せられる問い合わせ応答ボットを導入するという実証実験を行っています[14]。茨城県でもDX推進の一環として、アイディア出しやカスタマーサポート用途でのRAGの活用試験が行われています[15]。

　誤った情報を提供してしまう可能性が避けきれないためか、はたまた主な情報源が秘匿とされる

5.https://ashibata.com/2023/06/22/llm-finetuning
6.https://note.com/kan_hatakeyama/n/n85f294dcb034
7.https://zenn.dev/ohtaman/articles/llm_finetune_lora
8.https://note.com/npaka/n/nec63c01f7ee8
9.https://xtech.nikkei.com/atcl/nxt/column/18/00692/082900114
10.Patrick et al.(2021) https://arxiv.org/abs/2005.11401
11.https://developers.kddi.com/blog/29moPnzUaqSPJsu0v2pKg9
12.https://prtimes.jp/main/html/rd/p/000000009.000115171.html
13.https://karakuri.ai/column/seminar-report/new-email-tactics
14.https://cyberagent.ai/blog/research/economics/19022/
15.https://news.yahoo.co.jp/articles/cf6bcb7e90f5287c351eb9d9c9440dfb4d6d89db

ものだからか、事例としては社内向けの業務用途での利用が盛んなようです。ごくわずかでありますが、エンドユーザー向けのサービスに導入したと明言されている事例も出始めており、今後はより増えていくと思われます[16][17]。このような自社のデータや文脈に特化したサービスを作る上で、RAGは必須の技術と言われています。

以下がRAGの概要図です。

図6.2: RAGのアーキテクチャ

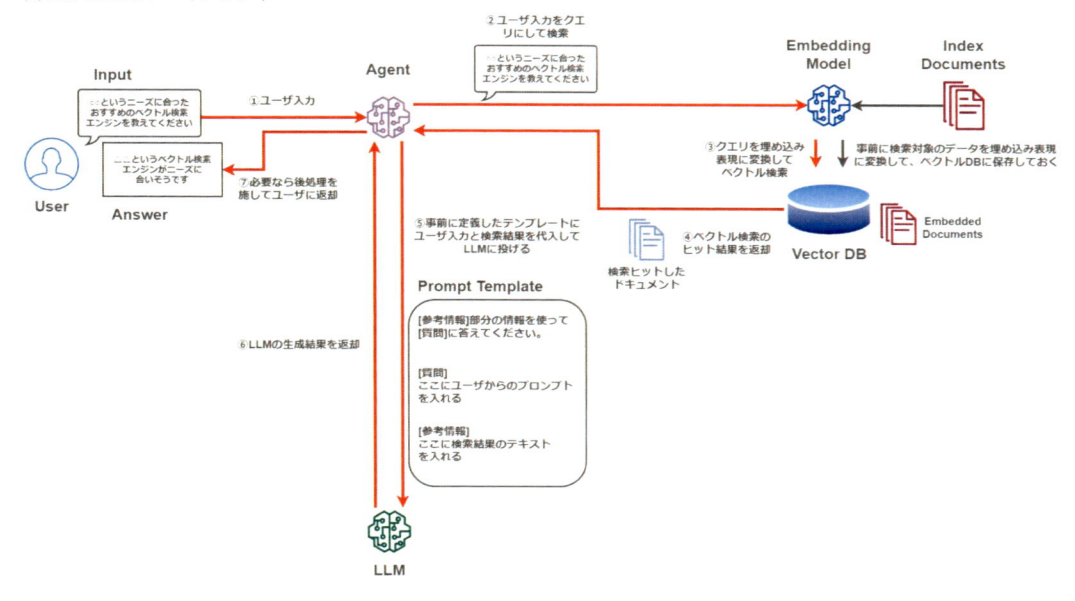

ユーザーからの入力はまず、LangChainに代表されるようなAgentと呼ばれるLLMの柔軟性や拡張性を上げるツールに渡されます。Agentは受け取ったユーザー入力を使って、検索エンジンに対して検索をかけます。そして、その検索結果と元々のユーザー入力をあらかじめ定義しておいたテンプレート文に流し込んで、LLMへ入力します。テンプレートに書かれているように、LLMは検索結果に基づいて回答を生成するので、モデルの知識にないことであっても答えられるようになります。これがRAGの一連の流れです。

このとき、Step 3の検索において、ベクトル検索が使われています。もちろん、参考情報の取得ができればいいので、この検索はキーワード検索でも構いません。ですが第2章で述べたように、ユーザーはどのような形式でデータベースや検索エンジンにインデックスが保存されているのか知りません。ですので、表記ゆれやキーワードゆれがあっても吸収できるように、ベクトル検索の方が好んで使われています[18]。あえてキーワード検索でRAGをやってみたという事例もありましたので、興味があればご覧ください[19]。

また、マルチモーダルモデルによるEmbeddingがされていれば、テキストから画像を検索して、画

16.https://speakerdeck.com/segavvy/ragnosabisuworirisusite-1nian-gajing-timasita

17.https://classmethod.jp/cases/kusurinomadoguchi/

18. 他の選択肢を知らずに、RAG で使う検索＝ベクトル検索と思っている人も一定数、存在しそうですが。

19.https://dev.classmethod.jp/articles/interactive-fuzzy-item-search-with-openai-api

像とそのキャプションに関する回答生成といったことも実現できるでしょう。ChatGPTでは、2023年9月には画像インプットに、10月には画像アウトプットに対応したので、LLM自体がマルチモーダルなインプットやアウトプットを扱えるようになる日もそう遠くないかもしれません。ですが、独自データで同じようなことがしたいとなれば、現状RAGが有効そうです。

　LLMによる回答速度を上げるためにも、クエリが飛んで来たら即座に検索できるよう、検索対象のデータは事前にEmbeddingし、保存しておきます。このベクトルデータの保存・取り出し先として、ベクトルDBの必要性が叫ばれています。ベクトルデータの保存システムには、ただでさえデータサイズが大きくなりやすいベクトルデータを大量にかつ安定・安全に保持し、すばやく取り出せることが求められます。従来のRDBではこれが実現できないので、専用のベクトルDBが必要だと言われているのです。実際には、本書を読んでいただいた方はわかるように、既存の検索エンジンにもベクトル形式のデータをすばやく保存、抽出できる機能が追加され始めています。ただ、PostgreSQLやMongoDBなど、従来のRDBにおいてもこれらの機能に対応し始めているので、必ずしも専用システムが必要かは疑問が残ります。このあたりは「6.9 本当にベクトルDBは必須システム？」で詳しく触れます。また、SolrをベクトルストアにしたRAGの具体的な実装方法については、第7章で扱います。

　私個人としては、RAGよりも画像や音声あるいはモーダルの異なるデータ間の検索ができるようになる点にベクトル検索の威力を感じていただきたいところです。ですが、別文脈であっても技術が普及し、クオリティやできることの幅が増えるのであれば嬉しい限りです。

6.4　IndexingとChunking

　LLMの登場でベクトル検索と並んで注目を集めだしたのが、**チャンキング**（chunking）です。チャンキングもベクトル検索と同様に以前からある言葉ですが、LLMの登場によってバズワード化した用語です。

　chunkとは英語で塊を意味します。もともとは心理学用語で、あるものをより小さな断片に分けたり（チャンクダウン）、逆に一定の大きなまとまりにまとめること（チャンクアップ）を指す言葉でした。漠然と並んだ言葉や画像を塊単位で捉えるテクニックは、記憶術や速読でも活用されています。

　たとえば、

> Good books don't give up all their secrets at once.

　という文を

> Good books / don't give up / all their secrets / at once.

　と分けると読みやすくなったと感じるかと思います。名詞句や動詞句、副詞句といった品詞の塊である句に分けています。

　このchunkに分けるという処理が、文意の解釈や文からの情報抽出において重要な役割を果たすとして、自然言語処理タスクのひとつとして取り組まれてきました。情報の重要な意味は名詞句に含まれることが多いとして、主に名詞句の同定が盛んに研究されています。一概にこうすればよい

という結論は出ておらず、各研究者がさまざまな方法を提案しています。

　そこから転じて、LLMへの入力長には制限があるので、入力ドキュメントをある程度の長さで切らなければならないという制約から、chunkingの重要性が取りだたされるようになりました。研究レベルであれば、10億トークンの入力が可能なモデルもあるとされています[20]。

　ですが、実用レベルで比較的入力長が長いとされているGPT-4で8,192トークン、文字数に直すと日本語だと約8,000文字が一度に入力できる限界の文字数です[21]。OSSとして公開されている日本語LLMだと、5,000〜7,000文字程度になります[22]。

　ベクトル検索でヒットしたからといって長大な文章を全文投入すると、本筋には直接関係ないテキストも含まれる可能性があります。なので、重要な情報だけ取り出すという、従来の自然言語処理タスクとしてのchunkingをする側面もあると思います。ただ世の中のニーズとしては、システムの制約上やむにやまれずchunkingをしているという側面が強いように見えます。

　私は普段、LLMのために検索エンジンを設計するということがないので、真剣に向き合ったことがありませんが、chunkingに伴うEmbeddingベクトルの変化は興味深いです。文章を途中で区切る、すなわちEmbedding対象が変化するということなので、結果として得られるEmbeddingベクトルも異なります。そのままでは検索下位だった文章がchunkingの工夫で上位に来て、それが実はユーザーの求める文章だったとなれば、ベクトル検索の範疇に限っても重要なテクニックになってくるでしょう。

　文章だけでなく、音楽や動画などのchunkingも面白そうです。いずれこれらもEmbeddingをして、検索できるようになってくると思います。そのとき、作品全体ではなく実はセクションやチャプター別にchunkingして、その類似度を取った方が検索意図に合った結果を作れるとなったら面白いと思います。

　肝心のchunkingの方法なのですが、2024年上半期現在では決定版と言えるものがありません。LLMの登場以前から取り組まれている自然言語処理タスクですが、目的によって「いいchunking」が異なることもあってか、ライブラリーによってまちまちです[23]。

　OpenAIやAzure AI Searchでは、データを投入するだけでchunkingからEmbeddingまでを自動で独自のアルゴリズムで行ってくれるようです[24][25][26]。いずれかのライブラリーでの実装と同じことをしているのか、はたまた独自アルゴリズムがあるのかわかりませんが、最先端を行く企業の中では一定のノウハウがあるのかもしれません。

　将来的にはLLMへの入力長制約がなくなって、そこまで気にされなくなるのかもしれません。しかし、しばらくは単語の正規化やストップワード除去などと並んで、前処理テクニックのひとつとして注目されると思います。

20.Jiayu et al.(2023) https://arxiv.org/abs/2307.02486

21.https://platform.openai.com/docs/models/gpt-4-and-gpt-4-turbo

22.https://zenn.dev/akifcc/articles/8f5b65040ff57b

23.https://zenn.dev/hijikix/articles/f414b067e29a57

24.https://platform.openai.com/docs/assistants/tools/knowledge-retrieval

25.https://techcommunity.microsoft.com/t5/ai-azure-ai-services-blog/announcing-the-public-preview-of-integrated-vectorization-in/ba-p/3960809

26.https://qiita.com/nohanaga/items/0637ea6fe8e01a98e4fc

6.5　ベクトル検索の弱点とハイブリッド検索

6.5.1　ベクトル検索は万能ではない？

　ベクトル検索は、表記ゆれなどのファジーな検索に強いですが、逆に言うと厳密な検索には弱いです。実際にいくつかのユースケースでは、ベクトル検索だけでは意図した検索結果が得られなかったという報告があります。

- 「〜以外」のような除外や「○○ cm 以上」のようなフィルタリングクエリは有効に働かない[27][28]
- 型番など特定のキーワードが必ず含まれていてほしい、特にANDやORでこれらの掛け合わせをしたいときにうまくいかないことが多い[29]
- Embeddingモデルの未知語に対しては精度が低い[30]

　厳密な検索には、キーワード検索が強いです。そのため、ベクトル検索とキーワード検索やフィルタリングを組み合わせたハイブリッド検索にするのがよいと言われています。

　ベクトル検索とキーワード検索をミックスしたことで、パフォーマンスが上がったという研究結果がぽつぽつ出始めています[31][32]。マイクロソフトもポジショントークによる色付けも混じっているかもしれませんが、いろいろなところでハイブリッド検索の有用性を示しています[33][34][35]。

27.https://dev.classmethod.jp/articles/vector-search-except-and-numerical-big-small
28.https://qiita.com/nohanaga/items/e156d8be60622b42e8eb
29.https://speakerdeck.com/isidaitc/aida-zai-jian-suo-sisutemu?slide=38
30.https://note.com/kan_hatakeyama/n/nba7f80ca0eb9
31.Minjoon et al.(2019) https://arxiv.org/abs/1906.05807
32.Xinyu et al.(2022) https://arxiv.org/abs/2204.02363
33.https://qiita.com/nohanaga/items/e156d8be60622b42e8eb
34.https://www.youtube.com/watch?v=5Qaxz2e2dVg
35.https://techcommunity.microsoft.com/t5/azure-ai-services-blog/azure-cognitive-search-outperforming-vector-search-with-hybrid/ba-p/3929167

図6.3: ハイブリッド検索の概念図 （https://qdrant.tech/articles/hybrid-search/ より）

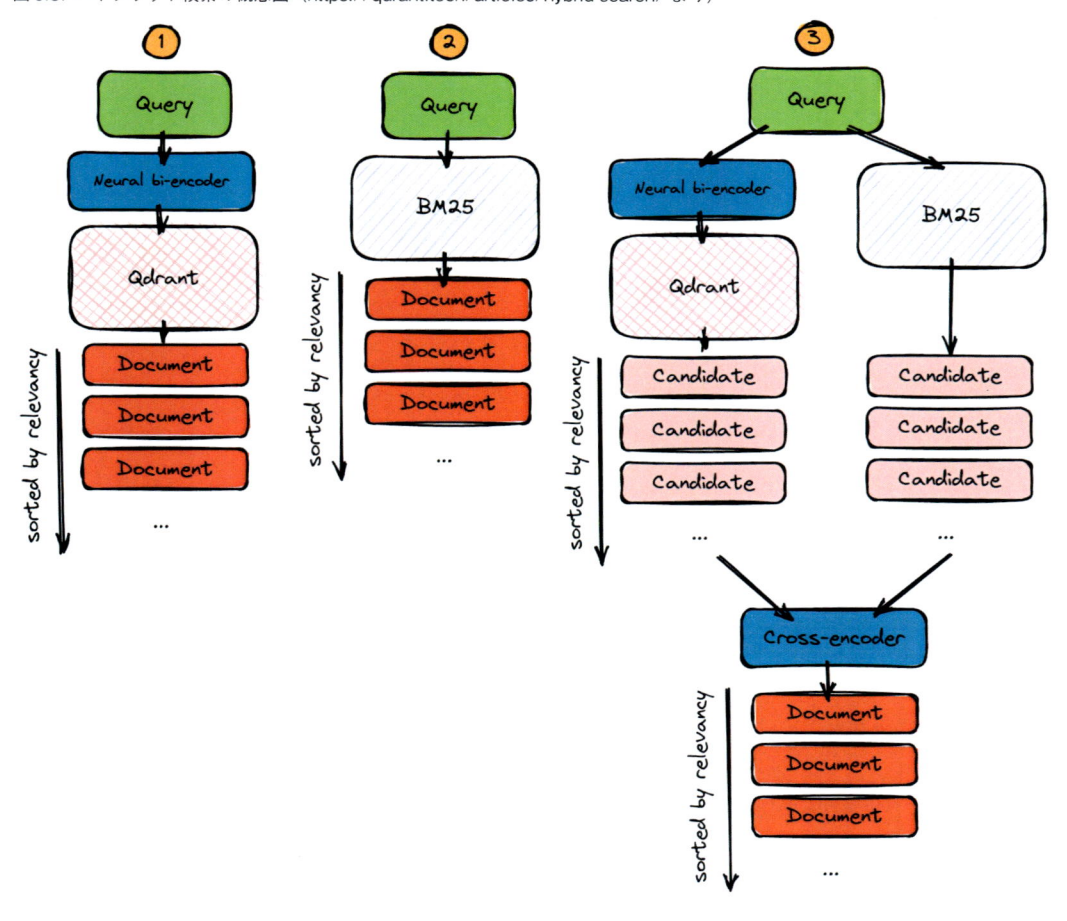

　一部のベクトルDBでは、ハイブリッド検索に対応し始めています[36][37]。第4章などで述べたように、私も従来の全文検索とミックスすることでよりユーザーの検索意図に合った結果を返せると思っています。

　こうした流れを見ると、SolrやElasticsearchといった従来の全文検索エンジンでありながら、ベクトル検索も可能な検索エンジンの需要は高まりそうです。もちろん、上に挙げたような先進的なベクトルDBは、フィルタリング機能やキーワード検索機能も備えているものもあります。ですが、ベクトル検索に主眼が置かれていることもあって、現時点では全文検索エンジンほどの柔軟性には至っていません。除外検索や範囲検索に関しては、全文検索エンジンやRDBに軍配が上がるでしょう。このあたり、それぞれがどういうロードマップを描いていくのかが楽しみです。

6.5.2　ハイブリッド検索における検索順位の決め方

　本書のタイトルとしてもSolrを推したいところですが、第4章のEmbeddingパイプラインのとこ

36.https://qdrant.tech/articles/hybrid-search

37.https://www.pinecone.io/learn/hybrid-search-intro

ろでも触れましたように、同じLuceneベースの検索エンジンの中でもElasticsearchが一歩抜きんで
ている印象があります。ハイブリッド検索を行う際の重要な要素として、Reciprocal Rank Fusion
（RRF）というものがあります[38]。簡単に言えば、キーワード検索での検索スコアとベクトル検索で
の検索スコアを程よい塩梅でミックスするための手法です。Elasticsearchでは、バージョン8.8か
ら使えるようになりました[39]。Solrの場合は、組み込み機能としてRRFは使えません。そのため、
ファンクションクエリを駆使して、自前でスコア計算式を組み立てる必要があります。

　RFFにおけるスコアは、以下のように計算します。

図6.4: RFF score の計算式

$$RFF\ score_i = \sum_{r_i \in R_i} \frac{1}{k + r_i}$$

　iはドキュメントIDで、Riはドキュメント ID iの検索順位集合、riはある検索軸における検索順
位になります。つまり、各検索軸での検索順位の逆数をすべて足し合わせたものがRFF scoreにな
ります。たとえば、キーワード検索で1位、ベクトル検索で2位というドキュメントがあったとしま
す。そのドキュメントのRFF scoreは

図6.5: RFF score の計算例

$$RFF\ score = \frac{1}{k + 1} + \frac{1}{k + 2}$$

となります。

　kは定数の重みパラメータです。大きくすればするほどriに関係なくスコアが小さくなる、すな
わち検索下位のドキュメントを優遇することになります。仮にベクトル検索での検索順位が低かっ
たとしても、キーワード検索でかなり上位に来れば、RFF scoreとしては上位になることもありま
す。逆にkを小さくすると、ひとつの順位差のインパクトが大きくなります。そのため、どちらか
一方でも検索下位になってしまうと、RRF scoreは小さくなり、検索上位には行きづらくなります。

　このRFF scoreを使うことで、複数の検索軸での検索順位を混ぜ合わせて最終的な検索順位を決
めることができます。Azure OpenAI Developersセミナーでは、ベクトル検索のファジーさを残し
たまま、キーワード検索の厳格さを加味することでよりユーザーの検索意図に合った検索順位が実
現できたというデモが紹介されています[40]。

　実はRFFについても、ベクトル検索と同様に、ChatGPT登場以前からある考え方です。キーワー
ド検索＋ベクトル検索に限らず以前から使われてきた手法です。代表的なものだと、2020年にLINE

38.Gordon et al.(2009) https://plg.uwaterloo.ca/~gvcormac/cormacksigir09-rrf.pdf
39.https://www.elastic.co/guide/en/elasticsearch/reference/current/rrf.html
40.https://qiita.com/nohanaga/items/e156d8be60622b42e8eb

がタイムライン（現 VOOM）のディスカバーの表示順に使用していました[41]。こうした既存技術がビッグバンの襲来によって脚光を浴びるのは、喜ばしいことです。

　もちろん、ハイブリッド検索によってすべての失敗ケースが解決できるとは限りません。特にRAGのようなチャットインターフェイスを介しているときは、注意が必要です。検索の前後にLLMなどその他のシステムが介在しているので、end-to-endの結果を見るだけではどこに原因があるかの切り分けができません。まずは、検索がうまくいっていないのか、それ以外に原因があるのか、ポイントごとに見つめ直してみてはいかがでしょうか。

6.6　ベクトル検索ができるシステム

　2023年に入ってからベクトル検索に対応したサービスやソフトウェアについて、私が調べられただけでもこれだけありました。ベクトルデータの保存、検索に特化して作られたものもあれば、既存のRDBやNoSQL形式のデータベースの拡張機能として提供されたものもあります。

6.6.0.1　ベクトル検索専用サービス系

- Azure AI Search（旧 Azure Cognitive Search）[42][43]
- Azure OpenAI Service On your data[44]
- ChromaDB[45]
- LanceDB[46]
- Vertex AI Vector Search（旧 Vertex Matching Engine）[47]
- Vertex AI Search[48]

6.6.0.2　既存の拡張系

- AlloyDB AI（PostgreSQL）[49]
- Amazon RDS for PostgreSQL[50][51]
- AstraDB/Cassandra[52][53]
- Azure Cosmos DB[54]

41.https://engineering.linecorp.com/ja/blog/a-new-challenge-for-line-timeline-3

42.https://learn.microsoft.com/ja-jp/azure/search/vector-search-overview

43.https://github.com/Azure/azure-search-vector-samples/tree/main

44.https://learn.microsoft.com/ja-jp/azure/ai-services/openai/whats-new#august-2023

45.https://www.trychroma.com

46.https://lancedb.com

47.https://cloud.google.com/vertex-ai/docs/vector-search/overview

48.https://cloud.google.com/blog/ja/products/ai-machine-learning/vertex-ai-search-and-conversation-is-now-generally-available

49.https://cloud.google.com/blog/products/databases/helping-developers-build-gen-ai-apps-with-google-cloud-databases?hl=en

50.https://aws.amazon.com/jp/about-aws/whats-new/2023/05/amazon-rds-postgresql-pgvector-ml-model-integration

51.https://aws.amazon.com/jp/blogs/database/building-ai-powered-search-in-postgresql-using-amazon-sagemaker-and-pgvector

52.https://docs.datastax.com/en/astra-serverless/docs/cassandra/overview.html

53.https://cwiki.apache.org/confluence/display/cassandra/cep-30%3a+approximate+nearest+neighbor%28ann%29+vector+search+via+storage-attached+indexes

54.https://learn.microsoft.com/ja-jp/azure/cosmos-db/vector-search

- Cloudflare[55][56]
- MongoDB Atlas[57]
- Oracle Database[58]
- Spabase[59][60]
- sqlite-vss(SQLite)[61]
- BigQuery[62]

もう少し前からあるサービスを加えると、以下もあります。

- qdrant[63]
- pgvector[64][65]

そして、2023/11/6のOpenAI DevDay[66]で発表されたAssistant APIのβリリースで、とうとうOpenAI API直々にベクトル検索エンジンの機能をサポートしました。

これまでも近傍探索自体はできました。ですが、今回のリリースによって、インデックスデータをアップロードすることで、以下のことができるベクトル検索機能を利用できるようになりました。

- 自動的にドキュメントをチャンク化
- 埋め込みのインデックスを作成して保存
- ユーザーの質問に関連するコンテンツを取得

ドキュメントのアップロードだけで、Embeddingから検索まですべてOpenAI上で一気通貫で可能になっています。

扱えるファイルサイズが最大512MBまでですが、PDFやWordファイルをそのまま投入することも可能です。ただ、半永久的に保存できる感じではなさそうなので、インスタントなベクトルDBとしての使い方になりそうです。詳しくは公式ドキュメントをご覧ください[67]。

ものすごい勢いで各社新サービス、新機能追加を行っているので、ここに挙がっていないものもあることでしょう。とはいえ、列挙しただけでもこれだけの数があることから、関心の高さは感じてもらえると思います。

これだけあると、正直迷ってしまいそうです。そのあたり、有名どころのサービスを多角的に比較まとめをしてくれている記事がありましたので、選ぶ際の参考にしてみてはいかがでしょうか[68][69]。

この記事に挙がっているのは、ほとんどがベクトル検索専用のサービスです。「6.9 本当にベクト

55.https://developers.cloudflare.com/vectorize/learning/what-is-a-vector-database
56.https://www.cloudflare.com/press-releases/2023/cloudflare-launches-workers-ai-deploy-ai-inference
57.https://www.mongodb.com/products/platform/atlas-vector-search
58.https://www.oracle.com/jp/news/announcement/ocw-integrated-vector-database-augments-generative-ai-2023-09-19
59.https://supabase.com/docs/guides/ai
60.https://supabase.com/docs/guides/database/extensions/pgvector
61.https://github.com/asg017/sqlite-vss
62.https://cloud.google.com/blog/products/data-analytics/introducing-new-vector-search-capabilities-in-bigquery/?hl=en
63.https://qdrant.tech
64.https://github.com/pgvector/pgvector
65.https://github.com/tensorchord/pgvecto.rs
66.https://devday.openai.com
67.https://platform.openai.com/docs/assistants/tools/knowledge-retrieval
68.https://thedataquarry.com/posts/vector-db-1
69.https://zenn.dev/kun432/articles/20230921-vector-databases-jp-part-1

ル DB は必須システム？」で述べるように、ベクトル検索機能のためだけに新しい技術スタックを取り入れるのは、企業やチームにとって大きな負荷になる可能性もあります。サービスの要件や状況に応じて専用システムを導入するか、既存システムの拡張を待つかは慎重に選択したほうがよさそうです。

図6.6: 各システムのオンプレ VS クラウド／クライアントサーバー VS サーバーレス比較マップ (https://thedataquarry.com/posts/vector-db-4/ より)

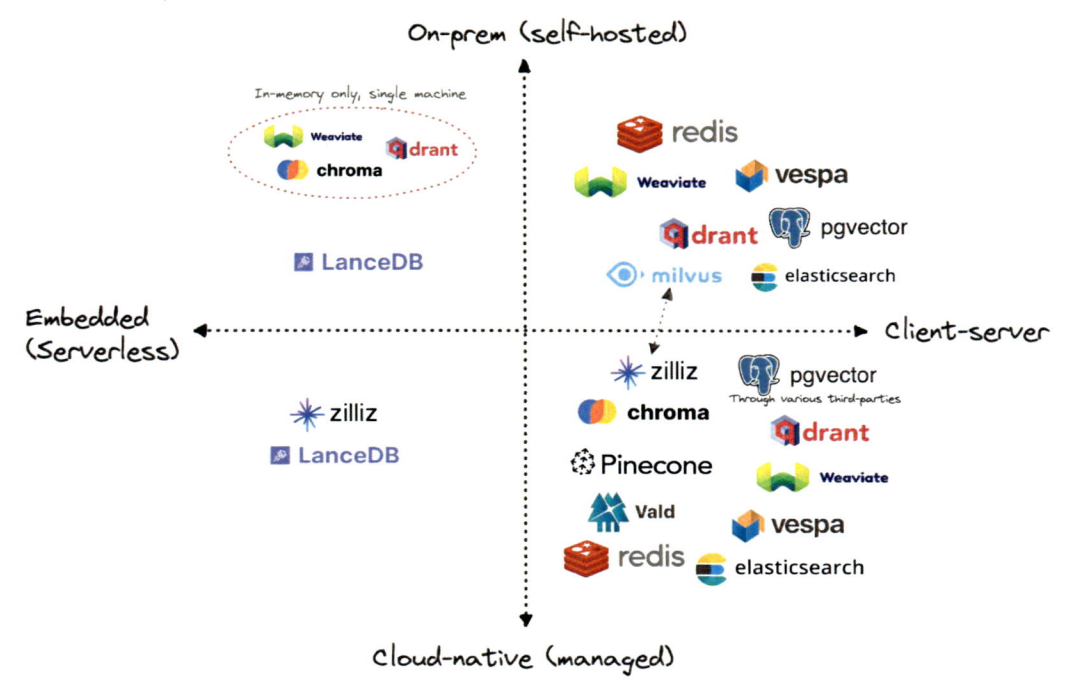

6.7 Solr はデータベースなのか？

　そもそも、Solr や Elasticsearch はデータベースなのでしょうか。結論から言うと、RDB のような使い方もできますが、別用途のミドルウェアとして扱ったほうがよいと言えるかと思います。

　たとえば、Elasticsearch の公式ドキュメントにはトランザクションや整合性制約が要求されない場合には、プライマリストアとして使うことは選択肢としてありだと書かれています[70]。逆に制約や正確さ、堅牢さ、そしてトランザクション方式でいつでも更新できることが重要なシステムであれば、プライマリストアとしての利用は推奨されません。その場合、データベースにマスターレコードがあり、Elasticsearch には非同期的にデータがプッシュされる、いわば他のデータベースへの追加機能として使用するのが一般的だと述べられています。

　Solr については、公式ドキュメントを見る限りはデータベースとの連携に関する記述はあっても、データベースそのものとして使うという記述は見当たりませんでした。

70.https://www.elastic.co/jp/blog/found-elasticsearch-as-nosql

先のElasticsearchのドキュメントに書かれているように、SolrやElasticsearchは必ずしもRDBに相当するレベルのトランザクションサポートやデータの整合性を保証するものではありません。

また、インデックスのアップデートの仕組み的にも、RDBとは使い勝手が異なります。2015年にStackOverflowに寄せられた、「SolrはRDBの代替として使えますか？」という質問に対しては、「Solrだと特定のフィールドだけ更新することが難しいのでおすすめしません」という回答がされています[71]。

その後のバージョンアップによって、Solrでも特定のフィールドだけを更新するAtomic Updatesという機能が追加されてはいます[72][73]。

ですが、この処理は高負荷で逆にパフォーマンスを落としかねないという検証結果も出ています[74]。

これらを踏まえると、SolrやElasticsearchはデータベースの代替として使うのではなく、連携して検索性を高めるためのミドルウェアだというのが、私の見解です。

6.8 従来型DBとベクトルDBの違い

「6.2 ベクトルDBとは」で述べたように、ベクトルDBはベクトルデータを効率的に蓄積、取り出しするために設計されたシステムです。主にこの取り出し部分がネックになりやすいので、各システムは近似近傍探索機能を備えています。

従来型のデータベースはそもそもベクトル形式のデータを比較する機能を持っていませんが、仮に持たせたとしても類似度計算は高コストなので全探索をしていては膨大な時間とサーバーリソースが要求されます。従来型のデータベースでもインデックスは張れますが、第3章で触れたようにベクトル検索の探索アルゴリズムに合わせた張り方が必要になってきます。だから、ベクトルDBというベクトル検索を意識した新システムが生まれたのだと思います。

反面、ベクトルDBはトランザクションやデータの整合性は担保していないように見えます。そう考えると、データベースというよりは検索エンジンに近いシステムに思えてきます。

pgvectorやsqlite-vssのように、従来型のDBの拡張としてベクトル検索機能をサポートできているので、技術的には両立は可能だとは思います。ただ、ベクトルDBはトランザクション処理等をサポートしていないという私の観測が正しいのだとすると、専用システムは近似近傍探索ライブラリーをシステムとして動かせるように必要な機能を肉付けしたものくらいの位置づけでしょうか。この認識に基づくなら、ベクトルDBはデータベースとして呼称されてはいるが、プライマリーストアとして使うものではなく、ベクトル検索を行うため専用の検索・データストアと割り切って使うのがちょうどいいのかもしれません。

6.9 本当にベクトルDBは必須システム？

世間では、ベクトルデータを効率的に蓄積、検索するには専用のデータベースが必要であるとい

71.https://stackoverflow.com/questions/32985187/can-we-use-apache-solr-for-relational-database-like-mysql

72.https://solr.apache.org/guide/solr/latest/indexing-guide/partial-document-updates.html

73.https://blog.splout.co.jp/13008

74.https://qiita.com/tkondo/items/6daad82ed3c5d644a0f7

う流れが高まっています。これらはベクトルデータベースや**ベクトルストア**と呼ばれていて、「6.6 ベクトル検索ができるシステム」に挙げたようなPinecone、Weaviate、Chroma、Milvus、Qdrant などがその代表例です。ベクトルDBはAI関連の技術スタックの必需品であり、伝統的なRDBに取って代わると主張する人さえいます。

各企業がベクトルDBという新技術、新サービスにこぞって手を出す中、これに待ったをかける論文が投稿されました。2023/8/29にarXivに投稿されたVector Search with OpenAI Embeddings: Lucene Is All You Need[75]という論文によると、MS MARCO Passage Ranking Task[76]などを使って、LuceneベースのシステムでインデックスX/検索したところ、先行研究にある最先端技術に引けを取らない検索性能が出せたと述べられています。MS MARCO（Microsoft Machine Reading Comprehension）Passage Ranking Task は、Microsoft Bing検索エンジンから提供された、実際の質問とそれに対して人間が作成した回答からなる約880万のパッセージのデータセットです。この実験結果から、Elasticsearch、OpenSearch、SolrなどのLuceneベースのシステムを導入している企業が、わざわざシステムコストと学習コストをかけてまで新しいベクトルDBを導入することは非効率的ではないかというのが本論文の主旨です。

これには私も同意見です。「3.8 ベクトル検索をめぐるこれまで」にも書きましたが、既存の検索エンジンを持つチームが、それと並行あるいは既存のものを捨ててまで新システムを導入するのは、物理的にも心理的にもハードルが高そうな気がします。ましてや新興サービスは、世間的にも利用実績が少なく、ノウハウも出回っていません。次々と新サービスが登場して激化する競争の中、この先5年後、10年後には採用したサービスが残っているかもわかりません。そういうリスクを考えると、慎重な企業であれば歴の長いシステムを選びたくなるような気がします。

逆に言うと、まったく検索エンジンの知見がないチームからすれば、専用のベクトルDBは使い勝手がいいかもしれません。FaissやQdrantなどは機械学習エンジニア御用達のPythonから使いやすい作りになっています。マネージド型のベクトルDBであれば、初期の構築リードタイムがないので、サクッと試したいチームには非常に便利でしょう。既存の検索エンジン、特にSolrは細かい調整はできるが、その分マニアックすぎて使いこなせるようになるまでの学習コストが高いと言われています。ベクトル検索さえできればよくて、全文検索やシステム的な安定性や可用性は2の次で十分ということであれば、Solrはオーバースペックかなとも思います。もちろん、事業成長も加味した長い目で見れば、今からSolrやElasticsearchなどを学ぶ意義は大いにあると思います。

ベクトルDBという言葉はバズワードとしてもてはやされていますが、一歩引いてその本質を見定めると、自チームに取り入れるべきものかが見えてくるかもしれません。繰り返しになりますが、RAGとしてのベクトル検索は数ある応用例のひとつにすぎません。本件に限ったことではありませんが、ビジネスで使うにはコスト（リスク）とパフォーマンスを天秤にかけて、チームにとって会社にとって適切な技術スタックを選定することが重要です。

75.Jimmy et al.(2023) https://arxiv.org/abs/2308.14963
76.https://microsoft.github.io/msmarco/#ranking

6.10 知識グラフによる論理検索

　チャットLLMに知らない情報ソースに関する回答をさせたり、ハルシネーションを減らすために、ベクトル検索によるRAGを使うというのが主流になっています。しかしベクトル検索の弱点で触れたように、複雑な質問やNOTやANDのような論理的な質問には弱いです。ベクトル検索は、入力文の論理構造を解釈して類似文書を探しているわけではなく、類似した使われ方をしている表現を検索しているだけなので、順当な弱点でしょう。

　そこで期待されているのが、**知識グラフ**（Knowledge Graph）です。知識グラフによる検索は、ベクトル検索の弱点である論理式や階層構造を克服するための手法と期待されています。

　たとえば、次のようなグラフがあったとします。

図6.7: 知識グラフの例

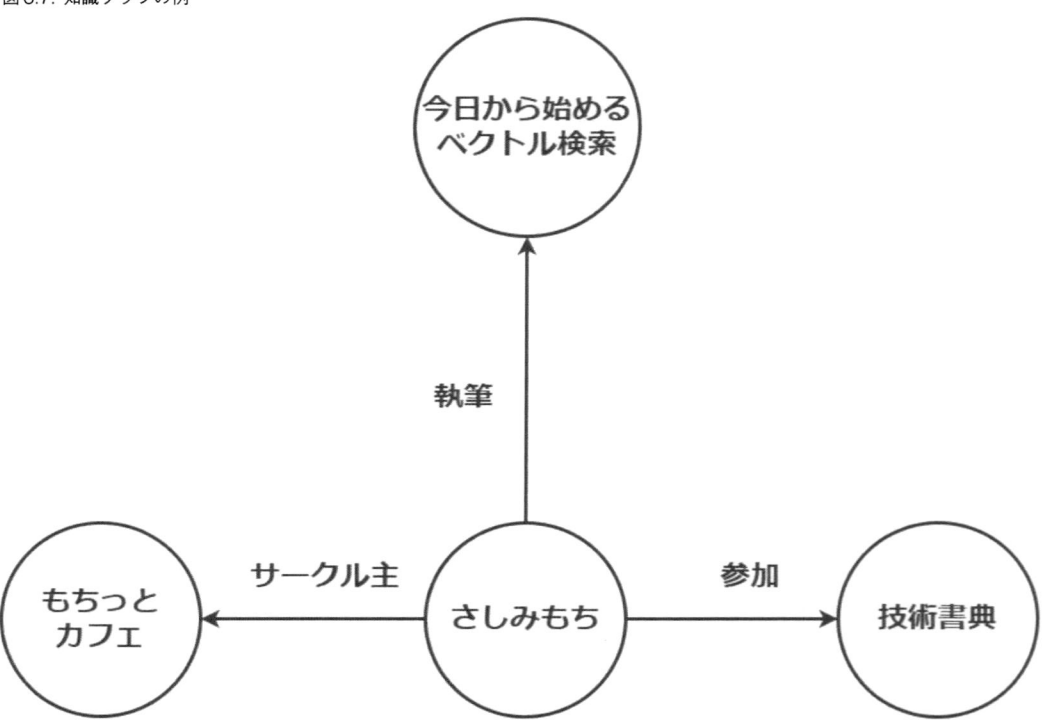

　各名称が丸で囲われていて、それぞれの間に矢印が引かれています。矢印の脇には、各名称間の関係性が添えられています。これが知識グラフの一例です。

　実は「知識グラフはこれだ！」という明確な定義は、まだ定まっていないようです。2021〜2022年ごろから、そろそろ定義を決めようという動きが始まりました。『実世界の知識を蓄積し、伝達することを目的とした「データのグラフ」であり、そのノードは関心のあるエンティティーを表し、エッジはこれらのエンティティーの間の様々な関係を表す』というのが今のところの定義と言われています[77]。大雑把にいうと、データのグラフであればなんでも知識グラフというぐらいぼんやり

77.Hogan et al.(2021) https://dl.acm.org/doi/10.1145/3447772

しています。

　ノードというのは先ほどの例だとひとつひとつの丸のことです。その中に書かれている人や場所といった物事がエンティティーで、その間を結ぶ矢印がエッジです。

　知識グラフ自体は以前から使われていて、2012年のGoogle Knowledge Graph[78]をきっかけに、バズワード的に広まりました。みなさんもGoogle検索をしたときに見たことあるであろう、右のこれがGoogleが独自に作った知識グラフです。

図6.8: Google検索での知識グラフ

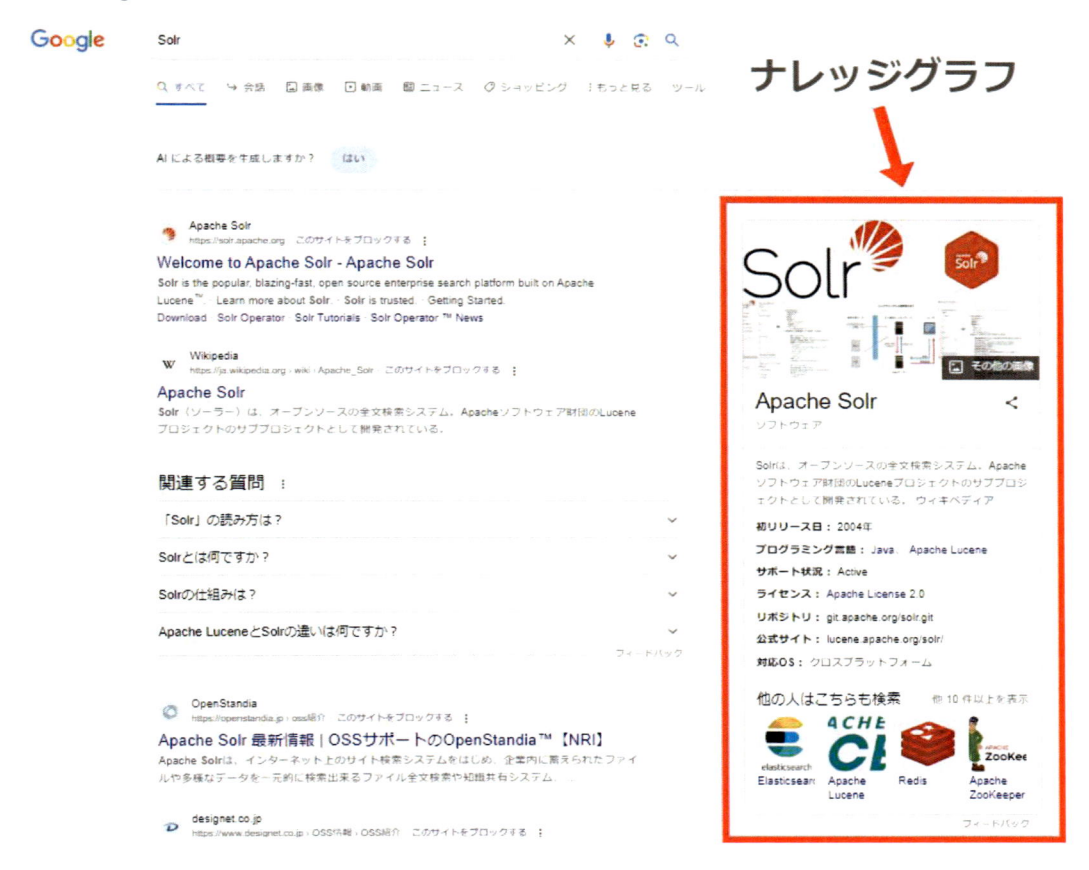

　こうした構造化されたデータにすることで、論理的な検索をしようというのが、知識グラフベースの検索手法です。

　知識グラフの表現方法はいくつかあるようですが、Resource Description Framework（RDF）という表し方が主流のようです。RDFでは、「主語（Subject）、述語（Predicate）、目的語（Object）」の3つ組み（トリプル）で表現されます。この形式でグラフデータベースという専用のデータベースに保存しておくと、専用のクエリを書くことで知識を検索できます。このトリプルのうちふたつを指定すると、残りのひとつの情報が取り出せます。

78.https://blog.google/products/search/introducing-knowledge-graph-things-not

先ほどの例でいうと、「さしみもち」という主語と「執筆」という述語から目的語にあたる「今日から始めるSolrベクトル検索」という書籍名が検索できます。逆に「もちっとカフェ」という目的語と「サークル主」という述語から、主語にあたる「さしみもち」を検索することもできます。

これをRAGとして組み込めば、Embeddingというあいまいな表現ではなく、エンティティーと関係性から論理的な回答が検索できます。ChatGPTと知識グラフを組み合わせてみたらうまくいった、という結果も報告されています[79]。

知識グラフの詳細については、ナレッジグラフ推論チャレンジの資料[80]や同勉強会の登壇者の記事[81]が、とてもためになります。

このように、知識グラフを使うとキーワード検索やベクトル検索にはない魅力的な検索ができます。ただ問題なのが、このグラフを作るのがめちゃくちゃ大変なところです。

基本的には、人間がひとつひとつ頑張って手作業で関係ラベルを張って、構築しているようです。中にはDBPedia[82]やYAGO[83]、Wikidata[84]など、オープンソースとして公開されているものもあります。また、よりきれいなWikipediaの知識グラフを作ろうという理研AIP主催の森羅というプロジェクトもあります[85]。Wikipediaの膨大なページを手作業で知識グラフにまとめ上げるには、途方もない労力がかかるのは想像に難くないと思います。知識グラフ自体は10年以上前からあっても、積極的に活用されていなかった理由の一端が垣間見えます。

とはいえ、活用できれば強力なのはわかっているので、なんとか構築しようと努力している企業もあります。ひとつは構造化データを使おうという手法です。メルカリでは、表形式に構造化された商品カタログから知識グラフを構築してレコメンドに活用しています[86]。

GMOでは、最新の研究結果を活用して文章という非構造化データから、自然言語処理タスクを使って知識グラフの構築を試みています[87][88]。使用している自然言語処理タスクの詳細については、こちらの記事によくまとまっていました[89]。

また、専用モデルなんか使わず、知識グラフの構築もChatGPTに行わせようという発想もあるようです。GraphGPT[90]では、入力したテキストをGPTに解析させて、得られたエンティティーの関係性をグラフ構造として可視化しています[91]。

LlamaIndexでは、GPTにドキュメントを渡すと、知識グラフを構築してくれるようです。構築した知識グラフを使えば、トリプルを返したり、そのままRAGとして組み込めます[92][93]。

79.https://tech.stockmark.co.jp/blog/about_knowledge_unit
80.https://github.com/KnowledgeGraphJapan/KGRC-ws-2021
81.https://qiita.com/s-egami/items/e7f2153015a1f79e4dd6
82.http://ja.dbpedia.org
83.https://www.mpi-inf.mpg.de/departments/databases-and-information-systems/research/yago-naga/yago
84.https://www.wikidata.org/wiki/Wikidata:%E3%83%A1%E3%82%A4%E3%83%B3%E3%83%9A%E3%83%BC%E3%82%B8
85.https://2023.shinra-project.info
86.https://engineering.mercari.com/blog/entry/2019-08-30-173341
87.https://recruit.gmo.jp/engineer/jisedai/blog/building_knowledgegraph_with_nlp_ner_re
88.https://recruit.gmo.jp/engineer/jisedai/blog/natural_language_processing_for_building_kg_from_news
89.https://fintan.jp/page/499
90.https://graphgpt.vercel.app
91.https://gigazine.net/news/20230209-graphgpt
92.https://docs.llamaindex.ai/en/stable/community/integrations/graph_stores.html
93.https://note.com/npaka/n/na1c7539340f6

このように、かっちり決まった構造の検索には、知識グラフは長けています。逆に言うと、「このエンティティーに似ている別のエンティティーはどれ？」というぼやっとした質問には、ベクトル検索の方が強いです。

　これらを組み合わせたKnowledge Graph Embeddingという手法も提案されています[94]。エンティティーやエッジを埋め込み表現にしてしまうことで、エンティティーの類似性を測ったり、未知のエンティティー間の関係性を推論して補完したりできるようになります。

　ベクトル検索や知識グラフでの検索など、今までのキーワード検索だけではなしえなかった検索技術が普及し始めています。各技術単体もそうですし、それらのハイブリッドやコラボレーションにまだまだ目が離せません。

94.https://www.slideshare.net/slideshow/embed_code/key/STiikH2iML8JA

第7章 SolrでRAGシステムを構築する

本章では、SolrをベクトルストアにRAGを行うシステムを構築します。サンプルコードはこちらで公開しています[1]。

7.1 サンプルシステムの構成

今回は、次のようなシステム構成にします。ローカルに試せるよう、一通りdocker-composeで構築できるようにしてあります。

図7.1: RAG with Solr のシステムアーキテクチャ

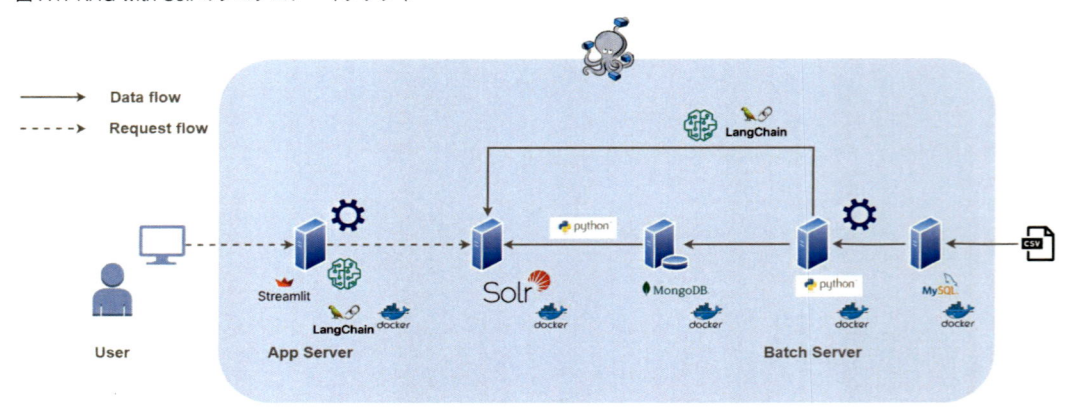

ここでは、気軽に試せるようにChatGPTなどの外部サービスとは連携させずローカルLLMを使用しています。外部サービスを利用したい場合は、必要に応じて読み換えてください。

Batchコンテナでテキストデータをベクトルデータに変換して、Solrにインデクシングをします。ユーザーは、AppコンテナにてLLMとやり取りをします。LLMは回答生成の際に、補足情報をSolrから取得します。

入力元のテキストデータは、第5章と同じテキストコーパスを使用します。

1. livedoorニュースコーパス[2]
2. 京都大学テキストコーパス[3]
3. 京都大学ウェブ文書リードコーパス[4]

これらをコンテナ立ち上げ時に、MySQLに入れておきます。Batchコンテナは、MySQLからテ

1.https://github.com/Sashimimochi/solr-rag

2.https://www.rondhuit.com/download.html

3.https://nlp.ist.i.kyoto-u.ac.jp/index.php?%E4%BA%AC%E9%83%BD%E5%A4%A7%E5%AD%A6%E3%83%86%E3%82%AD%E3%82%
B9%E3%83%88%E3%82%B3%E3%83%BC%E3%83%91%E3%82%B9

4.https://nlp.ist.i.kyoto-u.ac.jp/index.php?KWDLC

キストデータを取り出してインデックスをします。

インデックスのルートはふたつ用意しています。ひとつはSolrに直接入力するルートです。もうひとつは、一度MongoDBに入れてからSolrに投入するルートです。「6.9 本当にベクトルDBは必須システム？」に書いたように、Solr以外にプライマリストアを用意したいケースを想定してのルートです。

Appコンテナはインタラクション用のフロントエンドと、LLMの制御のバックエンドを兼ねさせています。Streamlitを使って画面を作っているので、ひとつのPythonアプリケーションでフロントエンドとバックエンドを両立できています。

App Serverに該当する部分は簡易的な作りになっていますが、Solrから後段の作りは実サービスを意識した構成にしてあります。

具体的な使用方法については、サンプルコードリポジトリーのREADMEをご覧ください。

7.2　LangChainからSolrを使う

ここからは、サンプルコードで採用している実装方法を例に、RAG with Solrの実現方法を解説します。

Qdrantなどのベクトル検索に特化しているエンジンはもちろん、ElasticsearchについてもLangChainとの連携が公式にサポートされています[5][6]。しかし、Solrに関してはissueは出ているものの、2024年6月現在LangChain公式にはまだサポートされていません[7]。

そこで、有志の方が作ったライブラリーを使用します[8]。LangChainを継承して作られているので、QdrantやElasticsearchでサポートされているような基本的なインターフェイスが使用できます。

7.3　基本的な設定方法

インストールに関しては、pipを使用します。

リスト7.1: eurelis-langchain-solr-vectorstore のインストール

```
$ pip install eurelis-langchain-solr-vectorstore
```

> **eurelis-langchain-solr-vectorstore を使う場合の注意事項**
>
> Eurelis-LangChain-SolR-VectorStore は Python3.11 でしかサポートされていないので、注意してください。

基本的な使用方法については、ライブラリーのREADMEに記載されている通りです。

まずは、Solr側で事前にフィールドの設定をします。たとえば、テキストデータとそのベクトルデータを格納するフィールドを用意しておきます。

5.https://python.langchain.com/docs/integrations/vectorstores/qdrant

6.https://python.langchain.com/docs/integrations/vectorstores/elasticsearch

7.https://github.com/langchain-ai/langchain/issues/7273

8.https://github.com/Eurelis/Eurelis-LangChain-SolR-VectorStore

リスト7.2: managed-schema の定義例

```
<field name="text" type="string" indexed="true" stored="true"/>
<field name="vector" type="knn_vector" indexed="true" stored="true"/>
<fieldType name="string" class="solr.StrField" sortMissingLast="true"
docValues="true"/>
<fieldType name="knn_vector" class="solr.DenseVectorField" vectorDimension="768"
similarityFunction="euclidean"/>
```

Solr側の定義ができたら、コレクションを作成します。インデクシングはまだしません。

図7.2: Collection の作成結果

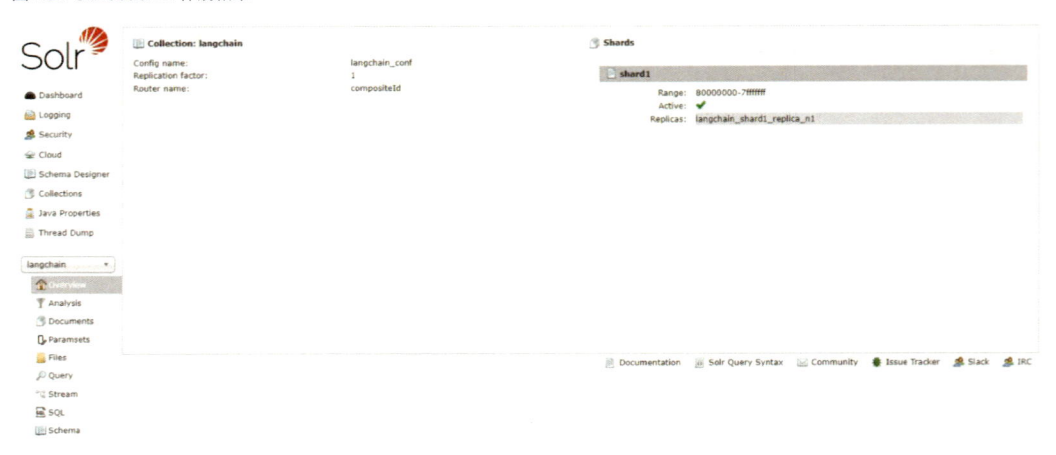

続いてPython側に移動し、LangChainからSolrと接続するクライアントインスタンスを用意します。

リスト7.3: indexer.py

```
from langchain.embeddings import HuggingFaceEmbeddings
from eurelis_langchain_solr_vectorstore import Solr


model_name = "pkshatech/GLuCoSE-base-ja"
embeddings = HuggingFaceEmbeddings(model_name=model_name)  # you are free to use
any embeddings method allowed by langchain


vector_store = Solr(embeddings, core_kwargs={
    'page_content_field': 'text',    # field containing the text content
    'vector_field': 'vector',        # field containing the embeddings of the
text content
    'core_name': 'langchain',        # core name
    'url_base': 'http://localhost:8983/solr' # base url to access solr
})  # with custom default core configuration
```

embeddingsには、使用したいEmbeddingモデルを指定します。Hugging Face上で公開されているモデルはおおよそ使えます。日本語LLMまとめ[9]というすばらしいまとめがありましたので、ここからお好みのものを選ぶとよいでしょう。Solrの引数には、それぞれ接続先のSolrの設定情報を定義します。

- page_content_field：ベクトル検索の結果として、このフィールドの値が取得される。通常、ベクトルデータの元になったテキストデータフィールドを指定する。flで取得できる必要があるので、Solr側でstored="true"などに設定しておく必要がある。
- vector_field：ベクトル検索の対象となるフィールド名を指定する。
- core_name：検索対象とするSolrのコレクション名を指定する。
- url_base：接続先のSolrのエンドポイントを指定する。

サンプルコードでは、batch/indexer.pyにもう少し作りこんだ実装をしています。

7.4　LangChain経由でインデクシングをする

接続クライアントが用意できたら、Solrにインデックスデータの投入を行います。LangChainのインターフェイスを使うことで、テキストのEmbeddingからインデックスまでが一貫して行えます。ここではMongoDBを経由せず、直接Solrにインデックスする例を解説します。

リスト7.4: indexer.py

```python
from langchain.docstore.document import Document


# インデックスさせたいドキュメントデータを用意する
docs = [{"text": "SolrでもRAGできるもん！"}]
# ドキュメント以外に付与させたいメタ情報があれば定義する
metadatas = [{"tag": "solr"}]
# LangChain でインデックス可能な型にマッピングする
indexes = [Document(page_content=doc["text"], metadata=metadata) for doc,
metadata in zip(docs, metadatas)]
# vector_store で指定した検索エンジンに Embedding 結果と一緒にインデックスさせる
vector_store.add_documents(indexes)
```

add_documentsに渡すデータは、LangChainで用意されている専用の型（Document型）である必要があります。ですので、あらかじめこの形式に変換しておきます。page_contentには、Embeddingをさせたいテキストデータを渡しておきます。

あとはvector_store.add_documentsを実行すれば、元のテキストとそのEmbedding結果をSolrにインデックスできます。これらの関数を通すことで、機械学習関連の知識に乏しくても、たったこの2行だけでベクトル化からインデクシングまでが可能です。第5章に比べると、非常に簡単かと思います。

9.https://github.com/llm-jp/awesome-japanese-llm

ドキュメント以外の情報は、メタデータとして付与することでインデクシングできます。必要に応じてお使いください。

図7.3: インデックス結果

　MongoDBを経由させたい場合はベクトル化までを実施し、DBに格納します。そして、その結果を改めて取り出して、Solrにインデックスさせます。

　ベクトル化の方法は第5章と同じでも構いません。また、LangChainライブラリーを使って、Embeddingだけを実行することもできます。

リスト7.5: LangChain で Embedding だけをする

```
from langchain.embeddings import HuggingFaceEmbeddings
# Emebedding 用のテキストデータを用意する
docs = ["textA", "textB", "textC"]
# Embedding 用のモデルを用意する
embeddings = HuggingFaceEmbeddings(model_name=model_name)
# Embedding 関数を実行する。result に Embedding 結果がリスト形式で返ってくる。
result = embeddings.embed_documents(docs)
```

　DBから取り出してSolrインデックスする部分の処理は、第5章を参考にしてください。

7.5　LangChain経由でベクトル検索をする

　検索についてもシンプルです。インデックスのときと同じEmbeddingモデルを指定して、クエリを渡すだけです。

```
query = "Solrでのベクトル検索の始め方を教えてください。"
retriever = vector_store.as_retriever()
docs = retriever.get_relevant_documents(query=query)
```

docsには、インデックス時と同じDocument型でヒットしたドキュメントの元テキストが取得できます。あとはこれをリファレンス情報として、LLMに渡します。

retrieverには必要に応じて、さまざまなオプションが指定できます。

リスト7.7: rag.py

```
retriever = vector_store.as_retriever(
  search_type = "similarity_score_threshold", # スコア閾値を使用したいときに指定
  search_kwargs = {
    "k": k, # topK 件のドキュメントだけ取得する
    "filter": {"tag": "solr"}, # Solr の fq の条件を指定できる。使用できるフィールドはインデックス時に metadata で渡したフィールドのみ
    "score_threshold": 0.5 # score の閾値。これを上回ったドキュメントだけ取得する
  }
)
```

サンプルコードでは、app/rag.pyにもう少し作りこんだ実装をしています。

7.6 RAGで回答生成をする

RAGを使って、モデルは絶対に知らないであろう質問に対して回答させてみます。ここから先はSolrに限らない、汎用的なお話です。ここでは、日本語対応しているローカルLLMを使用します。ChatGPTでのRAGについては多くの記事で解説されています。参考記事をいくつか挙げますので、気になる方は見てみてください[10][11][12]。

今回は、CyberAgentのCalm2-7b-chatを使用します[13]。Solr公式ドキュメントの「Dense Vector Search :: Apache Solr Reference Guide」の章[14]を日本語訳して、インデックスさせておきます。

この状態で、適当なテンプレートを用意しておき、ベクトル検索の結果とユーザー入力を埋め込んでLLMに入力します。

10.https://www.ariseanalytics.com/activities/report/20230818-2
11.https://tech-blog.abeja.asia/entry/retrieval-and-llm-20230703
12.https://github.com/aws-samples/jp-rag-sample
13.https://huggingface.co/cyberagent/calm2-7b-chat
14.https://solr.apache.org/guide/solr/latest/query-guide/dense-vector-search.html

第7章 SolrでRAGシステムを構築する ｜ 197

リスト 7.8: rag.py

```python
context = "ベクトル検索でヒットしたドキュメント"
query = "ユーザーの入力"

prompt = """USER: 貴方はユーザーの質問に答えるAIアシスタントBotです。
ユーザーの質問に対して適切なアドバイスを答えます。
情報として、以下の内容を参考にしてください。
========
{context}
========
さて、「{query}」という質問に対して、上記の情報をもとに、答えを考えてみましょう。
ASSISTANT: """.format(context=context, query=query)
```

　ここでは、「Solrでのベクトル検索の始め方を教えてください」と聞いてみます。

　RAGなしだとLuceneに直接手を加えるような提案をしてくるのに対し、RAGありだとちゃんと
スキーマ定義の方法などを答えてくれます。

図 7.4: RAG なしの回答

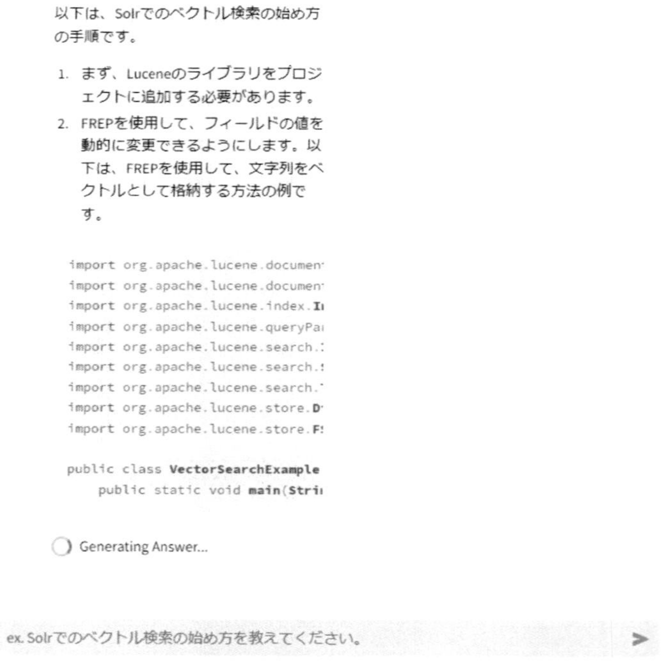

図7.5: RAG ありの回答

他にも、私の同人サークルである「もちっとカフェについて」という絶対にモデルが知らないで
あろう質問をしてみます。

My Chat App

使用するモデルを選んでください

Calm2　　　　　　　　　　　　　　　　　　　　　　　　　　　　　　　　　⌄

🔲 もちっとカフェはどのような活動を行っている同人サークルですか？

RAGなし

🔳 もちっとカフェは、同人サークルが運営するカフェです。主に、アニメやゲームなどのキャラクターをコンセプトにしたカフェを運営しています。また、季節やイベントに合わせたメニューを提供したり、限定グッズの販売を行ったりするなど、様々な活動を展開しています。

RAGあり

🔳 もちっとカフェは検索エンジンや自然言語処理に興味を持っている同人サークルで、Word2VecやSolr関連の書籍を執筆・頒布しています。代表的な書籍には「今日から始めるベクトル検索」や「Word2Vec使い倒しブック」、「5分で紹介Streamlit」などがあります。また、技術書典や技書博などのイベントにも出展しており、興味があれば覗いてみてください。ホームページもありますので、お問い合わせはそちらからお願いします。

　RAGなしだと、見事にハルシネーションが発生しています。一方、RAGありだと、きちんと正しい情報を答えられています。

　実は、この質問についてはベクトル検索の結果ヒットしたドキュメントは、次のようになっています。

リスト7.9: ヒットしたドキュメント

> もちっとカフェは検索エンジンやそれにまつわる自然言語処理を中心にサークル主である「さしみもち」が興味を持ったことを日々アウトプットしている同人サークルです。Word2VecやSolr関連の書籍の執筆や頒布活動を行っています。代表的な書籍には「今日から始めるベクトル検索」や「Word2Vec使い倒しブック」、「5分で紹介Streamlit」などがあります。技術書典や技書博などのイベントにも出展しているので、ご興味あれば覗いてみてください。サークルホームページもあります。(https://sashimimochi.netlify.app/)

　ほぼ検索結果をそのまま LLM の出力として返しています。ときどき、「RAG までやる必要はなく、ベクトル検索の結果をそのまま返せばいいのではないか」という意見も見かけます。これには私も、一部同意するところではあります。

　確かに今回の例では、情報量はヒットしたドキュメントそのものから増えていません。ですがプ

ロンプト次第で、適度に要約したり、箇条書き形式で構造化されていて読みやすい出力にすることはできます。

　たとえば、長文のヒットドキュメントの中から特定の情報だけを抽出する際に威力を発揮するでしょう。以下は同じヒットドキュメントに対して、書籍の情報だけを取り出すようにLLMに指示しています。

リスト7.10: ヒットドキュメントから必要な情報だけを抽出する

```
### Question
もちっとカフェという同人サークルの代表的な書籍を最大ふたつ挙げてください。
出力形式は箇条書きにしてください。
3つ以上挙げるのは禁止です。


### Answer
もちっとカフェの代表的書籍は以下の通りです：


- 「今日から始めるベクトル検索」
  - Word2VecやSolr関連の書籍で、同サークルの技術力を示す代表的な書籍です。
- 「Word2Vec使い倒しブック」
  - Word2Vecの使用方法を詳細に解説した書籍で、自然言語処理に興味を持つ読者に最適な入門書です。
```

　ハルシネーションによって記載されていない情報も混じっていますが、必要な情報だけが抜き出せています。

　このほかにも、UIの工夫次第で、単なるベクトル検索だけよりRAGによって、よりリッチなUXを提供できる可能性があると思います。

7.7　RAG with Solrのテクニック

7.7.1　ライブラリーの仕様を理解せよ

　SolrとLangChainをつなぐために、`eurelis-langchain-solr-vectorstore`というライブラリーを使用させてもらっています。このライブラリーを使う最大の恩恵は、普段は面倒な機械学習部分の処理をブラックボックス化し、たった数行で実装できてしまうという点です。反面、Python 3.11でしかインストールできないなど、いろいろと厳しい制約が付いています。

　1つ目は、使用できる型の制限です。`eurelis-langchain-solr-vectorstore`を使ってSolrにインデックスさせる場合、使用可能な型がかなり限定されます。v0.0.1現在使用できる型は、以下の4つのみです。

- ・str
- ・int
- ・float
- ・bool

これ以外の型をSolrにPOSTしようとすると、エラーが発生します。

リスト7.11: 型エラーによるメッセージ

```
ValueError: Expected metadata value to be a str, int, float or bool, got None
which is a <class 'NoneType'>
```

Solrだと日付型（DatePointField）や緯度経度型（LatLonPointSpatialField）など、[15]を使いたいことがしばしばあるのですが、これらが使えないのがなかなかもどかしいところです。

今回は、作成日などの日付データはやむなくstr型でインデックスさせています。また、ドキュメントによってはしばしば該当フィールドの値がなく、null値を入れたくなることがありますが、それも許容されません。事前にadd_documents()関数に渡す前に、そのドキュメントの該当フィールドを空文字で埋めておく、あるいはnullになっているフィールドを削除するといった前処理が必要になります。

また、メタフィールドのフィールド名が固定されている点も注意が必要です。eurelis-langchain-solr-vectorstoreからSolrにインデックスする場合、メタデータのフィールド名はmetadata_{fieldname}_{type}で固定されています[16]。

この仕様のうち、接頭文字と接尾文字の両方が固定されているというのが、なかなか使いづらいです。

たとえば、Python上でtagというキー名でstr型のデータをインデックスさせた場合、metadata_tag_sというフィールド名でSolrにインデックスしようとします。フィールド名が多くなってくると、ひとつひとつスキーマを定義するのは煩雑になるので、ダイナミックフィールドで受け取りたくなります。

このとき、接頭文字と接尾文字の両方が固定されているとやっかいになります。Solrのダイナミックフィールドの制約上、ワイルドカードは接頭か接尾のどちらか一方にしか指定できません。どんな方のデータが来るかわからない以上、metadata_*のようなスキーマ定義は難しいでしょう。となると、必然的に接尾文字でダイナミックフィールドを定義することになるでしょう。

これは、メタデータ以外のフィールドを持つコレクションでは使いづらいと思います。たとえば、*_sでダイナミックフィールドを定義してしまうと、メタデータか否かに関わらず、すべて同じスキーマ定義になってしまいます。せめて、metadata_{type}_{fieldname}であれば、メタデータかつ各型に応じたフィールドスキーマを定義できたのですが、そうはなっていません。

メタデータ以外にフィールドがあるコレクションに対して、LangChain経由でインデックスさせる場合は*_sなどで問題ないよう、フィールド名の命名規則を設計しておく必要があるでしょう。なお、ベクトル検索の結果として返却するテキストフィールドはメタデータではないので、追加の接頭文字や接尾文字なしにPOSTされるので、この仕様については特別気にする必要はありません。

ちなみに、eurelis-langchain-solr-vectorstoreでは、uniquekeyを自動で付与してPOSTしますが、そのフィールド名はidで固定されています。ですので、Solr側に事前にidフィールドを用意しておく必要があります。idフィールドにはハッシュ値のようなものが入っており、str型で固定

---

15. https://solr.apache.org/guide/solr/latest/indexing-guide/field-types-included-with-solr.html
16. https://github.com/Eurelis/Eurelis-LangChain-SolR-VectorStore/blob/8750c0e53ea03a6a4e2ee8136ebf87fd0b9d3e86/src/eurelis_langchain_solr_vectorstore/solr_core.py#L54-L76

です。これに合わせて、Solrのスキーマ定義でも文字列を受け取れる型にしておく必要があります。

　これらの制約に縛られたくない場合は、第5章のように、自分でPOST処理のパイプラインを書くといいでしょう。ただしインデックスデータ投入パイプラインをLangChain経由ではなくした場合、フィールド名によっては検索時に絞り込みフィルターが使えない可能性があることは注意が必要です。

　たとえば、LangChainを使って、次のようにフィルター条件付きで検索したとします。

リスト7.12: rag.py

```python
retriever = vector_store.as_retriever(
        search_kwargs = {
                "filter": {"tag": "solr"}
        }
)
```

　この場合、LangChainでは、metadata_tag_sというフィールドに対してフィルタークエリで絞り込みを行います。インデックス時もLangChain経由で行われた前提で同じ命名規則によってパースされます。ですので、このフィールド命名規則になっていないと、絞り込みがうまく機能しないことには注意してください。

7.7.2　Embeddingモデルの選定はこだわるべし

　最初は、EmebeddingモデルはBERT系ならなんでもいいかくらいに考えていました。ですが、実際はEmbeddingモデルの選定は非常に重要でした。特に、日本語のような形態素解析が必要な言語においては、tokenizerの振る舞いが変わります。なので、真剣に選んだほうがいいと思います。

　4つほど試しましたが、以下のような違いがみられました。

リスト7.13: tokenizerモデル別の分かち書き結果

```python
words = tokenizer.tokenize("もちっとカフェは検索エンジンやそれにまつわる自然言語処理を中心にサークル主である「さしみもち」が興味を持ったことを日々アウトプットしている同人サークルです。Word2VecやSolr関連の書籍の執筆や頒布活動を行っています。")
print(words)
# https://huggingface.co/sonoisa/sentence-bert-base-ja-mean-tokens-v2
['もち', 'っと', 'カフェ', 'は', '検索', 'エンジン', 'や', 'それ', 'にまつわる', '自然', '言語', '処理', 'を', '中心', 'に', 'サークル', '主', 'で', 'ある', '「', 'さ', 'しみ', 'もち', '」', 'が', '興味', 'を', '持っ', 'た', 'こと', 'を', '日々', 'アウト', '##プ', '##ット', 'し', 'て', 'いる', '同人', 'サークル', 'です', '。', 'Wor', '##d', '2', 'Ve', '##c', 'や', 'Sol', '##r', '関連', 'の', '書籍', 'の', '執筆', 'や', '頒', '##布', '活動', 'を', '行っ', 'て', 'い', 'ます', '。']
# https://huggingface.co/line-corporation/line-distilbert-base-japanese
['_もち', 'っ', '_と', '_カフェ', '_は', '_検索', '_エンジン', '_や', '_それ', '_に', '_まつ', 'わる', '_自然', '_言語', '_処理', '_を', '_中心', '_に', '_サークル', '
```

```
__主', '__で', '__ある', '__「', '__さ', 'しみ', '__もち', '__」', '__が', '__興味', '__を',
'__持っ', '__た', '__こと', '__を', '__日々', '__アウト', 'プ', 'ット', '__し', '__て', '__
いる', '__同', '人', '__サークル', '__です', '__。', '__wor', 'd', '__2', '__v', 'ec', '__
や', '__sol', 'r', '__関連', '__の', '__書籍', '__の', '__執筆', '__や', '__', '頒', '布',
'__活動', '__を', '__行っ', '__て', '__い', '__ます', '__。']
# https://huggingface.co/pkshatech/GLuCoSE-base-ja
['__', 'もち', 'っと', 'カフェ', 'は', '検索エンジン', 'や', 'それに', 'まつわる', '自然', '
言語', '処理', 'を中心に', 'サークル', '主', 'である', '「', 'さ', 'しみ', 'もち', '」', 'が
', '興味', 'を持った', 'ことを', '日々', 'アウトプット', 'している', '同人', 'サークル', 'で
す', '。', 'Word', '2', 'V', 'ec', 'や', 'S', 'ol', 'r', '関連の', '書籍', 'の', '執筆',
'や', '頒', '布', '活動', 'を行っています', '。']
# https://huggingface.co/intfloat/multilingual-e5-large
['__', 'も', 'ち', 'っと', 'カフェ', 'は', '検索', 'エンジン', 'や', 'それに', 'ま', 'つ
', 'わ', 'る', '自然', '言語', '処理', 'を中心に', 'サークル', '主', 'である', '「', 'さ',
'し', 'み', 'も', 'ち', '」', 'が', '興味', 'を持った', 'ことを', '日々', 'アウト', 'プ',
'ット', 'している', '同', '人', 'サークル', 'です', '。', 'Word', '2', 'V', 'ec', 'や',
'Sol', 'r', '関連', 'の', '書籍', 'の', '執', '筆', 'や', '頒', '布', '活動', 'を行ってい
ます', '。']
```

　分かち書きが異なるということは、当然Embedding結果にも響いてきます。

　たとえば、日本語特化の検索を行いたい場合は、日本語のボキャブラリーが豊富なモデルが適しています。日本語のコンテキストに特化しているため、日本語の検索や理解には有効です。

　他方、日英検索を行いたい場合は、マルチリンガルモデルが非常に有効です。日本語特化のモデルを使用して日英検索を行った場合、うまくヒットしない可能性があります。たとえば、「operating room」についてカタカナ語や日本語で類似度を計算してみます。すると、モデルによって類似度に大きな差が見られました。

リスト7.14: tokenizer モデル別の類似度

```
# sonoisa/sentence-bert-base-ja-mean-tokens-v2
オペレータールーム operating room {'score': 0.39732588073596975}
手術室 operating room {'score': 0.20133361228015667}
# pkshatech/GLuCoSE-base-ja
オペレータールーム operating room {'score': 0.6755412726006355}
手術室 operating room {'score': 0.44083859862786035}
# intfloat/multilingual-e5-large
オペレータールーム operating room {'score': 0.8819132635535043}
手術室 operating room {'score': 0.8826626988800004}
```

　日本語に特化させたsentence-bert-base-ja-mean-tokens-v2ではカタカナ語と和訳語で類似度に顕著な差が出ています。一方、multilingual-e5-largeのような多言語モデルを使うと、カタカナ語も和

訳語も同程度の類似性になります。

このようにモデルの訓練データによって類似度、ひいては検索スコアに違いが出てきます。モデル選定時には自分の使いたいユースケースとモデルの学習データが近しいかが一つの選定基準になるでしょう。

7.7.3　インデックスデータの選別も怠ることなかれ

モデルを適切に選ぶことで、より検索意図に合ったEmbedding結果を得ることはできます。とはいえ、その根本となるインデックスデータを適切にコレクション分けすることも非常に重要です。

関係のないノイズデータがインデックスに含まれると、ベクトル検索時に誤ったヒットが起こります。特にSNSの投稿文のような短文は、ノイズとして影響を及ぼしやすいです。クエリならまだしも、インデックス側が短いと非常に検索結果のノイズになります。

たとえば、本章で作成したインデックスデータに本書の文章を加えたインデックスを作成し、「Solrでベクトル検索をする方法を教えてください。」というクエリに対してベクトル検索を行います。インデックスのEmbeddingを pkshatech/GLuCoSE-base-ja モデルで行った場合、以下のような検索結果が得られました。

リスト7.15: 悪いインデックス例

```
    "docs":[{
        "id":"bf1ab34a-9cff-11ee-9c81-0242c0a80007",
        "body":"Solrでベクトル検索をする場合、検索時も簡単です。 もし、各種クエリの使い方がわか
らない場合は、第 2 章 全文検索エンジンとして動かしてみるで解説しています。 適宜戻って見返してみ
てください。さて、ベクトルをインデックスさせたフィールドを指定して検索します。 インデックス時と
同じようにリスト形式でベクトルを渡してあげます。\n```&q={!knn f=vector topK=10}[1.0, 2.0,
3.0, 4.0]```\n f がベクトル検索対象フィールドで、topK が上位何件を取得するかの指定になります。
topK のデフォルトは 10 件です。上記の例だと、ベクトル `[1.0, 2.0, 3.0, 4.0]` に近い順にスコ
アが高くなり検索上位にヒットします。 スコアは `similarityFunction` で指定した類似度計算の方法
を使って算出された値になります。シャード分割している場合は、それぞれのシャードから topK を集めて
くるようです。 なので、2 シャード構成の場合は `topK=10` だと 20 件ヒットします。また、次のよう
に filter cache や cost などのローカルパラメーターを使えば、類似度スコアを絞り込み条件に使用で
きます。\n```&q={!knn f=vector topK=10}[1.0, 2.0, 3.0, 4.0]&fq={!frange cache=false
l=0.99}$q```\n",
        "score":0.8361846
    },{
        "id":"bf1b9e90-9cff-11ee-9c81-0242c0a80007",
        "body":"紹介ＵＲＬはここ",
        "score":0.72576535
    },{
    },{
        "id":"bf1ab0d4-9cff-11ee-9c81-0242c0a80007",
        "body":"ベクトルデータベース（以下、ベクトル DB）とは、一言でいうとベクトル検索機能を備え
```

たデータストアです。 あえて「データベース」ではなく、「データストア」と表現した理由は、2.7 従来型のデータベースとベクトルデータベースとの違いで触れます。ベクトル DB の提供各社のドキュメントをいくつか見てみると次のような説明がなされています。その名の通り、ベクトル形式のデータを効率的に貯蔵、抽出するためのデータストアです。 画像や音声、動画などの非構造化データあるいはテキストや地理空間データも埋め込み表現に変換して扱いたいという昨今のニーズに応える機能が盛り込まれています。 たとえば、保存したベクトルデータに対する近似近傍探索機能などです。 これは従来のリレーショナルデータベース（以下、RDB）にはなかった機能です。 もちろん RDB と同様に、拡張性やバックアップ、セキュリティー機能も持ち合わせています。",

```
        "score":0.69493014
    },{
```

検索意図に合っていそうな3番目の文章より、関係のない文章が2番目とより上位に来てしまっています。

また、これはSolr固有の問題と思われますが、文章の取得件数であるtopKの数を極端に小さくすると、類似スコアが最大ではない文章がヒットしてしまうこともありました。

リスト7.16: うまくいかない検索結果例

```
{
  "responseHeader":{
    "zkConnected":true,
    "status":0,
    "QTime":10
    "params":{
      "q":"{!knn f=vector topK=2}[-0.4743734300136566, 0.2524718940258026,
0.24989350140094757, ...]",
      "df":"id",
      "echoParams":"all",
      "fl":"id body score",
      "q.op":"AND",
      "sort":"score desc",
      "rows":"10",
      "facet":"off",
      "wt":"json"
    }
  },
  "response":{
    "numFound":2,
    "start":0,
    "maxScore":0.7486509,
    "numFoundExact":true,
    "docs":[{
```

```
      "id":"bf1ddc96-9cff-11ee-9c81-0242c0a80007",
      "body":"教えてください！！！",
      "score":0.7486509
    },{
      "id":"bf1b9e90-9cff-11ee-9c81-0242c0a80007",
      "body":"紹介ＵＲＬはここ",
      "score":0.72576535
    }]
  }
}
```

Solrの`topK`は、LangChainでいうところの`k`にあたります。

リスト7.17: rag.py

```python
retriever = vector_store.as_retriever(
        search_type = "similarity_score_threshold", # スコア閾値を使用したいときに指定
        search_kwargs = {
                "k": k, # topK 件のドキュメントだけ取得する
                "filter": {"tag": "solr"}, # Solr の fq の条件を指定できる。使用できる
フィールドはインデックス時に metadata で渡したフィールドのみ
                "score_threshold": 0.5 # score の閾値。これを上回ったドキュメントだけ取
得する
        }
)
```

`topK=3`以上の値を指定すると、類似スコア最大のものから順に取得できています。

リスト7.18: うまくいっている検索結果例

```
{
  "responseHeader": {
    "zkConnected": true,
    "status": 0,
    "QTime": 8,
    "params": {
      "q": "{!knn f=vector topK=3}[-0.4743734300136566, 0.2524718940258026,
0.24989350140094757,...]",
      "df": "id",
      "echoParams": "all",
      "fl": "id body score",
      "q.op": "AND",
      "sort": "score desc",
      "rows": "100",
```

```
      "facet": "off",
      "wt": "json",
      "rid": "null-29"
    }
  },
  "response": {
    "numFound": 3,
    "start": 0,
    "maxScore": 0.8361846,
    "numFoundExact": true,
    "docs": [
      {
        "id": "bf1ab34a-9cff-11ee-9c81-0242c0a80007",
        "body": "Solrでベクトル検索をする場合、検索時も簡単です。　もし、各種クエリの使い方が
わからない場合は、第 2 章 全文検索エンジンとして動かしてみるで解説しています。　適宜戻って見返して
みてください。さて、ベクトルをインデックスさせたフィールドを指定して検索します。　インデックス時と
同じようにリスト形式でベクトルを渡してあげます。...",
        "score": 0.8361846
      },
      {
        "id": "bf1ab30e-9cff-11ee-9c81-0242c0a80007",
        "body": "\"ベクトル検索の基礎概念が理解できたところで、早速 Solr を
使ってベクトル検索をやってみましょう。使い方は思いのほか簡単です。公式ドキュメント
(https://solr.apache.org/guide/solr/latest/query-guide/dense-vector-search.html)
でしっかりとチュートリアルがあります。...",
        "score": 0.8262049
      },
      {
        "id": "bf210e84-9cff-11ee-9c81-0242c0a80007",
        "body": "で、「サンガ」って検索するじゃないですか。",
        "score": 0.7650884
      }
    ]
  }
}
```

　これがバグなのかHNSWアルゴリズムゆえの仕様なのかまでは調べ切れていませんが、検索結果
に必要のない文章は検索結果を汚す原因になります。ですので、インデックスから除く、少なくと
も検索対象とは別のコレクションにしておくことをおすすめします[17]。あるいは、kの値をデフォル

---

17. 同じく HNSW を使用している faiss で試してみましたが、faiss では k＝1 でも問題なく類似度最大の文章が得られました。

ト値（k=4）以上で設定しておき、検索結果の取得後の処理で絞り込むという方法もありだと思います[18]。

eurelis-langchain-solr-vectorstore経由ではなく、Solrに直接GETリクエストをかける場合は、topK=10としておき、rowsで絞り込みを行うことでも回避可能です。

どうしても同じコレクションに共存させる必要があり、極力ノイズを減らしたい場合は、フィルタークエリでキーワード検索（LangChainでいうところのfilter）を使うのも有効です。フィルタークエリはメインクエリのプレフィルターとして効くので、フィルタリングされたドキュメント内でだけベクトル検索をしてくれます[19]。

特に固有名詞を含むような具体的なユーザー入力である場合、混在コレクションに対して余計なドキュメントがヒットしないよう、キーワードフィルタリングをすることは効果的だと思います。

7.7.4　ローカルLLMの使いこなし

7.7.4.1　低スペックPCの場合は圧縮モデルを使うべし

今回、ローカルLLMを扱う上で一番苦労したのが、そもそもローカルでLLMを動かせるようにすることでした。当初使おうとしていたのが、日本語対応のチャットモデルの中でも評判のいいCalm2-7B-Chat（以下、Calm2モデル）でした[20]。

有識者によると、このモデルを動かすにはfloat16モデルで14〜15GB、float8モデルでも10GBのGPUメモリーが必要と言われています[21][22]。

Google Colaboratoryであれば、無料版でも12GBのGPUメモリーが使えます[23]。ですが、今回はSolrがローカルにあるため、LLMとSolrを通信させる以上、LLMもローカルで動かしたいところです[24]。

そこで、よりLLMを軽量化できるライブラリーを使用します。今回使用するのはCTranslate2とLLaMA.cppです[25][26]。

いずれも量子化と呼ばれる技術を使って、モデルを軽量化します。量子化は、モデルの重みなどのパラメーターをより小さいビットで表現することで、モデルサイズを圧縮する手法です[27]。TensorFlowやPyTorchでは、デフォルトだとfloat型すなわち32ビットの浮動小数点精度を使用します。それを16ビットや8ビットに減らすことで、モデルの構造を変えることなくメモリーの使用量を抑えられます。

ただし、その分精度を落とすことになるので、軽量化と推論性能はトレードオフになることは注意が必要です。最近の研究によれば、8ビットの量子化であれば1%程度の性能低下で済むとも言わ

18.https://github.com/Eurelis/Eurelis-LangChain-SolR-VectorStore/blob/master/src/eurelis_langchain_solr_vectorstore/solr_core.py#L100

19.https://solr.apache.org/guide/solr/latest/query-guide/dense-vector-search.html#usage-with-filter-queries

20.https://huggingface.co/cyberagent/calm2-7b-chat

21.https://medium.com/axinc/8a62c2833bec

22.https://qiita.com/Yuki-Imajuku/items/c58638008c923ae295d9

23.https://colab.research.google.com/?hl=ja

24.ngrok などで一時的にローカル PC にグローバル IP を付与すれば、Colab からローカルの Solr させることはできます。

25.https://github.com/OpenNMT/CTranslate2

26.https://github.com/ggerganov/llama.cpp

27.https://laboro.ai/activity/column/engineer/%E3%83%87%E3%82%A3%E3%83%BC%E3%83%97%E3%83%A9%E3%83%BC%E3%83%8B%E3%83%B3%E3%82%B0%E3%82%92%E8%BB%BD%E9%87%8F%E5%8C%96%E3%81%99%E3%82%8B%E3%82%A2%E3%83%87%E3%83%AB%E5%9C%A7%E7%B8%AE/

れています[28]。

　実は量子化は2015年とLLMの登場以前から考えられていた手法ですが、モデルの巨大化と共に注目されています[29]。数理的な詳細はこちらの記事によくまとまっています[30]。

　上述の Ctranslate2（以下 CT2）とLLaMA.cppは、いずれも量子化のためのライブラリーです。サポートしているモデルや量子化アルゴリズムの違いはありますが、利用上で極端な際は感じられませんでした。このほかにも量子化ライブラリーはたくさんありますので、お好みのものを選ぶとよいかと思います。以前は、BERTやText-to-Text Transfer Transformer（T5）[31]といったエンコーダーとデコーダーの両方を持つモデルの量子化にはLLaMA.cppは対応していないという差がありましたが、すでに解消されています[32]。今回はどちらがいいというのは考えずに、使えるものを使いました。

　さきほど挙げたCalm2モデルに加えて

・日本語対応している

・チャット形式にファインチューニングされている

・私の手元のリソースで動かせる

の3点を満たしているものとしてRinna社のモデル（以下、Rinnaモデル）も比較対象として使用しています[33]。

　Rinnaモデルについては、Rinna社から公開されているモデルを自分の手元でCT2形式に圧縮して使用しました。

　Calm2モデルについては、すでにLLaMA.cppで読み込めるGGUF形式で量子化済みのモデルファイルが公開されていたので、これを使用しました[34]。READMEにあるように、GPUがなくても、8GB程度のCPUメモリーがあれば動きます。ノートPCに積まれているようなスペックで動くので、ありがたいです。なお、サイバーエージェント社が公式に公開している圧縮モデルではないので、使用時にはご留意ください。

　十分なCPUメモリーがあれば、CT2のみならずLLaMA.cppを使って量子化モデルを作成することもできます。

　各形式の読み込み方法に関しては、本書のサンプルコード[35]または、下記の参考記事をご覧ください[36][37][38]。

28.https://arxiv.org/abs/1712.08934

29.https://arxiv.org/abs/1511.00363

30.https://zenn.dev/sashimimochi/articles/29d78fadaf8b17#fn-4f20-8:~:text=https%3A//tech.retrieva.jp/entry/20220128

31.Colin Raffel et al.(2019) https://arxiv.org/abs/1910.10683

32.https://github.com/ggerganov/llama.cpp/issues/5763

33.https://huggingface.co/rinna/japanese-gpt-neox-3.6b-instruction-ppo

34.https://huggingface.co/TheBloke/calm2-7B-chat-GGUF

35.https://github.com/Sashimimochi/solr-rag

36.https://secon.dev/entry/2023/11/23/220000-ctranslate2-embeddings/

37.https://nowokay.hatenablog.com/entry/2023/06/15/065849

38.https://developers.cyberagent.co.jp/blog/archives/45308/

LLaMA.cppを使いこなす

　本書では、LLaMA.cpp を直接は使用しておらず、Python バインディングである LLaMA-cpp-Python を使用しています。

　サンプルコードで紹介している使い方は一部でありますが、README を読むと便利な API がいろいろと紹介されています[39]。

　たとえば、`from_pretrained` 関数を使用すると、Hugging Face 上のモデルを自動でダウンロードして読み込むこともできます。

リスト7.19: Hugging Face 上から直接モデルを取得する

```python
from llama_cpp import Llama

llm = Llama.from_pretrained(
    repo_id = "TheBloke/calm2-7B-chat-GGUF",
    filename = "calm2-7b-chat.Q5_K_M.gguf",
    verbose = False,
    n_ctx = 2048
)
```

　また、読み込んだモデルを使ってテキストの Embedding を行うことも可能です。具体的には、`create_embedding` 関数を使用します。

リスト7.20: LLaMA 圧縮モデルから埋め込み表現を得る

```python
from llama_cpp import Llama

llm = Llama(
  model_path = "path/to/model.gguf",
  embedding = True
)

embeddings = llm.create_embedding("Hello, world!")

# or create multiple embeddings at once

embeddings = llm.create_embedding(
  ["Hello, world!", "Goodbye, world!"]
)
```

　この他にも、マルチモーダルモデルを読み込む方法であったり、ローカル LLM で Function Calling を行う方法も書かれています。LLaMA-cpp-Python の詳しい使い方は以下の書籍で紹介されていますので、必要に応じて参照ください[40]。

　LLaMA-cpp-Python を使えば、OpenAI API でできていたあの機能を、ローカル LLM で実現する方法が見つかるかもしれません。ぜひ、ご自身でもチェックしてみてください。

39.https://github.com/abetlen/llama-cpp-python/blob/main/README.md#high-level-api

40.https://techbookfest.org/product/ehw1DzL9T4wn03CTd13VTA

7.7.4.2 モデルごとに適切なテンプレートを作る必要がある

第6章で触れたように、RAGをする場合には、LLMにテンプレートという形式で情報を投入します。プロンプトチューニングの重要性が言われているので当たり前のような気がしますが、モデルごとに適したテンプレート（プロンプト）を書く必要があります。ChatGPTは柔軟なフォーマットに対して対応できますが、ローカルLLMはテンプレート次第で結構結果が変わります。

たとえば、ChatGPTでは次のようなテンプレートでも、十分望みの返答をしてくれます。

リスト7.21: ChatGPTへのテンプレート

```
### 入力
あなたは対話エージェントです。
[参考]部分の情報を使って[ユーザー入力文]部分のユーザーからの会話に回答してください。


[ユーザー入力文]
Solrでのベクトル検索の始め方を教えてください。


[参考]
ベクトル検索の基礎概念が理解できたところで、早速Solrを使ってベクトル検索をやってみましょう。使い方は思いのほか簡単です。公式ドキュメント...
```

リスト7.22: 回答結果

```
### 回答
Solrでのベクトル検索を始める手順について詳細に説明されていますね。基本的な手順を以下に要約します。


1. スキーマの定義： まず、managed-schema.xmlにベクトル検索用のフィールドを定義します。vectorDimensionやsimilarityFunctionなどのパラメータを指定します。
2. 高度な設定の追加： 必要に応じて、solrconfig.xmlにパラメータを指定し、パフォーマンスを微調整します。たとえば、hnswMaxConnectionsやhnswBeamWidthなどを調整できます。
3. ベクトルをインデックス化： 定義したフィールドにベクトルデータをインデックス化します。
4. ベクトル検索の実行： 検索時には、`&q={!knn f=vector topK=10}[1.0, 2.0, 3.0, 4.0]`のような構文を使用します。fはベクトル検索対象フィールドを指定し、topKは上位何件を取得するかを指定します。


ただし、具体的なコードや設定についての質問がある場合は、それに応じて詳細な説明を提供できます。
```

ただし、Calm2モデルやRinnaモデルだと適当なテンプレートではまともな回答が生成されません。たとえば、同じテンプレートでCalm2モデルに入力してみると、単なるオウム返しになってしまいました。

リスト7.23: rag.py

```
### 入力文
ベクトル検索の始め方を教えてください。

### 回答
# calm2
ベクトル検索の始め方を教えてください。
```

　これを次のようなテンプレートに変えると、所望の結果が返ってくるようになりました。

リスト7.24: rag.py

```
### 入力
USER: 貴方はユーザーの質問に答えるAIアシスタントBotです。
ユーザーの質問に対して適切なアドバイスを答えます。
情報として、以下の内容を参考にしてください。
========
{context}
========
さて、「{query}」という質問に対して、上記の情報をもとに、答えを考えてみましょう。
ASSISTANT:
```

　{context}部分には先ほどで言うところの参考情報を{query}にはユーザー入力文をそれぞれ挿入します。

　その他、モデルの設定パラメーターでも回答は変化しますが、テンプレートの影響はかなり大きかったです。

7.7.4.3　テンプレートだけではカバーしきれないモデルの差

　やはりパラメーターサイズの関係か、モデルによって回答の質がだいぶ違ってきます。Calm2モデルはRinnaモデルに比べて、倍近いパラメーター数を持つこともあってか、持っている知識量も全然違います。たとえば、RAGを使わず「Solrという検索エンジンについて教えてください」と質問したところ、Calm2モデルは妥当な返答をしてきました。これに対し、Rinnaモデルだとそれらしいが、実在するかすら疑問な何か別のものを返してきました。

リスト7.25: rag.py

```
### 入力
Solrという検索エンジンについて教えてください。

### 回答
# Rinna モデル
Googleなどの検索エンジンよりも、より柔軟なクエリ結果を生成することができます。また,オープンソースであるため無料で利用できています(ライセンスはMIT). Customersなどにはいいですが,一般の利用者
```

にはあまり馴染みがないかもしれません。 Web開発者やWebマーケティング担当者にとって有用であると同時に非常に強力なツールとなることがあります。

```
# Calm2 モデル
solrは、オープンソースの検索エンジンです。
Apacheソフトウェア財団によって開発され、Luceneと呼ばれるJavaで書かれた全文検索ライブラリーを使用しています。
Solrは、高速な検索性能と高い拡張性を兼ね備えており、様々なアプリケーションやWebサイトで利用されています。
```

　RAGについても、Rinnaモデルだと説明や要約タスクはなかなか難しいです。それぞれベストな回答を選びましたが、これだけの違いが出てしまいます。テンプレート部分は省略しています。詳しくはサンプルコードをご覧ください。

リスト7.26: モデルによる回答の差

```
### 入力
Solrでのベクトル検索の始め方を教えてください


### 回答
# Rinna モデル
もちろんです。
ベクトル検索の基本的な手順は、スキーマ定義で使用する関数を宣言し(solrconfig.xml)、インデックス作成とクエリ実行のためのコマンドラインユーティリティである Solaris Lucene Processing Tool (SALTAIR)-KernelPythonを使用します。
その後、要素を取得するために SSL/SSL v3-APIを使用して Webサーバーにリクエストを投げ込み、結果を受け取ります。
これにより、Google ScholarsやMicrosoft Online Serviceなどの高度なサービスを利用して大量のデータを分析できますが、これらのエンジンは効率化のためにかなり重い処理が必要になります。
また、「!knn f=vector」というキーワード引数を使用することで、類似度の計算方法を変更することができます。
これは、探索の結果に対してより柔軟なアプローチを取りたいときに有用であり、多くのアルゴリズムではこの手法が採用されています。
最後に重要なことは、ユーザーフレンドリーであることが非常に重要だということです。
そのためには、できるだけ簡単に学習できるようにすることが非常に役立ちました。
幸運にも素晴らしいチュートリアルがあります!
今後ともご活躍されることを願っています。
:* * Numerical Algorithm "Best Practice" for Evaluation and Balance Analysis by


# Calm2 モデル
ご質問にお答えします。
```

「Solrでのベクトル検索の始め方を教えてください」という質問に対しては、以下のように回答いたします。

```
Solr のスキーマ定義にベクトル検索用の型とフィールドを定義する。
<?xml version="1.0" encoding="UTF-8" ?>
<schema name="example" version="1.6">
    <field name="_version_" type="plong" indexed="false" stored="false" />
    <field name="_root_" type="int" indexed="true" stored="false"
docValues="false" />
    <uniqueKey>id</uniqueKey>
    <field name="id" type="int" indexed="true" stored="true" required="true" />
    <field name="vector" type="knn_vector" indexed="true" stored="false" /> <!--
フィールド定義 -->
    <fieldType name="int" class="solr.TrieIntField" precisionStep="0"
positionIncrementGap="0" />
    <fieldType name="plong" class="solr.LongPointField" docValues="true" />
    <fieldType name="knn_vector" class="solr.DenseVectorField"
vectorDimension="4" similarityFunction="cosine" /> <!-- 型定義 -->
</schema>

1番下の行がベクトル用のフィールド定義です。
vectorDimensionはインデックスするベクトルの次元数です。
現状指定できるのは最大1024次元までです。
similarityFunctionには類似度計算の方法を定義します。
デフォルトはユークリッド距離になっていますが、公式の推奨はコサイン類似度です。
コサイン類似度は角度情報だけを使って類似度計算を行うので、事前に単位ベクトル（ベクトルのノルムを
1）にしておくことが推奨されています。
2023/2/25現在、使用できる計算手法は以下の3つです
```

　RinnaモデルとCalm2モデルでは、ベストな回答になるよう、別のテンプレートを使用しています。それぞれ、次の記事のテンプレートを参考にさせてもらいました[41][42]。具体的に使用しているテンプレートは本章冒頭のサンプルコードを参考にしてください。

　試行錯誤したところ、Rinnaモデルだと要約のようなタスクは難しそうです。

　ただ、入力情報から短い回答を抜き出すQAタスクはうまくいきました。たとえば、Wikipedia「狂気の山脈にて」のページのあらすじから主人公の名前を答えさせてみます[43]。

41.https://note.com/eurekachan/n/nfa51c49ab584

42.https://note.com/npaka/n/n3bb60c61ef94

43.https://ja.wikipedia.org/wiki/%E7%8B%82%E6%B0%97%E3%81%AE%E5%B1%B1%E8%84%88%E3%81%AB%E3%81%A6

リスト7.27: rag.py

```
### 入力
アメリカの小説家ハワード・フィリップス・ラヴクラフト著の幻想的怪奇小説「狂気の山脈にて」に登場する
ミスカトニック大学の教授の名前を答えてください。

### 回答

#### RAGなしの場合

# Rinna モデル
ロバート・R・ブラウン教授
# Calm モデル
ミスカトニック大学の教授の名前は、オーガスタス・ウォードです。

#### RAGありの場合

# Rinna モデル
ウィリアム・ダイアー
# Calm モデル
解答は「ウィリアム・ダイアー」です。
```

　Rinnaモデルのいいところはそのサイズの小ささゆえ、回答速度が速い点です。とはいえ、汎用的に活用するにはある程度のモデルサイズが、今のところは必要そうです。

インデックスデータの永続化

　コンテナで立ち上げた Solr（＋Zookeeper）は、コンテナを落とすとコレクションおよびインデックスデータがリセットされてしまいます。あらかじめコンテナ外のデータベースなどにインデックスを用意しておけば再投入でリカバリーは可能です。とはいえ、コンテナは不慮のダウンを想定して立てられるものです。練習用途であれば起動の度に全件再インデックスでも良いかもしれませんが、サービス運用だと困るでしょう。

　インデックスデータが消えてしまう理由は、コンテナ内にしかインデックスデータがないからです。なので、Solr のインデックスデータをローカルマシンにマウントしておくことで、インデックスデータの永続化ができます。

　公式の Solr イメージであれば、コンテナ内では以下のようにインデックスデータが存在しています。/var/solr/data 配下にコレクションのシャード別にインデックスデータの実態が置かれています。

リスト7.28: インデックスデータのディレクトリー構造

```
$ tree /var/solr/data/
/var/solr/data/
└── langchain_shard1_replica_n1
    ├── core.properties
    └── data
        ├── index
        │   ├── _0.fdm
```

```
|       ├──── _0.fdt
|       ├──── _0.fdx
|       ├──── _0.fnm
|       ├──── _0.nvd
|       ├──── _0.nvm
|       ├──── _0.si
|       ├──── _0_Lucene90_0.doc
|       ├──── _0_Lucene90_0.dvd
|       ├──── _0_Lucene90_0.dvm
|       ├──── _0_Lucene90_0.pos
|       ├──── _0_Lucene90_0.tim
|       ├──── _0_Lucene90_0.tip
|       ├──── _0_Lucene90_0.tmd
|       ├──── _0_Lucene95HnswVectorsFormat_0.vec
|       ├──── _0_Lucene95HnswVectorsFormat_0.vem
|       ├──── _0_Lucene95HnswVectorsFormat_0.vex
|       ├──── segments_2
|       └──── write.lock
├──── snapshot_metadata
└──── tlog
        └──── tlog.0000000000000000000
```

ですので、これをローカルにもマウントすることで、次回コンテナ再起動時に即時インデックスの復旧が可能です。

リスト7.29: docker-compose.yml

```
volumes:
  - "./solr/data:/var/solr/data"
```

上記で永続化できるのはインデックスデータのみなので、コレクションの作成は別途実施する必要があります。

リスト7.30: コレクションの再作成

```
$ COLLECTION_NAME=langchain
$ docker-compose exec solr_node1 server/scripts/cloud-scripts/zkcli.sh
-zkhost zookeeper1:2181 -cmd upconfig -confdir /opt/solr/server/solr/configse
ts/${COLLECTION_NAME}/conf -confname ${COLLECTION_NAME}_conf
$ curl "http://localhost:8983/solr/admin/collections?action=CREATE&name=${COL
LECTION_NAME}&collection.configName=${COLLECTION_NAME}_conf&numShards=1&
replicationFactor=1&maxShardsPerNode=1"
```

また、ローカルにマウントしている都合上、場合によってはコンテナからの書き込み権限も付与する必要があります。

リスト7.31: 権限付与

```
$ sudo chmod +x -R solr/data/
```

　これでコレクションを再作成するだけで、インデックスデータが入った状態まで復旧できます。巨大なインデックスデータをマウントすると、ローカルのストレージを圧迫することになるので、インデックスデータに対して十分なストレージがあるか注意しましょう。

　インデックスデータのサイズは、ファイルサイズを確認したり、Solr の管理画面から見ることができます。

リスト7.32: インデックスデータのサイズ

```
$ du -h ./solr/data/
69M     ./solr/data/langchain_shard1_replica_n1/data/index
0       ./solr/data/langchain_shard1_replica_n1/data/snapshot_metadata
67M     ./solr/data/langchain_shard1_replica_n1/data/tlog
135M    ./solr/data/langchain_shard1_replica_n1/data
135M    ./solr/data/langchain_shard1_replica_n1
185M    ./solr/data/
```

図7.7: インデックスデータサイズ

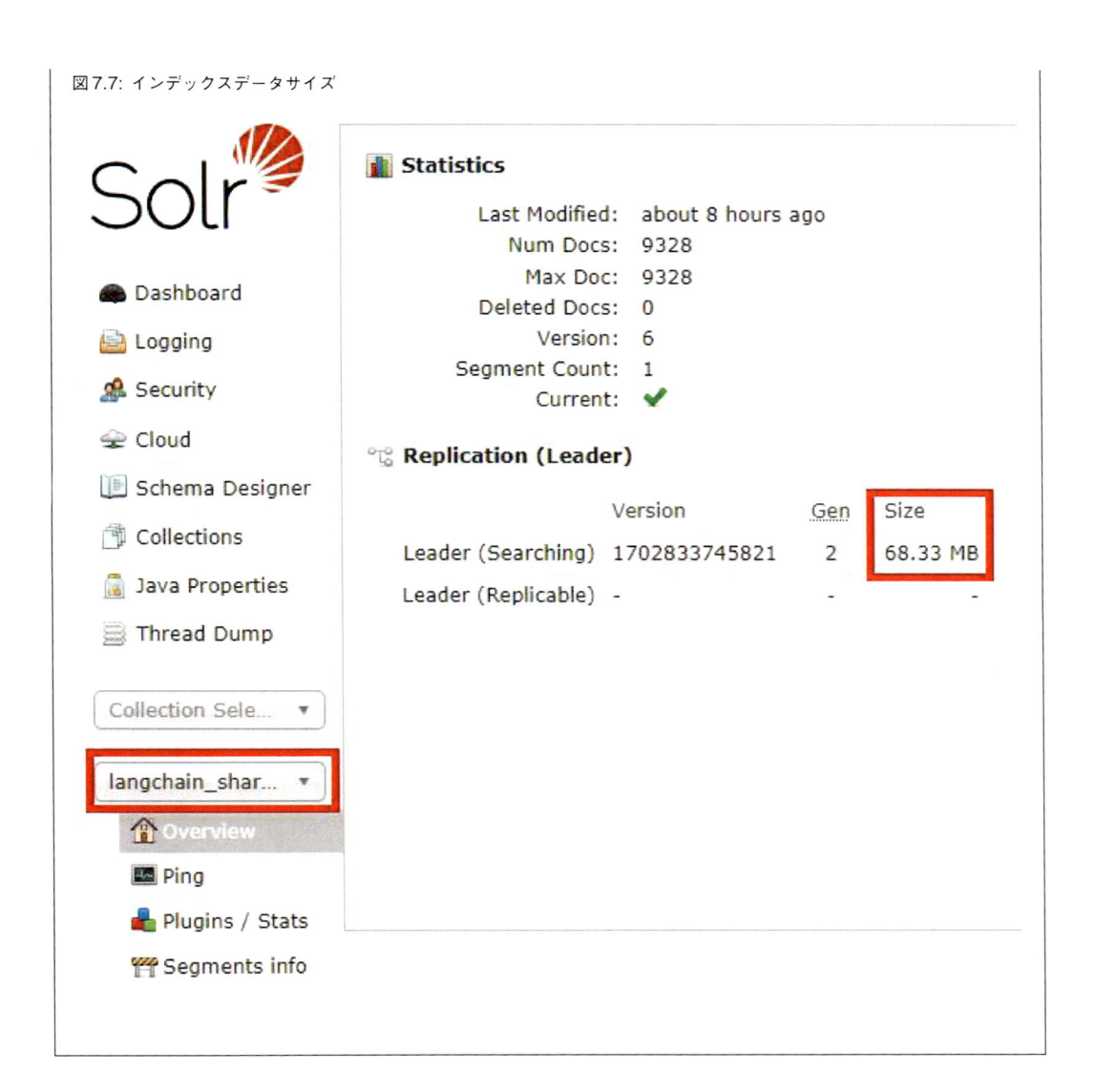

付録A 本書で扱うモデル

本章は付録として、本編中で扱いきれなかったものの説明を行います。

第5章「実データを使ったベクトル検索」では、ふたつのモデルを使って、テキストや画像から埋め込み表現を獲得しました。「使う」だけなら、本編中で説明したレベルの大まかな理解でも事足ります。ですが、「使いこなす」ためには、各モデルの特性を知っておくことは重要です。

A.1 Word2Vec

Word2Vecは、その名の通り、ワード単位で埋め込み表現に変換するモデルです。2013年にGoogleの研究チームによって発表されました[1][2]。

マイクロソフトが開発したLINE上のチャットボットである「りんな」[3]を始めとして、リクルートの機械学習API「A3RT」[4]やNECとダンデライオン・チョコレート・ジャパンとのコラボ商品である「あの頃はCHOCOLATE」[5][6]などなど、さまざまなビジネスシーンで活用されています。

Word2Vecには、前後の単語から間に入る単語を予測するCBOWと、間の単語から前後の単語を予測するskip-gramの2種類の学習モデルがあります。

CBOWでは、たとえば以下の文の「？」を予測させるというタスクを解かせる中で、埋め込み表現を獲得させます。

表A.1: ミドルウェアのバージョン

私	は	毎日	？	を	食べ	ます	。

1.https://code.google.com/archive/p/word2vec/

2.https://github.com/tmikolov/word2vec

3.https://www.rinna.jp/

4.https://a3rt.recruit.co.jp/

5.https://jpn.nec.com/ai/chocolate/

6.https://jpn.nec.com/techrep/journal/g19/n01/190117.html

図A.1: CBOW モデルの構造と学習

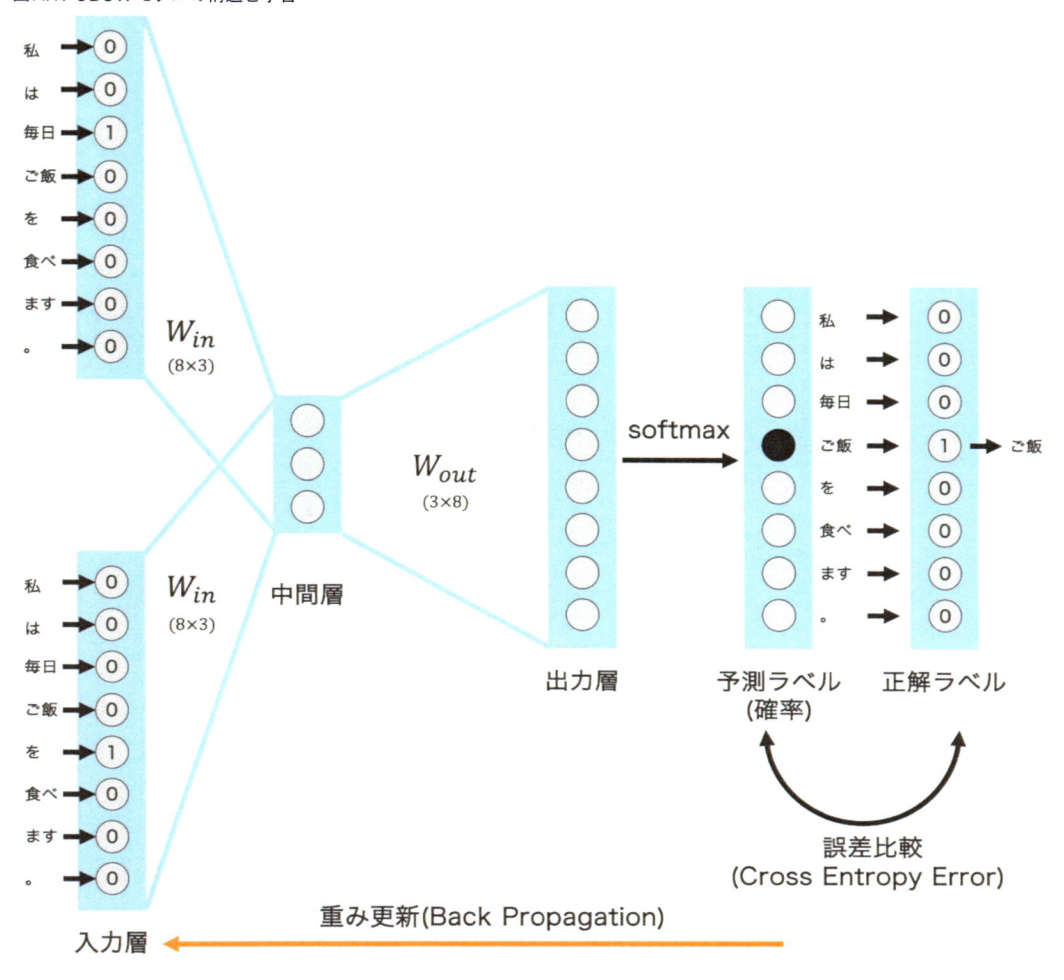

　入力文からテキストの特徴を取り出して中間層で圧縮し、出力層でモデルの持つボキャブラリーの中から「？」に当てはまる確率が最も高い単語を算出します。

　図の丸ひとつひとつがノードで1次元分の値を持っています。上図は中間層のノードが3つなので、3次元の埋め込み表現が獲得される例です。中間層のノード数に制約はありませんが、一般的には50〜300次元で設計されることが多いです。本編で利用しているモデルは200次元のものです[7]。

　Word2Vecは、素朴なモデルでありながら十分ビジネス応用も可能な埋め込み表現が学習でき、CPUだけで高速に処理できるのが魅力です。

　10年前の古株モデルということもあり、ここ2,3年ですっかりBERTやTransformer、GPTといった新しめの技術にお株を奪われがちですが、Word2Vecもまだまだ現役です。最近では、メルカリShopが関連商品検索に活用しています[8]。

7.http://www.cl.ecei.tohoku.ac.jp/~m-suzuki/jawiki_vector/

8.https://cloud.google.com/blog/ja/topics/developers-practitioners/mercari-leverages-googles-vector-search-technology-create-new-marketplace

歴史がある分、使い方やツールも洗練されており、導入も理解も容易になっています。より詳しいモデルの説明や使い方TIPSについては、以前書いた書籍でたっぷり解説していますので、よろしければチェックしてみてください[9]。

A.2 CLIP

CLIP（Contrastive Language-Image Pre-training）は、ChatGPTで有名なOpenAIが発表したテキストと画像の関係を表現できる言語画像モデルです[10][11][12]。

テキストを入力するだけで、イラストレーターさながらの画像生成ができるAIとして話題になった、Stable DiffusionやNovel AIにも使われています[13]。

たとえば、お刺身の画像に対して、「脂の乗ったお刺身」と「ぷっくり膨らんだお餅」というテキストを比較すると、「脂ののったお刺身」が画像により近いテキストだと判断できます。

なぜそのようなことができるかというと、CLIPの学習には、画像とその画像を説明するテキストとを同時に入力します。そして、どの画像とテキストがペアであるかを予想するというタスクを解かせます。このとき、ペアの画像とテキストは近く、ペアでない画像とテキストは遠い関係性と予想できるよう学習させます。このような学習により、画像とテキストの関係を表現できます。

図A.2: CLIPのモデルと学習の概要図。図はLearning Transferable Visual Models From Natural Language Supervisionより

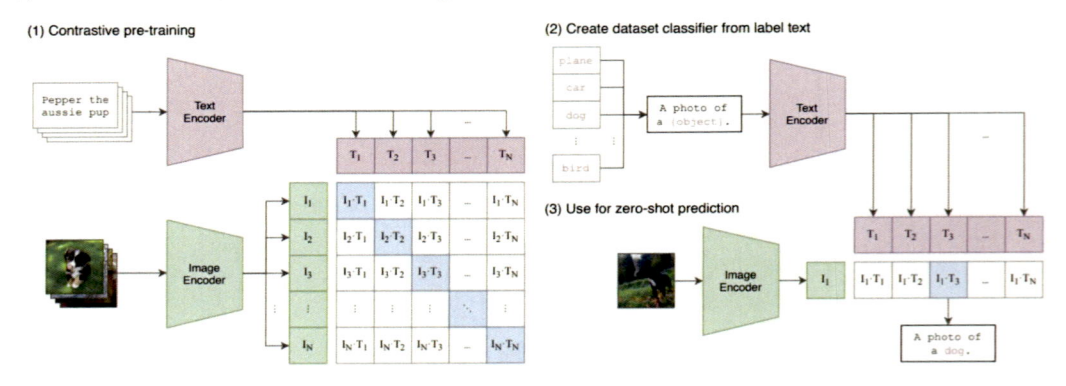

Figure 1. Summary of our approach. While standard image models jointly train an image feature extractor and a linear classifier to predict some label, CLIP jointly trains an image encoder and a text encoder to predict the correct pairings of a batch of (image, text) training examples. At test time the learned text encoder synthesizes a zero-shot linear classifier by embedding the names or descriptions of the target dataset's classes.

図の左側「(1) Contractive pre-training」が学習部分にあたります。Text EncoderとImage Encoderを通して、テキストと画像がベクトル化された状態でそれぞれN個ずつ入力されます。このN × Nのマトリックスのうち、どこのマスがペア関係にあるかを予測するというタスクを解かせます。た

9.https://nextpublishing.jp/book/15262.html

10.Radford et al.(2021) https://arxiv.org/abs/2103.00020

11.https://openai.com/blog/clip/

12.https://github.com/openai/CLIP

13.https://arxiv.org/abs/2112.10752

とえば、1番目の画像と3番目のテキストがペア関係にあるなら、1行3列目のマスがペア関係にあるというフラグを立てられれば正解です。モデルの予測と実際の正解とを比較して、予想の正否をモデルにフィードバックします。予想が間違っていれば、より多くのペアで正解できるようにモデルはEncoderを修正します。これを繰り返していくことで、適切なEncoderの出力すなわち適切なベクトル表現が獲得されます。タスクがさながら画像とテキストの類似検索をしているので、うまく当てられるようになると、よいベクトル検索のための埋め込み表現が得られます。

　従来のような画像とその画像のラベルのペアではなく、画像とその説明文のペアなので、ラベルに比べて豊富な情報が付与でき、より柔軟性の高い対応付けが可能になりました。自由な文を画像と紐づけられたことで、チューニングなしに、いろいろなタスクに転用可能になったと論文中では述べられています。1からの学習よりは容易とはいえ、チューニングにもそれなりの知識とコストが要求されます。それがなくてもよいというのは魅力的です。また、生テキストをそのまま使えるようになったことで、テキストからラベルへの整形にかかっていた重たい人的コストが削減できたのもうれしいポイントです。

　生テキストと画像を対応付けることで、学習データにないタスクを解けるようにしようという発想は以前からありましたが、うまくいかないナンセンスなものだとされてきました。CLIPの研究チームは、うまくいかない理由は学習データセットの少なさにあると仮説を立て、従来の20万ペアから大幅に増やして、約4億ペアもの画像とテキストのデータセットを構築しました。この圧倒的な物量でもって、従来提案された中でいいとされていたモデルを学習させたところ、優れた事前学習済みモデルが完成しました。

　OpenAIが公開した事前学習済みモデルは、インターネット上のテキストと画像を収集して作った約4億の画像・テキストペアデータであるWebImageText（WIT）を使って学習させています。WITのデータ全体は公開されていませんが、サンプルデータとデータの作り方は公開されています[14][15]。

　WITテキストデータは英語なので、日本語特有の表現の対応付けは十分ではありません。ですが、ありがたいことにrinna社が日本語に特化させた事前学習済みモデルを公開してくださっています[16][17]。学習データには、CC12M[18]の1200万の画像・テキストペアからなるオープンソースデータを日本語に翻訳して使用しています。しかも、CLIPの事前学習済みモデルはApache 2.0ライセンスなので、商用利用も可能です。本書でもこれを使わせていただいています。

　使い方もシンプルで、Hugging FaceのREADMEを読むだけで十分使えますし、実践記事もいくつか見つかります。「CLIPでベクトル検索をやってみました」というドンピシャの記事もありました[19]。

　また記事ではありませんが、CLIPによる検索のデモサイトであるClip front[20]というページも公開さ

14.https://github.com/openai/CLIP/tree/main/data

15.https://github.com/openai/CLIP/issues/23

16.https://prtimes.jp/main/html/rd/p/000000031.000070041.html

17.https://huggingface.co/rinna/japanese-clip-vit-b-16

18.https://github.com/google-research-datasets/conceptual-12m

19.https://tech-blog.optim.co.jp/entry/2022/07/04/100000

20.https://rom1504.github.io/clip-retrieval/

れています。Clip front からは、Stable Diffusion の学習データに使用されている LAION-Aesthetics[21] というデータセットにおけるテキストと画像のペアが検索できます。

レスポンスにやや難ありですが、本書で紹介しているように、テキストから画像の検索ができます。検索には CLIP による Embedding を使用していて、近似最近傍探索には faiss を使っているようです[22]。

CLIP についてもっと知りたいという方向けに、より細かい論文解説をしてくださっている記事も紹介しておきます[23][24]。こちらも見てみると、理解が深まります。

A.3 Sentence BERT

Text Embedding の定番は BERT 系列であると言っておきながら、まったく触れないのもいかがなものかと思いましたので、少しだけ紹介しておきます。

BERT（Bidirectional Encoder Representations from Transformers）は、2018 年 10 月 11 日に Google が発表した自然言語処理モデルです[25]。

それまでは、タスクごとに異なった構造のモデルが必須と考えられてきました。ですが BERT の登場で、同じひとつのモデルで文章分類や感情分析など、さまざまなタスクに応用可能になり、とても注目されてきています。2019 年の下半期には Google 検索に取り入れられ、より柔軟な検索が可能となりました[26]。

図 A.3: BERT の学習の様子 (https://techblog.yahoo.co.jp/entry/2021122030233811/ より)

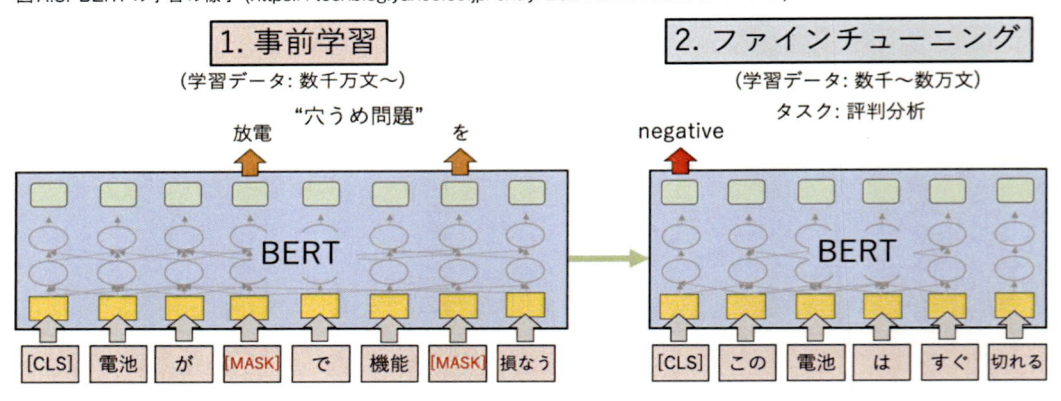

Word2Vec と似たように文中からランダムに選んだ単語をマスキングし、その単語を当てる穴埋め問題を解く中で埋め込み表現を獲得します[27]。Transformer と呼ばれる文脈を考慮できる構造をもち、Bidirectional つまり文頭からだけなく文末からの双方向から文脈を考慮できることで、従来

21.https://laion.ai/blog/laion-aesthetics/

22.https://github.com/rom1504/clip-retrieval

23.https://deepsquare.jp/2021/01/clip-openai/

24.https://data-analytics.fun/2021/03/24/understanding-openai-clip/

25.Jacob Devlin et al.(2019) https://aclanthology.org/N19-1423/

26.https://blog.google/products/search/search-language-understanding-bert/

27. このような文中の一部をマスクして穴埋め問題を解かせて学習させるモデルは Masked Language Model と呼ばれています。

のモデルに比べてはるかに有用な埋め込み表現が学習できるようになりました。

1度この事前学習をさせておけば、事前学習に比べて軽量なファインチューニングをするだけで、多くのタスクで優秀な成果を出してくれます。その汎用性の高さから、現在の自然言語処理モデルのデファクトスタンダートになっています。この辺りから、ChatGPTに続くある程度汎用的な事前学習済みモデルという考え方が定着したように思います。

CLIPでもそうでしたが、モデルの構造や学習方法の工夫に加え、WikipediaやBooksCorpusなどの膨大なインターネット上のテキストデータを使って事前学習をさせているというのも、汎用性の下地になっています。

もちろん課題や改善ポイントはあって、手元のマシンで動かせるように軽量化したALBERT（A Lite BERT）やより精度向上を図ったRoBERTa、プログラミング言語に応用可能なCodeBERTなど、多くの派生モデルが提案されています。

Sentence BERT[28]もそんな派生モデルの一種で、より文書分類にフォーカスしたモデルです。

Sentence BERTでは、BERTにSiamese Networkという手法を追加しました。詳細は省きますが、ふたつの文章を同時に入力して、同じラベルならそれぞれの文章ベクトルが近くなるように、違っていれば遠くなるようにファインチューニングさせるような構造にしています。ラベルは「含意」、「矛盾」、「どちらでもない」のような離散値でもよいですし、コサイン類似度のような連続値でもよいです。

図A.4: Sentence BERT の学習の様子 (https://arxiv.org/abs/1908.10084 より)

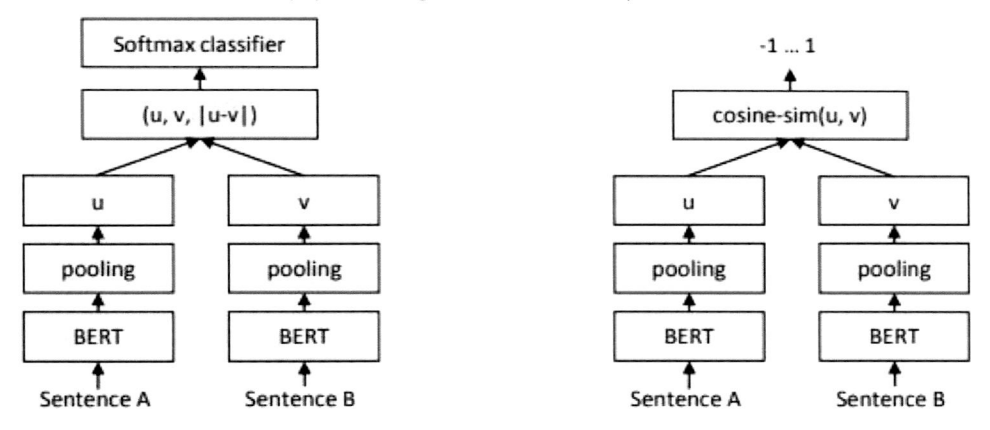

もちろん、BERTでもラベル付きデータを用意してファインチューニングを行い、ふたつの文章の類似度を測ったり、分類をしたりは可能です。ですが、文書分類というタスクを解く上では、Sentence BERTによって、精度面と速度面どちらをとっても改善が見られました。

純粋なBERTよりも似ている文書のベクトルがより近くなるようになっているということで、テキストのベクトル検索においては、BERT系の中で選ぶなら、Sentence BERTが向いていると思われ

28.Levine et al.(2020) https://www.aclweb.org/anthology/2020.acl-main.423.pdf

ます。先日のSolr勉強会の中でも、Sentence BERT を使ったベクトル検索の発表がありました[29][30]。

　エコシステムが整っているおかげで、使い方もとっても簡単です。BERTはもちろん、Sentence BERTについても、一般に公開されている日本語での事前学習済みモデルがいくつかあります。ここでは、Hugging Face にある sentence-bert-base-ja-mean-tokens-v2[31] を例に紹介します。

　CLIPのときと同様に、Hugging Face上のモデル名を指定するだけでダウンロードが可能です。その他はREADMEにしたがって、必要な関数を定義して、テキストを渡せば埋め込み表現が返ってきます。

リスト A.1: sentence_bert_vectorizer.py

```python
import torch

from transformers import BertJapaneseTokenizer, BertModel


class Vectorizer:
    def __init__(self) -> None:
        device = "cuda" if torch.cuda.is_available() else "cpu"
        model_name = "sonoisa/sentence-bert-base-ja-mean-tokens-v2"
        self.model = BertModel.from_pretrained(model_name)
        self.tokenizer = BertJapaneseTokenizer.from_pretrained(model_name)
        self.model.eval()

        self.device = torch.device(device)
        self.model.to(device)

    def _mean_pooling(self, model_output, attention_mask):
        token_embeddings = model_output[
            0
        ]  # First element of model_output contains all token embeddings
        input_mask_expanded = (
            attention_mask.unsqueeze(-1).expand(token_embeddings.size()).float()
        )
        return torch.sum(token_embeddings * input_mask_expanded, 1) / torch.clamp(
            input_mask_expanded.sum(1), min=1e-9
        )

    @torch.no_grad()
```

29. https://www.rondhuit.com/download.html#study-documents

30. https://kandasearch.com/blogs/4e32658f-7cb0-47c4-93d5-4b862480c16d

31. https://huggingface.co/sonoisa/sentence-bert-base-ja-mean-tokens-v2

```python
    def encode(self, sentences, batch_size=8):
        all_embeddings = []
        iterator = range(0, len(sentences), batch_size)
        for batch_idx in iterator:
            batch = sentences[batch_idx : batch_idx + batch_size]

            encoded_input = self.tokenizer.batch_encode_plus(
                batch, padding="longest", truncation=True, return_tensors="pt"
            ).to(self.device)
            model_output = self.model(**encoded_input)
            sentence_embeddings = self._mean_pooling(
                model_output, encoded_input["attention_mask"]
            ).to("cpu")

            all_embeddings.extend(sentence_embeddings)

        return torch.stack(all_embeddings)

    def text_vectorize(self, text):
        return self.encode(text, batch_size=4)
```

　最終的にtext_vectorizerで返却されるベクトルの次元数は、768次元なので、Solrでもインデックス可能な次元数になっています。

　ただ実際に試してみたところ、非常に計算コストが重たいです。CPUだけだと、1文のEmbeddingに1〜2分かかりました。1万文やろうものなら1週間近くかかってしまうので、本編中では採用しませんでした。GPUが使えればもっと高速にできるようになるので、試す価値ありかと思います。

　BERTの詳細については、ヤフーのテックブログがわかりやすいです[32]。Sentence BERTについてもオージス総研のテックブログを始めとして、3件ほど参考にした文献を挙げておきます[33][34][35]。これらもあわせて読んでみてください。

　BERT以外も含めてさまざまな日本語対応のモデルをまとめてくださっているサイトもありますので、こちらからお好みのものを探してみるといいかもしれません[36]。

32.https://techblog.yahoo.co.jp/entry/2021122030233811/

33.https://www.ogis-ri.co.jp/otc/hiroba/technical/similar-document-search/part9.html

34.https://acro-engineer.hatenablog.com/entry/2023/01/16/120000

35.https://data-analytics.fun/2020/08/04/understanding-sentence-bert/

36.https://github.com/llm-jp/awesome-japanese-llm

付録B　フレームワークとサービス

B.1　Streamlit

　Streamlit[1]は 2018年に Streamlit 社が作成した高速プロトタイピングに特化した Python 製の Web アプリケーション作成フレームワークです。公式ドキュメントでは、「機械学習エンジニアやデータサイエンティストのような普段フロントエンドに触れていない Python 開発者であっても、簡単に美麗な UI の Web アプリを作成、共有できる OSS ライブラリー」と謳われています。

　実際に使ってみると、その謳い文句に偽りなしと言い切れる手軽さです。公開まで含めても 30 分足らずでできてしまいます。

　そのわけは、Python だけで書けることと、専用のホスティングサービスがあるためです。HTML や CSS、JavaScript のコーディングは一切なしでも UI が作れてしまいます。作ったアプリは、Streamlit Cloud[2]という専用のホスティングサービスを使ってサーバーレスで全世界に公開できます。GitHub と連携すれば、リポジトリーへのプッシュからデプロイまでシームレスに行えるので、非常に開発体験がいいです。しかも無料で使えるので、気兼ねなくリリースができます。

　そのお手軽さゆえか、特に学生の間では人気なようです。先日参加した学会でも、発表の中で登場するデモの大半が Streamlit で作られていました。

　ドキュメントも充実しているので、「あの機能どうやって作るんだっけ」という疑問がすぐに解決できます[3]。

　本編で何度も登場したベクトル検索 UI も、Streamlit の機能を存分に使っています。そのおかげで、本質である Embedding 処理の実装に時間を費やせました。

　以前、Streamlit の特徴について短くまとめた本も書きました[4]。こちらもあわせて見てみてください。その魅力がきっとわかっていただけると思います。

B.2　Hugging Face

　Hugging Face は、言語モデルを中心にモデルの開発、学習、デプロイをするためのプラットフォームです。自然言語処理だけでなく、Stable Diffusion などの画像処理や音声処理などについて調べているときでも見かけることがあるほど急速に成長しており、コミュニティからの支持も熱いです。

　運営元は同名の Hugging Face 社です。Hugging Face は 2016 年創立のアメリカ企業です。もともとは、10 代をターゲットとしたチャットボットを開発する会社として設立されました。チャットボットで使われているモデルがオープンソースとなったあとは、リーンスタートアップとして機械

1.https://docs.streamlit.io/
2.https://streamlit.io/cloud
3.https://docs.streamlit.io/
4.https://techbookfest.org/product/p8G4N68KpTdgwCVNFN1Y5H

学習の民主化を目的としたプラットフォームを提供する会社となりました。

　以下はHugging Faceのエコシステムの概念図です[5]。

図B.1: Hugging Faceのエコシステム

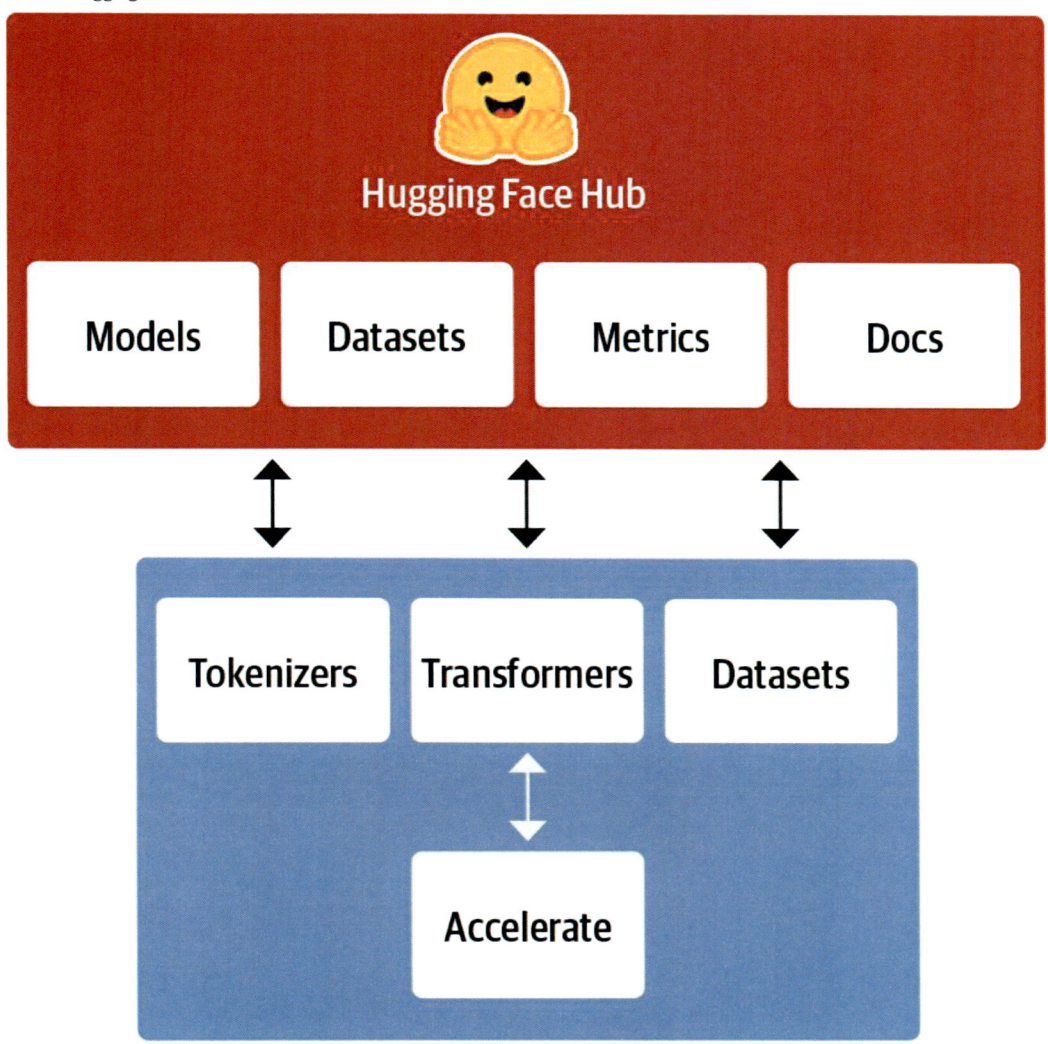

　主な機能は以下の4つです。

1．事前学習済みモデルの提供（Models）

2．データセットの提供（datasets）

3．モデルのファインチューニング

4．Transformersライブラリー

5.https://github.com/nlp-with-transformers/notebooks/blob/main/01_introduction.ipynb

1〜3は、Hugging Face Hub[6]の機能です。「Stable Diffusionから入りました」など、非機械学習エンジニアの方にとってHugging Faceと言えば、これをイメージすることが多いと思います。Hugging Face Hubは、120,000を超えるモデル、20,000のデータセット、および50,000デモを備えたプラットフォームであり、専用ワークフローで簡単にコラボレーションができます。誰もがオープンソースの機械学習を共有、探索、発見、実験できる中心的な場所になっています。

たとえば、最近話題の大規模言語モデルについても、日本語かつ無料で使えるモデルが10個以上公開されています[7]。

また、Hugging Face Spaces[8]を使えば、Hugging Face Hub上で共有したモデルに対する推論APIが自動的にデプロイ＆ホストができます。利用側は、利用前にモデルページで使用感を簡単にテストできます[9]。

デモUIは、公開側がGradioまたはStreamlitを使って数分で構築できます。公開側がアップグレードプランに登録すれば、NVIDIA T4やA100などのGPUまたはその他の高速化されたハードウェアで実行もできます。

Gradioは、Streamlitと同様に、機械学習エンジニアやデータサイエンティスト向けにインタラクティブに機械学習モデルを操作するためのWebUI作成ライブラリーです。Streamlitに比べると柔軟性は下がりますが、シンプルゆえ迷うことなく、必要最小限のUIを高速にプロトタイピングができます。

Hagging Face Hubで公開されているモデルの共有や使用は、基本的には完全無料です。有料プラン[10]に入れば、限定公開でモデルを共有することもできるようになります。

Models、Spaces、datasetsはGitリポジトリーとして使えます。バージョン管理はもちろん、プロジェクトのディスカッションやプルリクエストなど、コード共有とコラボレーションに必要なGitHubと同様の機能があります。AIや機械学習に特化したGitHubといった印象です。

GitHubと大きく違うのは、アップロードできるファイルサイズの上限が大きいことです。GitHubでは、1ファイル100MBの制限をした上で、1リポジトリーあたり大きくても5GB未満を強く推奨しています。一方のHugging Faceは、5GBを超える学習済みモデルのファイルが複数置かれていることも珍しくありません。ファイルサイズの上限について公式ドキュメントは見つけられなかったものの、GitHubに比べて大きなファイルがアップロードできています。

WebUIに加えてCLI[11]もありますので、ダウンロードもアップロードもGitさながらにできてしまいます。

4は自然言語処理のモデルを扱いやすくするためのライブラリーです[12]。自分でローカルで言語モデルを開発・利用している方は、お世話になっている主要ライブラリーの1つかと思います。本編中でも少し説明しましたが、たった数行で学習済みモデルにデータを入力して、特徴量を取り出す

6.https://huggingface.co/models

7.https://zenn.dev/hellorusk/articles/ddee520a5e4318

8.https://huggingface.co/spaces

9.https://huggingface.co/learn/nlp-course/ja/chapter4/1

10.https://huggingface.co/pricing

11.https://huggingface.co/docs/huggingface_hub/index

12.https://github.com/huggingface/transformers

ことができます。適度にラップされているので、不慣れであってもお手軽に最先端の深層学習モデルが使えてしまいます。

　初めはTransformersだけでしたが、今はDatasets[13]やTokenizers[14]、Accelerate[15]などなど、派生するライブラリーが続々リリースされています。

　公式チュートリアル[16]に沿って勉強すれば、モデルの動作や使い方、学習のさせ方、共有の仕方までを一通り学べます。自前でモデル学習やチューニングをやってみたいという方にはおすすめです。

B.3　メトリクスの可視化

　本書で構築したコンテナ群の中に、可視化基盤のシステムをいくつか立てていたことを覚えていますでしょうか。本編中では一切触れませんでしたが、その名の通り、サーバーの状況を見える化するための仕組みを入れておりました。

13.https://github.com/huggingface/datasets
14.https://github.com/huggingface/tokenizers
15.https://github.com/huggingface/accelerate
16.https://huggingface.co/learn/nlp-course/ja/chapter1/1

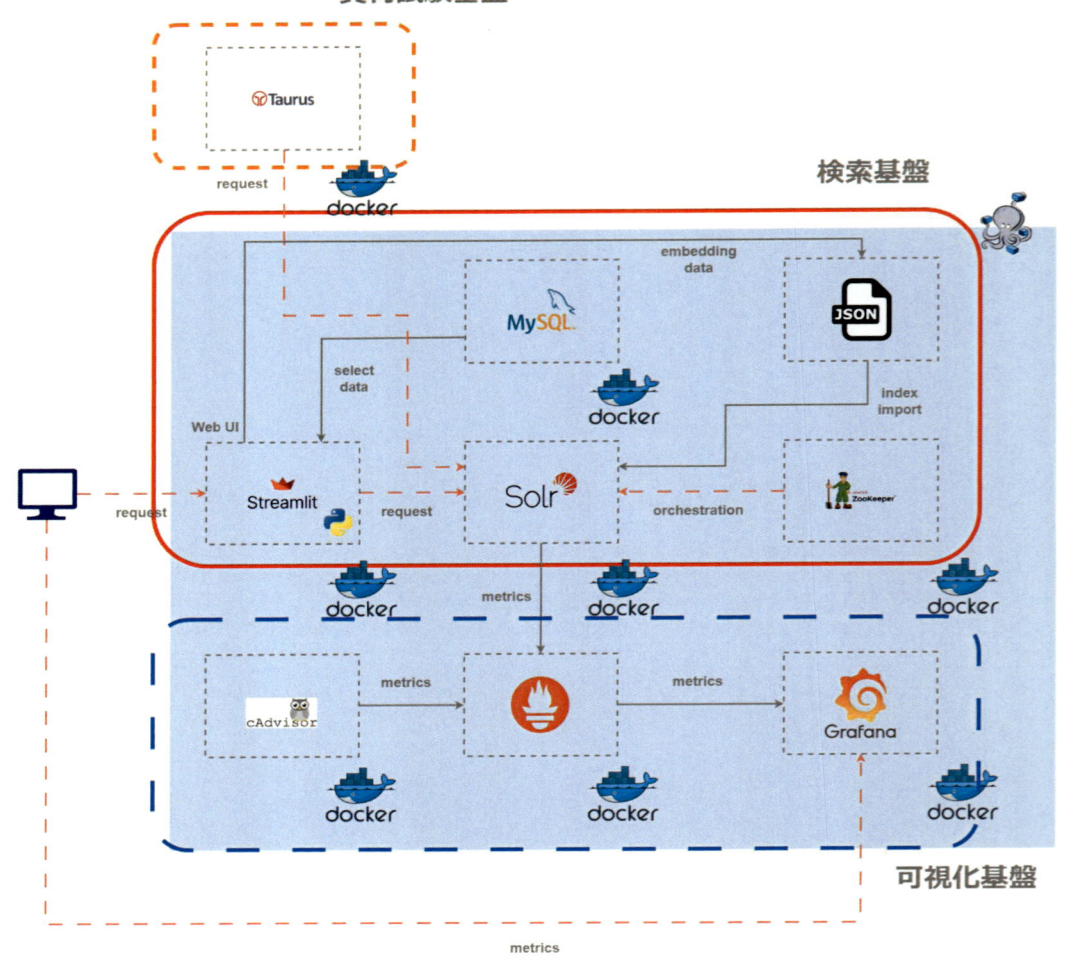

第5章「実データを使ったベクトル検索」でレスポンスタイムを見て性能測定を行っていました
が、サービス運営のためのシステムであれば、レスポンスタイム以外にもCPUやメモリーの使用率
などサーバーのリソース状況を見ておく必要があります。試験時以外にもコアの状態やインデック
ス件数、コミットの状況など、チェックしておきたい指標はいくつもあると思います。

　サーバーの中に入って top コマンドや du コマンドでチェックできますが、逐次ログインして確認
する作業は煩雑です。可視性もそれほどよくないでしょう。また、予兆検知や原因分析のために用
いるのであれば、その瞬間の値だけでなく、一定以上の期間でメトリクスが蓄積されていることが
重要です。

　そんな欲張りなニーズをかなえてくれるのが、今回構築している可視化基盤です。Prometheus と
Grafana、そして solr-exporter と cAdvisor の4つからなります。特に重要なのが、この4つのうちハ
ブの役割を果たしている Prometheus です。

Prometheus[17]は、海外の音楽系サービスを展開しているSoundCloudのエンジニアによって開発された監視システムです。オープンソースであるため、誰でも無料で商用利用も可能です。中身や設計思想を見てみると、かなりモダンな作りになっています。Prometheusは、Googleの社内ツールであるBorgmonを真似て作られました。Borgmonは、Kubernetesの前身となったBorgというGoogleの内製システムを監視するためのソフトウェアとして作られました。Googleの知見が入っていることもあり、その作りは洗練されたものになっています。

The Prometheus Conference（PromCon）2016という海外のカンファレンスの発表[18]によると、DreamHackという大規模ゲームイベントにおいて、10,000台のコンピューターと500台のスイッチをPrometheusで監視していたそうです。2016年時点でそれだけのパフォーマンスと安定性を発揮していたことから、非常に優れたシステムであることは察していただけると思います。

Prometheusの公式ドキュメントを見ると、Prometheusのアーキテクチャが説明されています[19]。

図B.3: Prometheus のアーキテクチャ

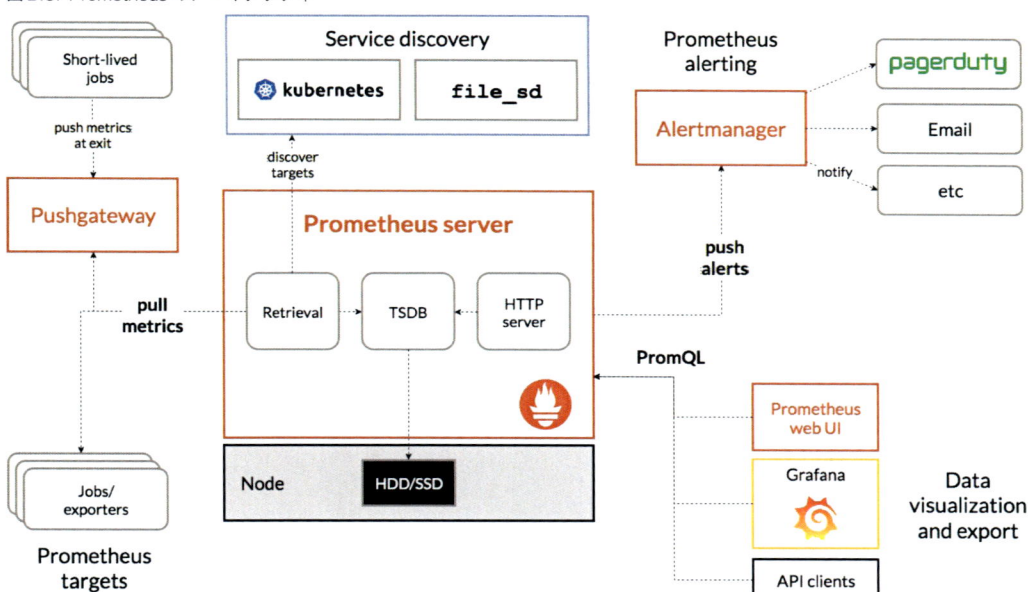

一見複雑ですが、個々の構築は容易になっています。複数のシステムを組み合わせることで、高いパフォーマンスと多様なニーズに応えられることを示しています。

この図の主要登場人物は6つに大別されます。

1．Prometheus Server：Prometheus本体のこと

2．Service Discovery：監視対象のサーバーを自動検知する仕組み

3．Exporter：監視エージェント

17.https://prometheus.io/

18.https://promcon.io/2016-berlin/talks/monitoring-dreamhack-the-worlds-largest-digital-festival/

19.https://prometheus.io/docs/introduction/overview/

4．Alerting：アラートの機能を司る

5．PromQL：クエリ言語

6．Visualization：可視化機能

図の真ん中にある通り、Prometheusを介して各種システムがつながっています。Prometheusは時系列データベースを内部に持っています。そのため、各種サーバーから収集したメトリクスについて時系列情報を保持したまま蓄積できます。また、Service Discoveryという機能によって、登録した監視対象を自動的に追いかけてメトリクスを収集してくれます。

Prometheusのメトリクス収集方法はPull型と呼ばれていて、各サーバーで起動している監視エージェントから発せられる値を能動的に収集します。各サーバー上で稼働する監視エージェントはExporterと呼ばれており、topコマンドなどで取得できるメトリクスを特定のエンドポイントに出すことでWebAPIのような形式で外部から取得できるようにするソフトウェアです。今回で言うと、solr-exporterとcAdvisorのふたつです。Prometheusはこのエンドポイントに対してメトリクスをPullしに行きます。逆にメトリクス収集ミドルウェアに対して自身のメトリクスを送り付ける形式で収集・蓄積する形式はPush型と呼ばれています。

solr-exporter[20]は、Solrでよく見るメトリクスやSolrのインデックスデータを収集・発信してくれます。solr-exporterを起動して http://localhost:9854/ にアクセスすると、次のようなメトリクスが見られます。

リストB.1: solr-exporter

```
# TYPE solr_exporter_duration_seconds histogram
solr_exporter_duration_seconds_bucket{le="0.005",} 0.0
# TYPE solr_metrics_core_query_requests_total counter
solr_metrics_core_query_requests_total{category="QUERY",searchHandler="/debug/dump
",internal="false",core="basic_shard1_replica_n1",collection="basic",shard="shard
1",replica="replica_n1",base_url="http://172.22.0.5:8983/solr",cluster_id="f28
ddb4354",} 0.0
# TYPE solr_metrics_core_query_mean_rate gauge
solr_metrics_core_query_mean_rate{category="QUERY",searchHandler="/select",interna
l="false",core="basic_shard1_replica_n1",collection="basic",shard="shard1",replica
="replica_n1",base_url="http://172.22.0.5:8983/solr",cluster_id="f28ddb4354",}
0.002739035988859841
...
```

これらの値をPrometheusが定期的に収集し、データベースに蓄積します。

solr-exporterはもともとは個人の方が開発した独自のexporterだったのですが、2018年ごろにApache Lucene/Solrにコントリビュートされ、Solr 7.3からSolrに標準ソフトウェアとして同梱されるようになりました[21]。

20.https://solr.apache.org/guide/solr/latest/deployment-guide/monitoring-with-prometheus-and-grafana.html

21.https://qiita.com/mosuka/items/3a5e498c32da820165ef

cAdvisor[22]は、Googleが提供および管理するオープンソースのコンテナ監視ツールです。Dockerを含めたほぼすべてのコンテナがサポートされています。cAdvisorを使えば、コンテナリソースの使用状況やコンテナパフォーマンスデータのメトリクスが収集できます。cAdvisorのコンテナを立ち上げた状態で http://localhost:8080/containers/ にアクセスすると、専用のUIからコンテナのリソース状況を一目で確認できます。

図B.4: cAdvisor の UI

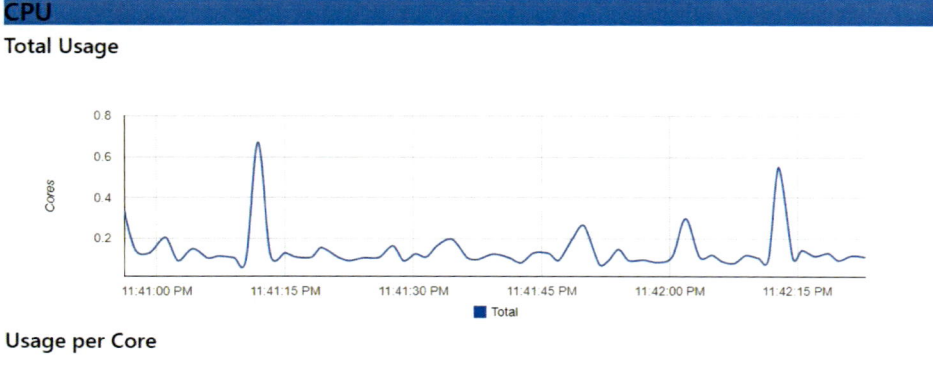

つまり、Solr固有のメトリクスはsolr-exporterで集め、CPUやメモリーなど、サーバーの一般的なメトリクスはcAdvisorで収集できます。本来、サーバー上に直接Solrなどのシステムを構築する場合は、Node exporter[23]がうってつけなのですが、今回はコンテナ上で立ち上げている都合もあって、コンテナのリソース監視が可能なcAdvisorを用いています。

これらを使って収集・蓄積したデータは、PromQLという専用のクエリ言語を使って引き出すことができます。Prometheusを起動した状態で http://localhost:9090 にアクセスすると、検索窓が用意されたトップ画面が表示されます。

22.https://github.com/google/cadvisor

23.https://github.com/prometheus/node_exporter

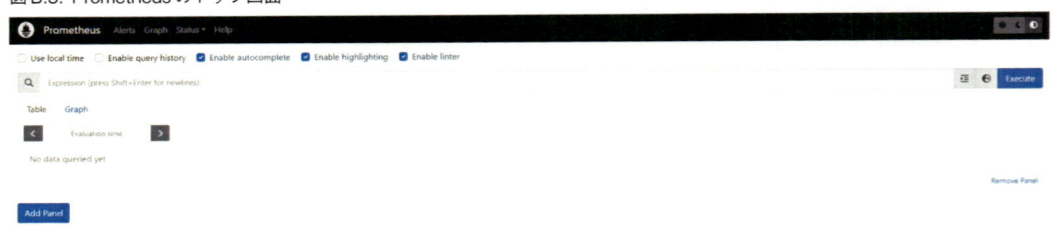

この検索窓に PromQL を入力すると、メトリクスを検索し、グラフ形式で可視化できます。

ですが、Prometheus はあくまで収集が主役割なので、可視性はあまり長けていません。そこで、PromQL を使って引き出したデータを見やすく可視化するためのダッシュボードツールが Grafana[24] です。

Grafana を使って整形すると、各 exporter から集めたメトリクスを非常に見やすい形で一望できます。

図 B.6: Grafana で可視化した Solr のメトリクス

24.https://grafana.com/

図B.7: Grafanaで可視化したコンテナのメトリクス

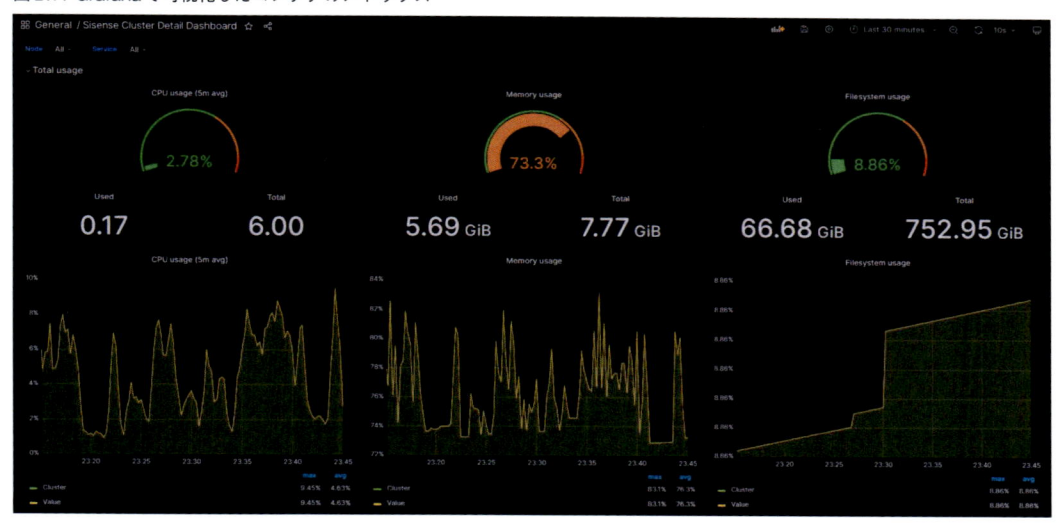

　個人的には、こうしたメーターやグラフが波打つ様子を見ているだけでワクワクします。仕事上では、常に安定していてほしいところではあります。

　Grafanaを起動した状態で http://localhost:3000 にアクセスして、所望のダッシュボードを選ぶと上記のようなボードが見られるようになっています[25]。

　紙面と〆切の都合でこれ以上詳しく説明できませんが、いろいろなパラメーターをウォッチできますのでぜひ触ってみてください。

　クラウド上にサーバーを構築する場合は、Google Cloud Managed Service for Prometheus[26]やAmazon Managed Service for Prometheus[27]など各クラウドインフラ上で動かせるマネージドタイプのPrometheusもあります。GrafanaについてもGrafana Cloudというフルマネージドサービスもあります[28]。小規模プロダクト用のフリープランもありますので、気軽に試せます。

　また本書では用いていませんが、Alertmanager[29]というツールと組み合わせると、メトリクスが設定した閾値を超えた場合に、メールやSlackなどにアラート通知を送ることもできます。興味があれば、こちらもぜひ調べてみてください。

---

25. 初期IDとパスワードはいずれも admin になっています。お好みで変更してください。
26. https://cloud.google.com/managed-prometheus?hl=ja
27. https://aws.amazon.com/jp/prometheus/
28. https://grafana.com/ja/products/cloud/
29. https://prometheus.io/docs/alerting/latest/alertmanager/

付録C　Hierarchical Navigate Small World

Hierarchical Navigate Small World（HNSW）は2018年時点で、ドキュメント数が数百万件オーダーにおける決定版の近似最近傍探索アルゴリズムと言われている探索アルゴリズムです。本書で扱っているApace Luceneはもちろん、近似最近傍探索ライブラリーとして有名なnmslibやfaissにも実装されています。

本アルゴリズムの詳細を知らなくても、使うこと自体は可能です。ですが、パフォーマンスチューニングや検索結果の詳細な分析を行いたいとなったときには、裏側にあるロジックを知っておくことはきっと役に立つと思います。

C.1　グラフ理論におけるNSW

ではまず、HNSWのもととなるNavigable Small World Graph（NSW）について見ていきます。

NSWはもともと、グラフの持つさまざまな性質を解明し、日常のいろいろな場面で利用することを目的とする数学分野のひとつである、グラフ理論の分野で研究されていたものです。

1967年、アメリカの社会心理学者Stanley Milgramによって、私たちの作るソーシャルネットワークは**スモールワールド**であることが示唆されました。

彼の実験によれば、アメリカ合衆国国民から2人ずつの組を無作為に抽出し、その2人の交友関係をたどっていくと、平均6人の知り合いを介して全国民がつながっていることがわかりました。

具体的には、カンザス州のウィチタに住むさまざまな境遇の被験者60人に手紙を送り、その手紙をマサチューセッツ州ケンブリッジに住む妻のもとに届けてくれるように頼みました。ただし制約条件として、この手紙は個人的な知り合いに手渡しで届けるように頼みました。その結果、妻に手紙が届くまでの経路を調べると、平均5〜6人を経由していたことがわかりました。

つまり、スモールワールドとは、世界がミニチュアであるという意味ではなく、世間は広いようで狭いということを表す表現です。後に、**6次の隔たり**という有名なフレーズになりました。

1998年には、WattsとStrogatzによって、この6次の隔たり現象を説明するモデルである**スモールワールドネットワーク**（Small-World networks）が発表されました。Watts-Strogatzモデルはソーシャルネットワークの理論研究における礎となるすばらしいモデルでしたが、いくつか課題がありました。

そのひとつが、2人の間を結ぶ最短の友人関係を見つけるのが極めて困難なことです。Milgramの実験では、ゴールまでの最短経路を知らない状況下で、なんとなくゴールに近しい人に手紙を渡していました。それにもかかわらず、リレーの長さは6人程度でした。最短経路で渡していればもっと短かったかもしれません。

ゴールまでの情報がまったく与えられていなければ、手紙は気まぐれで届けるしかありません。しかしこれが実験ではなく、手紙が夫の危篤を知らせる連絡であり、一刻も早く妻のもとに届ける

必要があったとすれば、最終的な届け先ついての情報を収集し、地理的にゴールに近い人や職業などの属性が近い人に手紙を渡そうとするはずです。つまり、最短経路をすばやく見つけられることは、実応用上でも重要なタスクです。

その後、多くのスモールワールドネットワークの派生モデルを発表したJon Kleinbergnによって、スモールワールドの性質を持ちうる2次元ネットワーク上で、理論的に実時間で最短経路の計算が可能なネットワークがあることが発見されました。それがNavigable Small World Graph（NSW）です[1]。

Kleinbergnの提唱したNSWは、2次元格子上にある離れた2点間を確率Pでランダムに結ぶ線を張るというものです。

図C.1: Kleinbergnの提唱したNSW

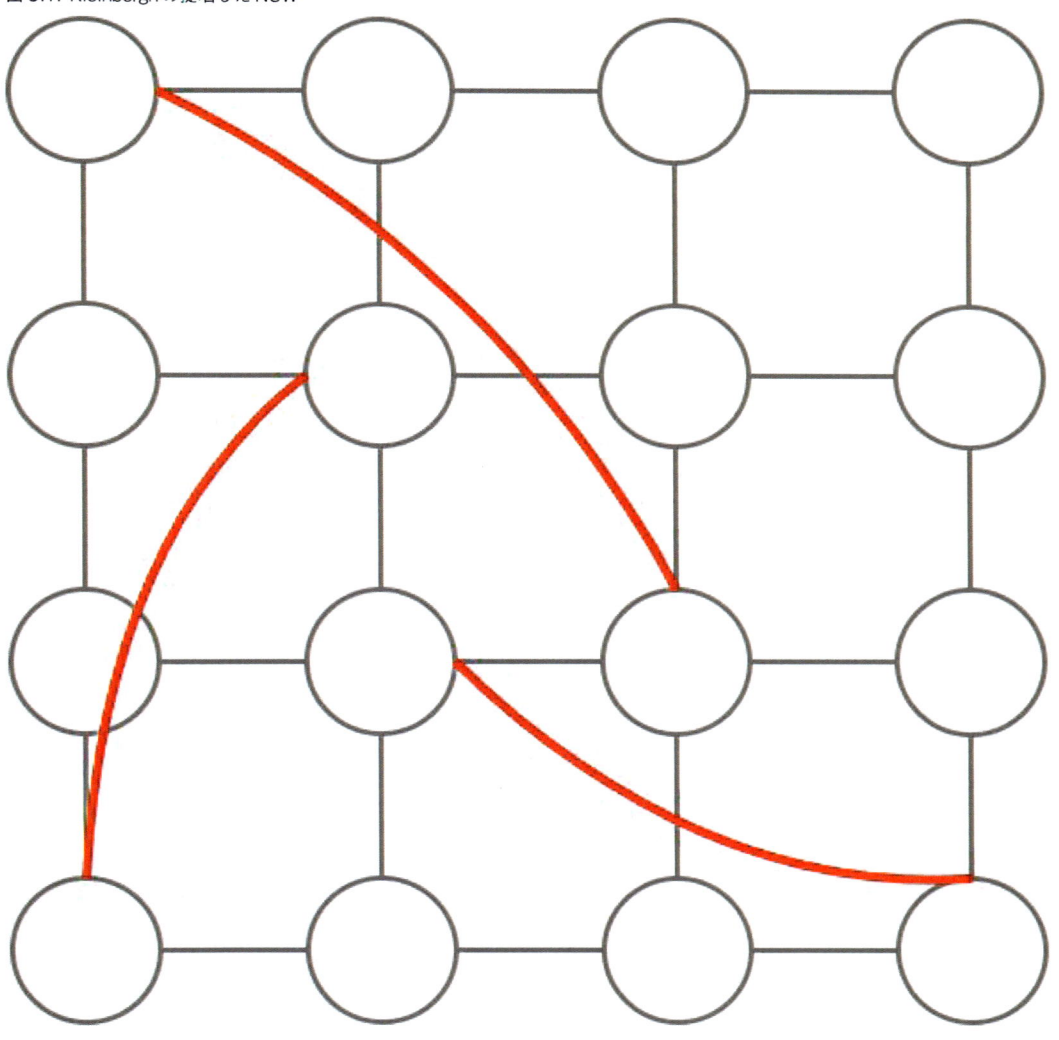

---

1. ランダムウォークで探索するのに比べて効率的に最短経路にたどり着けることから、この名がついたと思われます。

図の赤い太線が追加で張られた長距離リンクです。

こうして作られたネットワーク上では、任意の2点間の最短距離を探すのにかかる計算コストがO(logN)つまり現実的な計算時間で算出可能なことが知られています。Nは2次元格子上の格子点の数です。

C.2　近似最近傍探索アルゴリズムとしてのNSW

それを近似最近傍探索に応用したのが、2013年にYury Malkovらによって発表された論文 Approximate nearest neighbor algorithm based on navigable small world graphs[23]です。論文中の図を使って、インデックス時と検索時の動きを見ていきます。

まず、インデックス時のグラフの作り方を見ていきましょう。説明がわかりやすいよう、すでにある程度グラフが作られた状態から出発することにします。グラフが以下のようになっていたとしましょう。

図C.2: インデックス時のNSWグラフ1

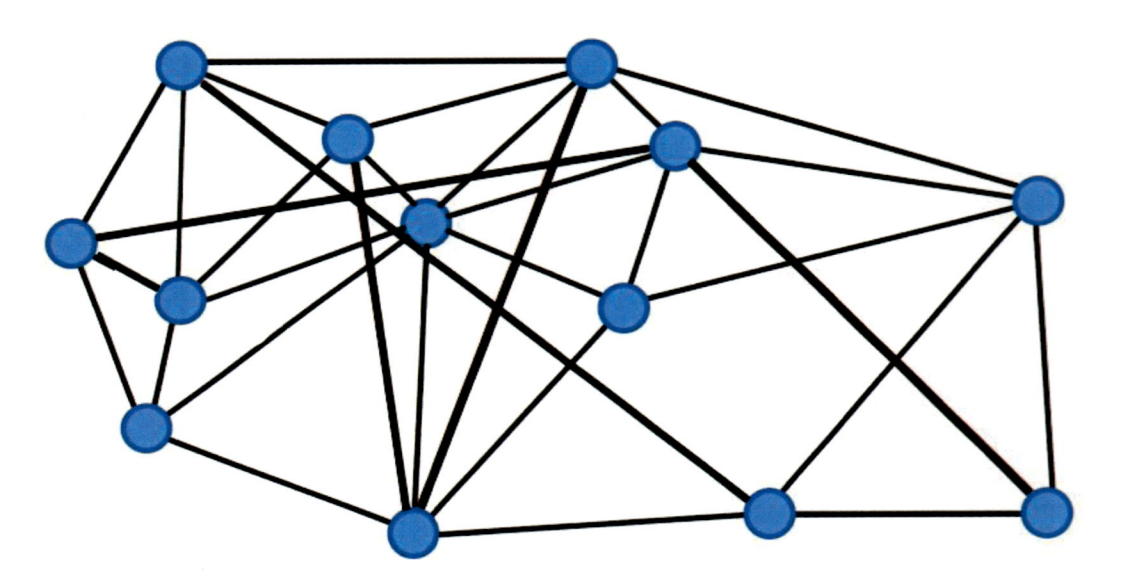

各点は**ノード**と呼ばれています。ベクトル検索においては、ノード＝ドキュメントベクトルだと思ってください。

ここに新しいノードが1点追加されたとします。

2.https://www.sciencedirect.com/science/article/abs/pii/S0306437913001300

3.Malkov et al.(2014) https://publications.hse.ru/pubs/share/folder/x5p6h7thif/128296059.pdf

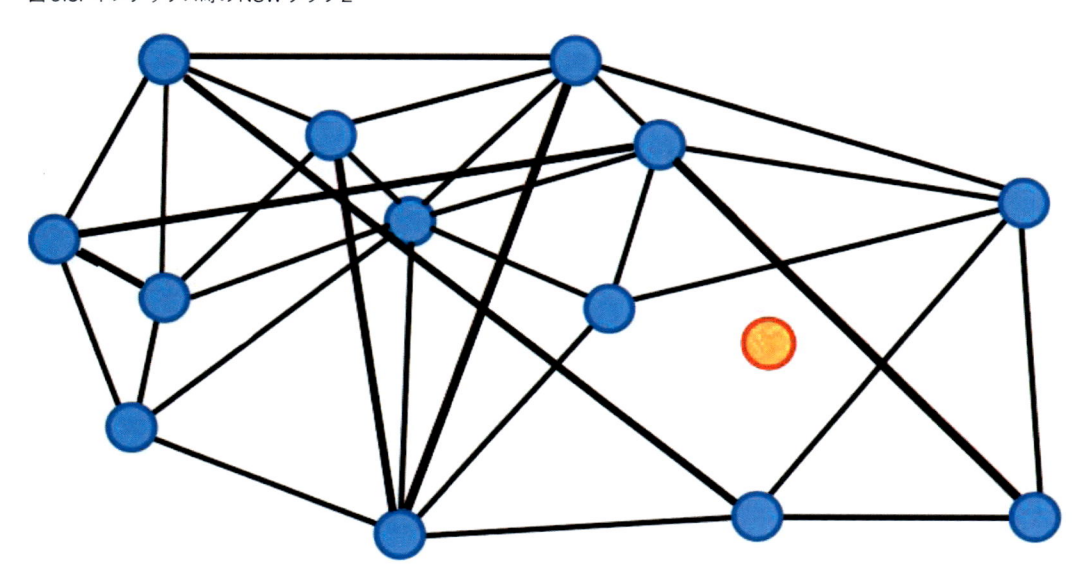

追加されたノードに対し、近傍ノードにリンクを張ります。リンクを張る近傍ノード数は、hnswMaxConnectionsというパラメーターで定めたノード数です。

図C.4: インデックス時のNSWグラフ3

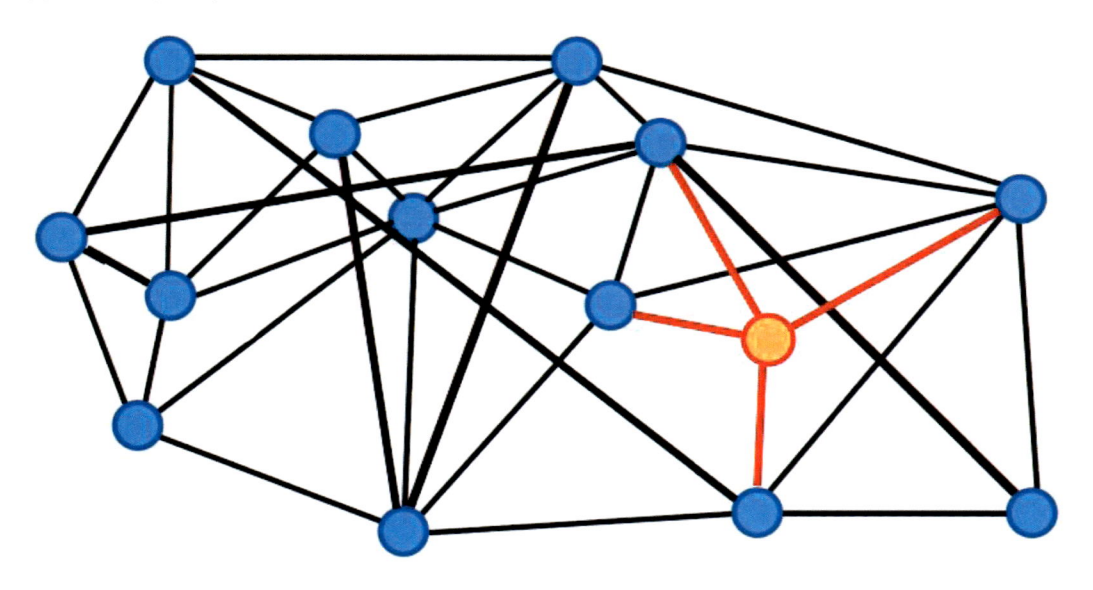

これを繰り返していき、残りの追加ノードすべてに近傍リンクが張り終わると、グラフの完成です。

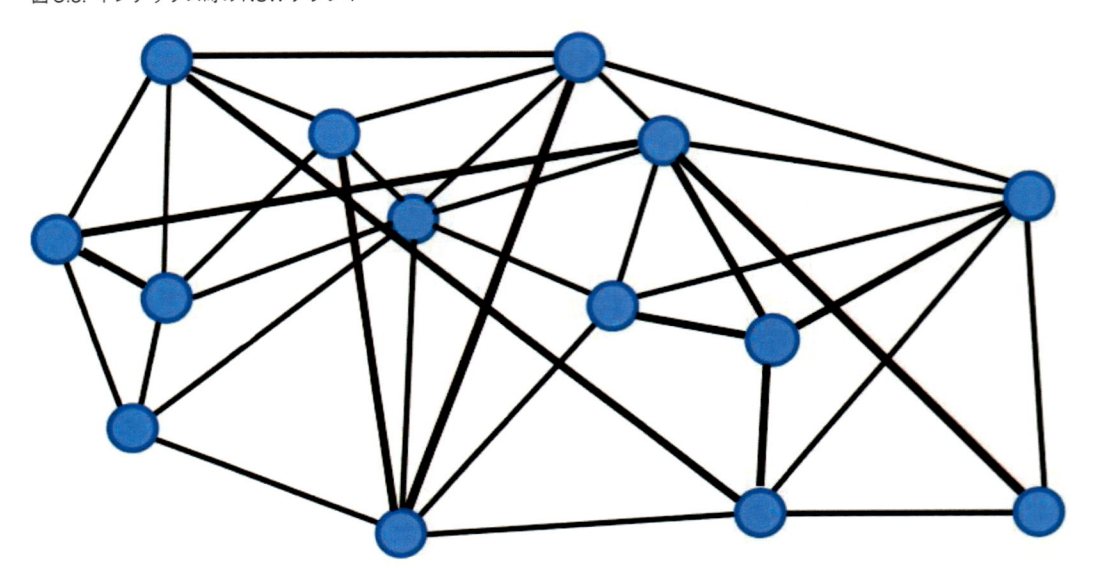

　ノードが少ないころは近傍ノードが少なく、距離が遠いノード間にリンクが張られることがあります。ときどきこのような長いパスが存在することで、検索時の探索効率がよくなります。

　続いて、検索時の動きを見ていきます。

　まず、ユーザー入力によってクエリノードが与えられます。また、クエリとは別に探索開始ノード（entry point）を決めます。開始ノードはクエリには関係なく、グラフ上のノードからランダムにひとつ選択します。

図C.6: 検索時の NSW グラフ 1

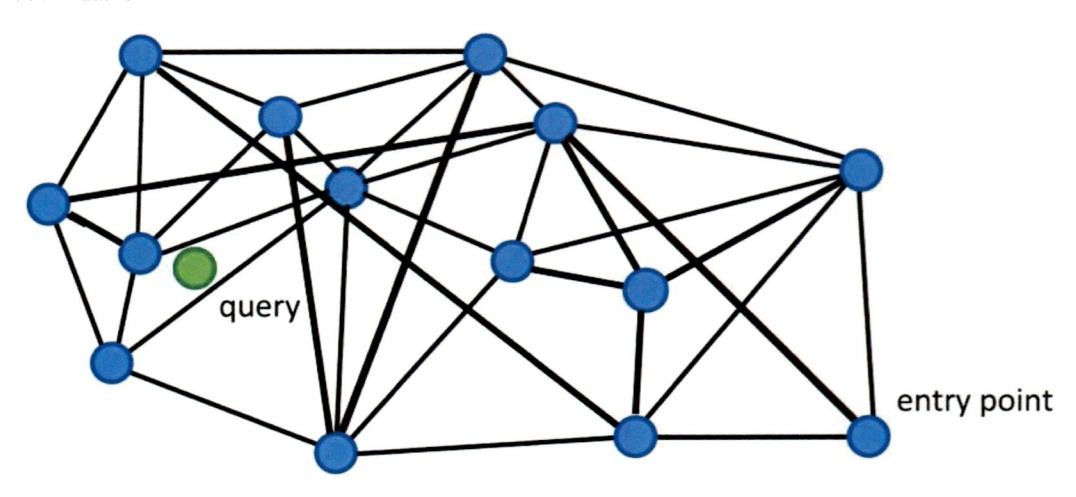

　次に、開始ノードに隣接しているノードのうち、クエリに最も距離が近いノードを探して移動します。距離計算にはコサイン類似度などを使います。

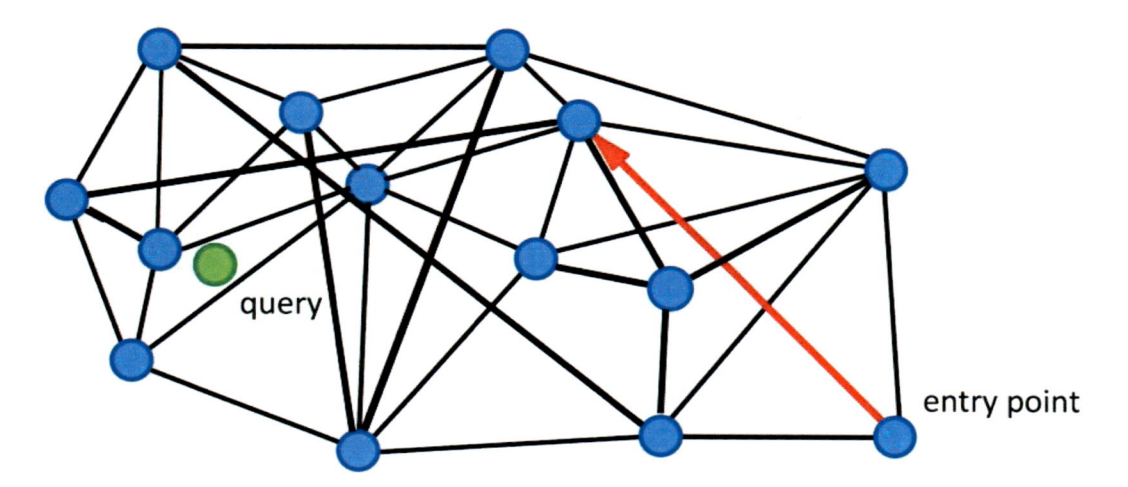

このとき、すべての隣接ノードを探すのではなく、`hnswBeamWidth` で定めたノード数を探索上限とします。探索上限を設けることで、探し漏らしが発生する可能性があります。ですが、その分類似度計算のコストを抑えられるので、検索時間を短くできる可能性があります。

移動先で再び、隣接ノードのうちクエリに最も近いノードへ移動します。

図 C.8: 検索時の NSW グラフ 3

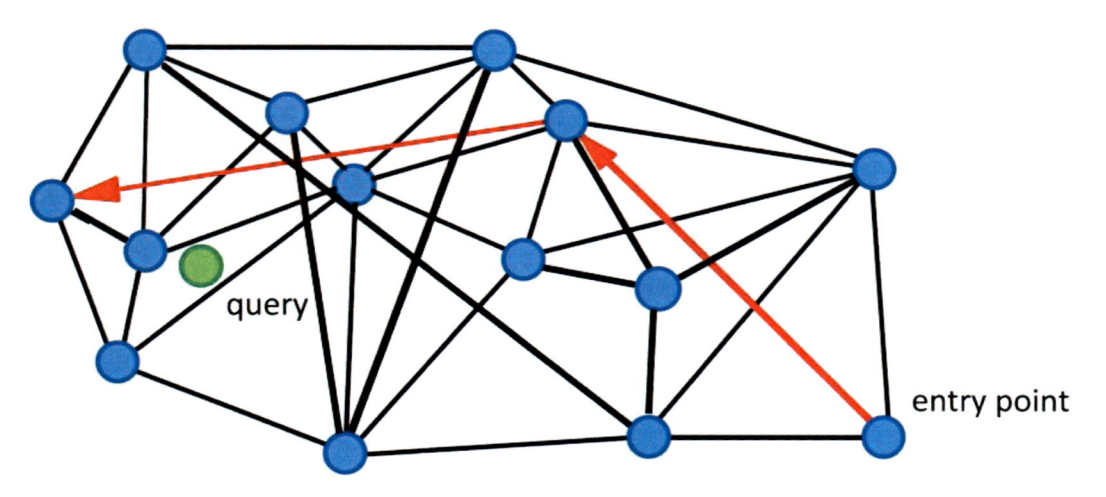

これを繰り返していき、それ以上クエリノードに近づけるノードが見つからなくなるまで探索します。より正確には、自身の隣接ノードすべてが自身よりクエリノードから遠くなった時点で、探索を打ち切ります。その最終到達点が、近似的に見つけたクエリ最近傍ノードになります。

図 C.9: 検索時の NSW グラフ 4

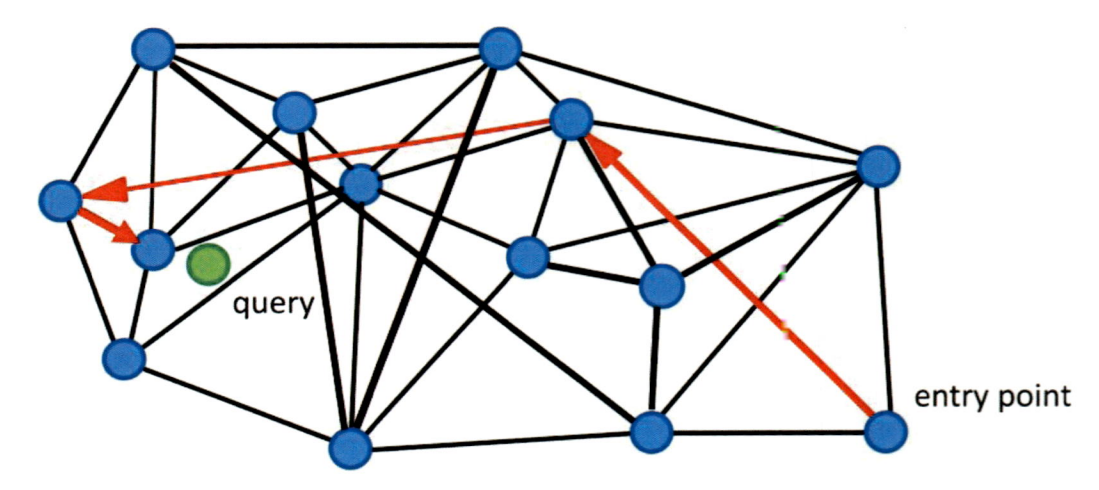

　k 個の検索結果を見つけるには、これを k 回以上繰り返します。k 回以上というのは、ランダムな始点から始めたとしても、最終到達ノードが前回と同じ、すなわち検索結果が同じになってしまうことがあるからです。k 個の異なる検索結果がほしいので、重複した検索結果はカウントに入りません。

　そこで、実際には以前訪れたノードを記録しておき、そのノードは通らないようにすることで、無駄な検索回数を減らすような工夫が施されています。

　まとめると、

- インデックス時：データ点をノードとし、新たなノードが追加されるたびに近傍ノードにリンクを張ることでグラフを作成する
- 検索時：ランダム点からスタートし、つながっているノードのうちクエリに近いものへ逐次的に移動を繰り返す貪欲法によって探索する

となります。

C.3　Hierarchical NSW

　NSW だけでも、それなりの速度と検索精度のバランスで近似的に最近傍ノードの探索ができるようになりました。ですが、より厳しいサービス要件を達せられるよう、さらなる高速化の工夫をしたのが HNSW です。

　Hierarchical NSW という名前の通り、階層的に NSW を積んだグラフ構造をしています。

　NSW の問題点は、インデックス数が多い場合にランダムなノードから探索を始めると開始時点がクエリから大きく離れてしまい、検索に時間がかかってしまう可能性があることです。

　そこで、クエリノードから大まかに近いノードから探索を始めるために、ランダムなサブセットを取ったグラフも用意しておきます。そして、それらのサブセットグラフを階層的に並べます。すべてのノードがあるグラフは最下層に追加され、それらのランダムなサブセットがその上の層に追加されます。

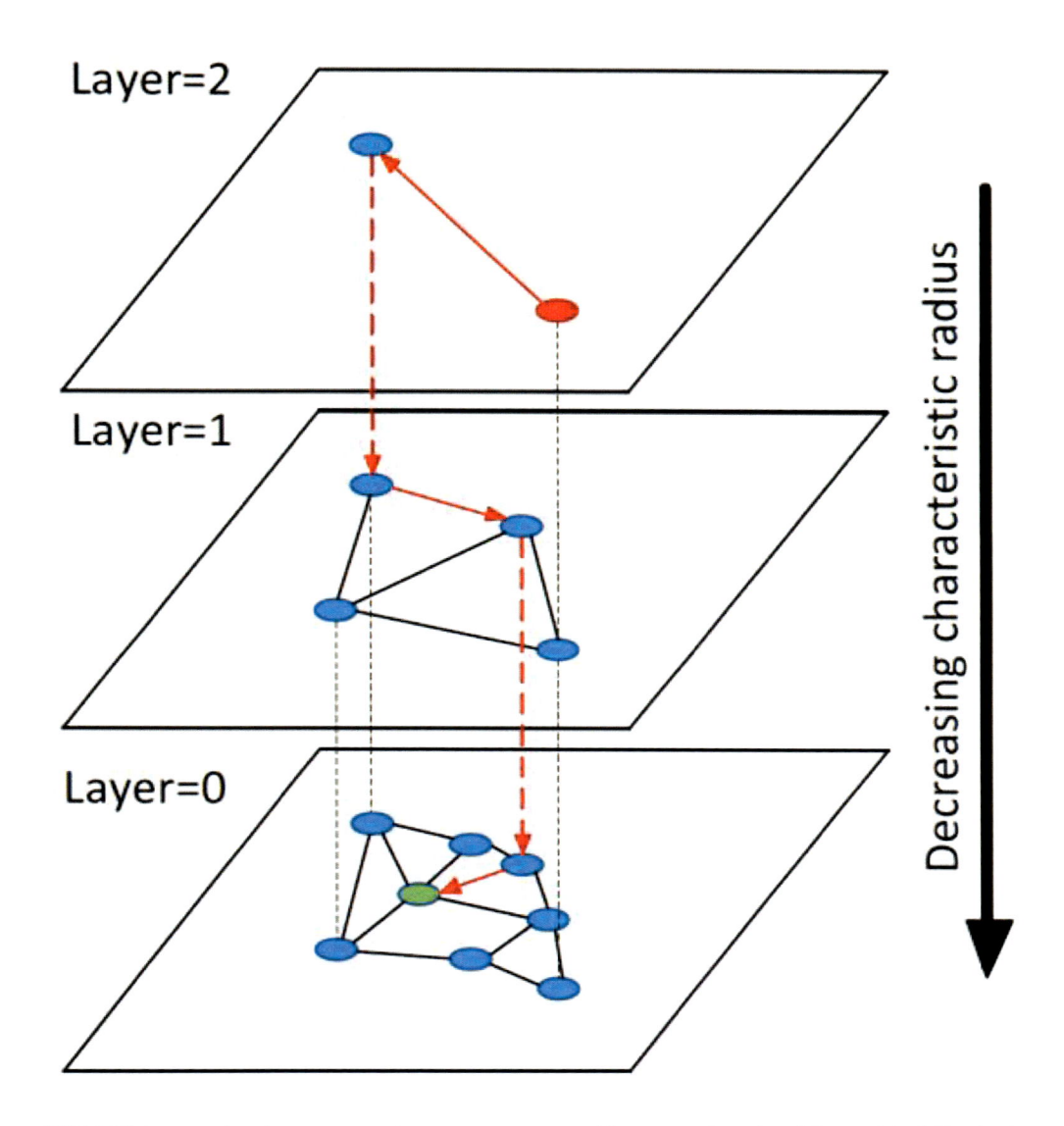

図はEfficient and robust approximate nearest neighbor search using Hierarchical Navigable Small World graphs[4]から引用しています。

検索時には、最上層のランダムなノードから探索を始め、その層におけるクエリの最近傍点を探索します。次に、ひとつ下の階層で上の層で見つけた最近傍点を出発地点として、再び層内のクエリ最近傍点を探索します。これを最下層に到達するまで繰り返します。

上層ではノード数が少ないので、ランダムなノードからスタートしても、少ない探索回数で大まかにクエリ近傍ノードに近づくことができます。そして、階層を下るごとにより緻密に探索してい

4.https://arxiv.org/abs/1603.09320

きます。これにより大量のドキュメントであっても、速度と精度の両立が実現できました。

　HNSW は優秀なアルゴリズムですが、欠点もあります。HNSW は大量のベクトルデータを非常に高速に検索できますが、反面メモリー消費量も激しいです。HNSW で使用するメモリー消費量は、およそ以下の式で計算されます。

図 C.11: HNSW で消費するメモリー量

$$1.1 \times (4 \times d + 8 \times m) \times N$$

　dはベクトルの次元数で、m は hnswMaxConnections、N はインデックスしたドキュメント数です。算出されたメモリー使用量の単位はバイトです。

　hnswMaxConnections をデフォルトの16にして、512次元のベクトルデータを100万件インデックスしたとして計算してみます。

図 C.12: HNSW で消費するメモリー量

$$1.1 \times (4 \times 512 + 8 \times 16) \times 1000000 = 2.23 \text{ GB}$$

　ベクトル検索だけで、およそ2.2GBのメモリーを消費すると推定されます。ドキュメント数が10倍になるとメモリー使用量も10倍と線形に増えていくので、ものすごくメモリーを使うアルゴリズムであることがわかるかと思います。

　HNSW によるベクトル検索を行うときは、十分サーバーリソースに余裕を持たせた環境で実行することをおすすめします。

C.4　参考文献

　その他、参考になりそうな文献をいくつか挙げておきます。補足資料としてご覧ください。

・グラフ理論としての NSW
　　―グラフ理論や複雑ネットワークの教科書[5]
　　―スウェーデン王立工科大学の講義資料[6]
・近似最近傍探索アルゴリズムとしての NSW
　　―松井先生による解説。一番参考にしました[7]
　　―Faiss での実装例を交えながら HNSW のアルゴリズム詳細を図説したブログ記事[8]
　　―Elasticsearch の派生サービスである AWS の OpenSearch Service のブログ記事[9]

5.https://www.kindaikagaku.co.jp/book_list/detail/9784764903630/

6.https://www.kth.se/social/upload/514c7450f276547cb33a1992/2-kleinberg.pdf

7.https://yusukematsui.me/project/survey_pq/doc/ann_billion_2018.pdf

8.https://towardsdatascience.com/ivfpq-hnsw-for-billion-scale-similarity-search-89ff2f89d90e

9.https://aws.amazon.com/jp/blogs/news/choose-the-k-nn-algorithm-for-your-billion-scale-use-case-with-opensearch/

付録D　もっと活用Solr

D.1　環境構築

D.1.1　Docker

Dockerのインストール方法については、公式ドキュメントに丁寧なガイドがあります[1]。

紙面の都合で細かくは割愛しますが、WindowsやMacではインストーラーを使用して、Linuxでは各種パッケージ管理ツールからインストールができます。

D.1.2　Solrのインストール方法

本編では、Docker Imageを使ってSolrのクラスターを構築しました。そうしたところ、一部の方から「Dockerを使わないインストール方法も教えてほしい」という要望がありましたので、紹介しておきます。基本的には、公式ドキュメントのインストールガイド[2]にしたがって実施します。

ここでは、Ubuntu-22.04におけるインストール方法をご紹介します。

リストD.1: OSのバージョン情報

```
$ cat /etc/os-release | head -n 1
PRETTY_NAME="Ubuntu 22.04.3 LTS"
```

必要に応じて、パッケージ管理ツールのアップデートをしておきます。

リストD.2: パッケージ管理ツールのアップデート

```
$ apt-get update
```

次に、必要なパッケージをインストールします。SolrはJavaベースのミドルウェアなので、Javaのインストールが必要になります。どのJavaバージョンが必要かはSolrのバージョンによって異なりますので、公式ドキュメントの「Java Requirements」を参照ください。たとえば、Solr 8.11では、Java 1.8以上[3]、Solr 9では、Java 11以上[4]が必要です。

リストD.3: インストールできるJREの確認

```
$ apt search openjdk-\(\.\)\+-jre$
Sorting... Done
Full Text Search... Done
```

1.https://docs.docker.jp/desktop/install.html

2.https://solr.apache.org/guide/8_11/installing-solr.html

3.https://solr.apache.org/guide/8_11/solr-system-requirements.html

4.https://solr.apache.org/guide/solr/latest/deployment-guide/system-requirements.html

```
openjdk-11-jre/jammy-updates,jammy-security,now 11.0.20.1+1-0ubuntu1~22.04 amd64
[installed]
  OpenJDK Java runtime, using Hotspot JIT

openjdk-17-jre/jammy-updates,jammy-security 17.0.8.1+1~us1-0ubuntu1~22.04 amd64
  OpenJDK Java runtime, using Hotspot JIT

openjdk-18-jre/jammy-updates,jammy-security 18.0.2+9-2~22.04 amd64
  OpenJDK Java runtime, using Hotspot JIT

openjdk-19-jre/jammy-updates,jammy-security 19.0.2+7-0ubuntu3~22.04 amd64
  OpenJDK Java runtime, using Hotspot JIT
```

　ここでは、バージョン11をインストールすることにします。

リスト D.4: JRE のバージョン11 をインストールする

```
# JRE およびその他必要なパッケージをインストール
$ apt-get install -y wget curl vim bc lsof openjdk-11-jre
# インストールした JRE のバージョンを確認
$ java -version
openjdk version "11.0.20.1" 2023-08-24
OpenJDK Runtime Environment (build 11.0.20.1+1-post-Ubuntu-0ubuntu122.04)
OpenJDK 64-Bit Server VM (build 11.0.20.1+1-post-Ubuntu-0ubuntu122.04, mixed
mode, sharing)
```

　ここまでできたら下準備は完了です。続いて、Solrのインストールをしていきましょう。
Solrの公式サイト[5]から所望のバージョンを選択して、ダウンロードします。

リスト D.5: Solr のバイナリファイルをダウンロードする

```
$ cd /tmp
$ wget -O solr-8.11.2.tgz https://www.apache.org/dyn/closer.lua/lucene/solr/8.11.2
/solr-8.11.2.tgz?action=download
```

　ダウンロードができたら、圧縮ファイルを解凍します。

5.https://solr.apache.org/downloads.html

```
$ mkdir -p /opt/app/
$ tar zxf solr-8.11.2.tgz -C /opt/app/
```

解凍したら、解凍先のディレクトリーに移動してSolrのプロセスを開始します。

リスト D.7: Solrのプロセスを起動する

```
$ cd /opt/app/solr-8.11.2/
$ sudo ./bin/solr start
```

これで、適当なブラウザーから http://localhost:8983/solr/ にアクセスすると、Solrの管理画面にアクセスできます。

図 D.1: Solrの管理画面(Master Slave モード)

status コマンドを使用すると、起動しているポート番号や起動時間などを確認できます。

リスト D.8: Solrのステータスを確認する

```
$ sudo ./bin/solr status
Found 1 Solr nodes:


Solr process 803 running on port 8983
{
```

```
  "solr_home":"/opt/app/solr-8.11.2/server/solr",
  "version":"8.11.2 17dee71932c683e345508113523e764c3e4c80fa - mdrob - 2022-06-13
11:27:54",
  "startTime":"2023-11-05T06:19:49.674Z",
  "uptime":"0 days, 0 hours, 0 minutes, 9 seconds",
  "memory":"75.2 MB (%14.7) of 512 MB"}
```

プロセスを停止したいときは、stop コマンドを実行します。

リストD.9: Solr のプロセスと停止する

```
$ sudo ./bin/solr stop
Sending stop command to Solr running on port 8983 ... waiting up to 180 seconds
to allow Jetty process 103 to stop gracefully.
```

デフォルトだと、Slandalone ないしは Master/Slave 構成で立ち上がります。公式では SolrCloud モードでの利用が推奨されていて、公式チュートリアルでも SolrCloud モードでの[6]での例になっています。

SolrCloud モードで起動したい場合は、-e cloud オプションをつけます。SolrCloud モードで起動すると、クラスター構成に関する質問が出てくるので、お好みの構成を選択してください。以下の例では、1 レプリカ 1 シャード構成で、あらかじめ用意されている gettingstarted コレクションを使用しています。

リストD.10: SolrCloud モードで起動する

```
$ sudo ./bin/solr start -e cloud

Welcome to the SolrCloud example!

This interactive session will help you launch a SolrCloud cluster on your local
workstation.
To begin, how many Solr nodes would you like to run in your local cluster?
(specify 1-4 nodes) [2]:
1
Ok, let's start up 1 Solr nodes for your example SolrCloud cluster.
Please enter the port for node1 [8983]:

Creating Solr home directory /opt/app/solr-8.11.2/example/cloud/node1/solr

Starting up Solr on port 8983 using command:
"bin/solr" start -cloud -p 8983 -s "example/cloud/node1/solr"
```

6.https://solr.apache.org/downloads.html

```
Waiting up to 180 seconds to see Solr running on port 8983 [|]
Started Solr server on port 8983 (pid=396). Happy searching!

INFO  - 2023-11-05 06:09:36.349; org.apache.solr.common.cloud.ConnectionManager;
Waiting for client to connect to ZooKeeper
INFO  - 2023-11-05 06:09:36.370; org.apache.solr.common.cloud.ConnectionManager;
zkClient has connected
INFO  - 2023-11-05 06:09:36.370; org.apache.solr.common.cloud.ConnectionManager;
Client is connected to ZooKeeper
INFO  - 2023-11-05 06:09:36.389; org.apache.solr.common.cloud.ZkStateReader;
Updated live nodes from ZooKeeper... (0) -> (1)
INFO  - 2023-11-05 06:09:36.404; org.apache.solr.client.solrj.impl.ZkClientCluster
StateProvider; Cluster at localhost:9983 ready


Now let's create a new collection for indexing documents in your 1-node cluster.
Please provide a name for your new collection: [gettingstarted]

How many shards would you like to split gettingstarted into? [2]
1
How many replicas per shard would you like to create? [2]
1
Please choose a configuration for the gettingstarted collection, available
options are:
_default or sample_techproducts_configs [_default]

Created collection 'gettingstarted' with 1 shard(s), 1 replica(s) with config-set
'gettingstarted'

Enabling auto soft-commits with maxTime 3 secs using the Config API

POSTing request to Config API: http://localhost:8983/solr/gettingstarted/config
{"set-property":{"updateHandler.autoSoftCommit.maxTime":"3000"}}
Successfully set-property updateHandler.autoSoftCommit.maxTime to 3000


SolrCloud example running, please visit: http://localhost:8983/solr
```

　これで http://localhost:8983/solr にアクセスすると、SolrCloud モードで起動した場合の管理画面にアクセスできます。

図 D.2: SolrCloud モードでの管理画面

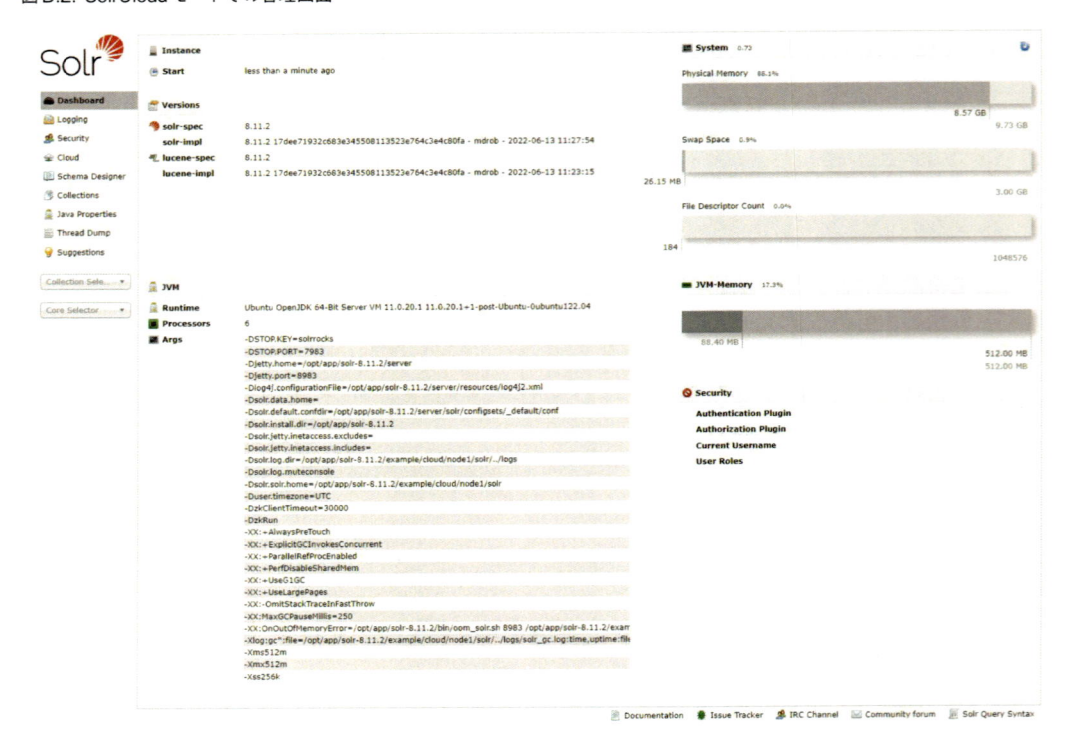

statusコマンドを実行すると、Master/Slave時と同様に各種ステータスの確認ができます。

リスト D.11: SolrCloud モードでのステータスを確認する

```
$ ./bin/solr status

Found 1 Solr nodes:

Solr process 396 running on port 8983
{
  "solr_home":"/opt/app/solr-8.11.2/example/cloud/node1/solr",
  "version":"8.11.2 17dee71932c683e345508113523e764c3e4c80fa - mdrob - 2022-06-13
11:27:54",
  "startTime":"2023-11-05T06:09:31.465Z",
  "uptime":"0 days, 0 hours, 8 minutes, 0 seconds",
  "memory":"104.5 MB (%20.4) of 512 MB",
  "cloud":{
    "ZooKeeper":"localhost:9983",
    "liveNodes":"1",
    "collections":"1"}}
```

　ステータスに表示されているように、Zookeeper も Solr と同じサーバー上で起動しています。実運用の際には、可用性を高めるためにも Zookeeper と Solr は別サーバーに構築することをおすすめします。詳しいインストールや設定方法は、公式ドキュメントを参照ください[7]。

　また、起動時に聞かれる質問をすべてデフォルトにすると、1台のサーバーに複数ノードを構築することもできます。デフォルト設定は、2レプリカ2シャード構成になっています。

図 D.3: ノード構成

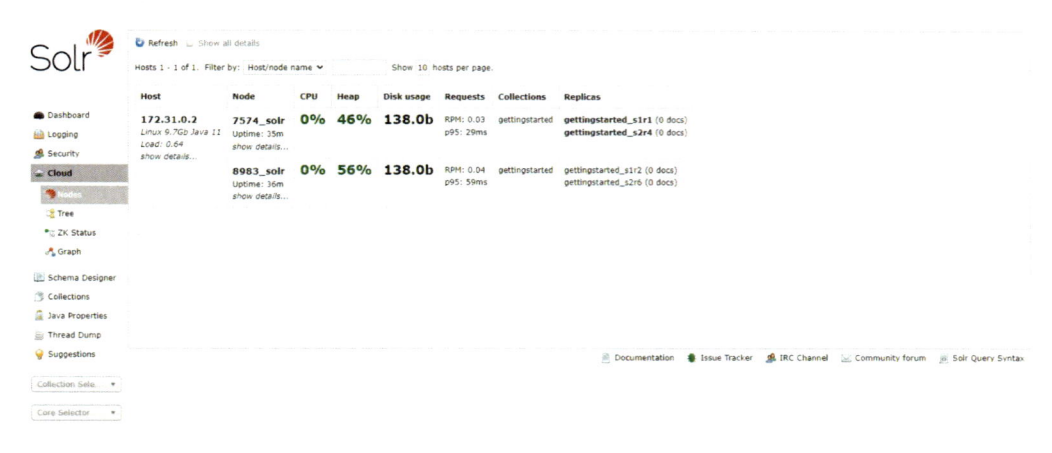

7.https://solr.apache.org/guide/8_11/setting-up-an-external-zookeeper-ensemble.html

ですが、これも1台のサーバーが落ちると全ノードがダウンする可用性の低い構成になります。複数ノードを立てる場合は、単一障害点を作らないよう、各ノードを別サーバーに構築することをおすすめします。

ここでは、Ubuntuでの例を紹介しましたが、その他のLinux/Unix/OSXのシステムについてはほぼ同じです。Windowsについても、ダウンロード対象のファイルが違う程度で、おおよその手順は同じになります。詳しくは公式チュートリアル[8]のWindowsという記載がある箇所を追いかける、あるいは少し古いですが、Windows 10でSolr 7.6.0のインストール手順を紹介しているブログ記事[9]を見つけましたので、このあたりを参考にしてみてください。

長々と説明しましたが、自力でSolrのクラスター構成を組むのは難易度が高いです。ですので、特に制約がなければDockerを使って構築するのが圧倒的に楽だと思います。

Dockerで構築する場合の注意点として、コンテナが落ちると、インデックスデータも消失してしまいます。これを防ぎたいときは、ボリュームのマウントという設定が必要になります。詳しくは、第7章のコラム「インデックスデータの永続化」をご覧ください。

また、Kubernetesにある程度精通しているのであれば、Solr-Operator[10]というHelm Chartを使って、Kubernetes上にSolrCloudのクラスターを組むこともできます。

D.2　PDFを直接Solrに取り込む

手元にあるドキュメントはPDF形式のものなので、これをそのままSolrに取り込みたいという相談をしばしば受けます。想像するに、データベースで管理されていない営業資料や社内ドキュメントなどを検索対象としてインデックスしたいというニーズが一定数あるようです。あるいはarXiv[11]

8.https://solr.apache.org/guide/8_11/installing-solr.html

9.https://code.eaglet.jp/apache-solr%EF%BC%88%E3%82%A4%E3%83%B3%E3%82%B9%E3%83%88%E3%83%BC%E3%83%AB%E7%B7%A8%EF%BC%89/

10.https://solr.apache.org/operator/

11.https://arxiv.org

や技術書典のサイト[12]のようにテキスト形式のデータではなく、バイナリ形式でテキストコンテンツが保管されているサービスの場合も、同じような悩みを抱えていると思われます。

リッチテキストは私たちが目で見る分にはわかりやすいですが、全文検索をする上では余計な情報が多すぎて、かえって検索性を悪くしてしまいます。ましてや、PDFやWordのようにテキスト情報が埋め込まれたバイナリ形式のファイルであれば、テキスト情報だけ抜き出してからでないと、保存やインデックスそのものが難しいでしょう。

最近であれば、OCR（Optical Character Recognition）などの画像処理技術を使って、メニュー表や契約書からテキストデータを抜き出すという方法を採ることもあるでしょう。対象が画像であれば、そうせざるをえないかもしれません。OCRも日々進歩しているものの、難易度の高いタスクだけあってうまく読み取れないこともままあります。WordやHTML、Texなどを使ってコンパイルされた結果としてのPDFファイルであれば、ベースとしてはテキスト情報が埋め込まれているので、こちらを抜き出せた方がより正確な抽出ができるでしょう。

「1.8.1 コンテンツ抽出」でも簡単に紹介しましたが、実はSolrと同じApache Software Foundationには、Apache Tika[13]というPDFやWordからテキストデータを抽出できるツールキットがあります。せっかくですので、Tikaを使ってバイナリファイルからSolrにインデックスさせる方法をご紹介します。TikaはOSSですので、ソースコードも公開されています[14]。

D.2.1　Solrから直接使う

使い方は公式ドキュメントにチュートリアル[15]があるので、これを参考に設定します。

まずは、Solrの環境を用意します。ディレクトリー構成は、たとえば次のようにします。conf配下の設定ファイルはサンプルコードを用意しましたので、これを参考にしてください[16]。

リストD.12: tika用のディレクトリー構成

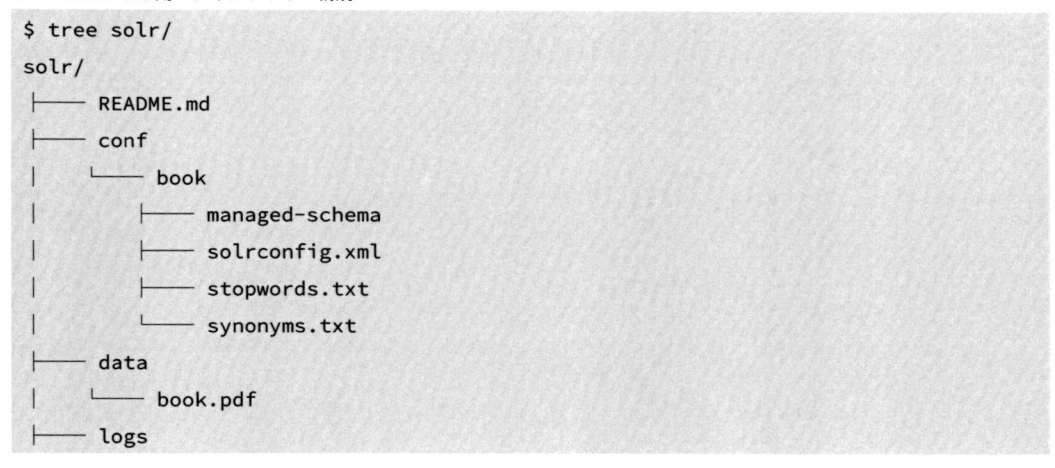

```
$ tree solr/
solr/
├── README.md
├── conf
│   └── book
│       ├── managed-schema
│       ├── solrconfig.xml
│       ├── stopwords.txt
│       └── synonyms.txt
├── data
│   └── book.pdf
├── logs
```

---

12. https://techbookfest.org
13. https://tika.apache.org/
14. https://github.com/apache/tika
15. https://solr.apache.org/guide/solr/latest/indexing-guide/indexing-with-tika.html
16. https://github.com/Sashimimochi/solr-tika-sample

```
└── solr.in.sh
```

この中で重要なのが、`solr.in.sh`での設定です。`SOLR_MODULES=extraction`を設定しておくことで、Tika経由でインデックス投入ができるようになります。

リストD.13: solr.in.sh

```
# Zookeeperの接続先設定
ZK_HOST="zookeeper1:2181/"
# JVMの割り当てメモリー設定
SOLR_JAVA_MEM="-Xms1g -Xmx1g"
# extraction機能の有効化
SOLR_MODULES=extraction
```

各種ミドルウェアは、簡単にするためにDockerで構築します。

リストD.14: docker-compose.yml

```
version: "3"

x-solr-service: &solr-service
  image: solr:9.4
  ports:
    - "8983:8983"
    - "9854:9854"
  volumes:
    - "./solr/solr.in.sh:/etc/default/solr.in.sh"
    - "./solr/conf/book:/opt/solr/server/solr/configsets/book/conf"
    - "./solr/logs:/var/solr/logs"
  depends_on:
    - zookeeper1
x-zookeeper-service: &zookeeper-service
  image: zookeeper:3.7
  environment:
    ZOO_MY_ID: 1
    ZOO_SERVERS: server.1=zookeeper1:2888:3888;2181
    ZOO_4LW_COMMANDS_WHITELIST: mnst,conf,ruok

services:
  solr_node1:
    <<: *solr-service
    container_name: solr_node1
  zookeeper1:
```

```
  <<: *zookeeper-service
  container_name: zookeeper1
```

　SolrにはTikaがプリインストール済みなので、個別のインストールは不要です。ここまで設定できたらコンテナを起動します。

リスト D.15: コンテナを起動する

```
$ docker-compose up -d
```

　適当なブラウザーで http://localhost:8983 を開くと、Solr の管理画面にアクセスできます。

図 D.5: Solr 管理画面

　管理画面にアクセスできたら、コレクションを作成します。自分で定義してもいいのですが、まずはSolrにデフォルトで用意されているサンプル設定を使って、コレクションを作成してみます。

リストD.16: コレクションを作成する

```
$ curl "http://localhost:8983/solr/admin/collections?action=CREATE&name=gettingsta
rted&collection.configName=_default&numShards=1&replicationFactor=1&maxShardsPer
Node=1"
{
  "responseHeader":{
    "status":0,
    "QTime":1639
  },
  "success":{
    "172.31.0.3:8983_solr":{
      "responseHeader":{
        "status":0,
        "QTime":1154
      },
      "core":"gettingstarted_shard1_replica_n1"
    }
  },
  "warning":"Using _default configset. Data driven schema functionality is
enabled by default, which is NOT RECOMMENDED for production use. To turn it off:
curl http://{host:port}/solr/gettingstarted/config -d '{\"set-user-property\":
{\"update.autoCreateFields\":\"false\"}}'"
}
```

作成するコレクション名やconfigset、シャード数やレプリカ数を指定すると、SolrのAPIからコレクションが作成できます。管理画面からGUI操作でも作成できます。

_defaultのconfigsetを使用した場合、「あくまでサンプル用の設定なので本番環境では使わないでください」というWARNINGメッセージが出ます。

図 D.6: サンプル設定から作成したコレクション

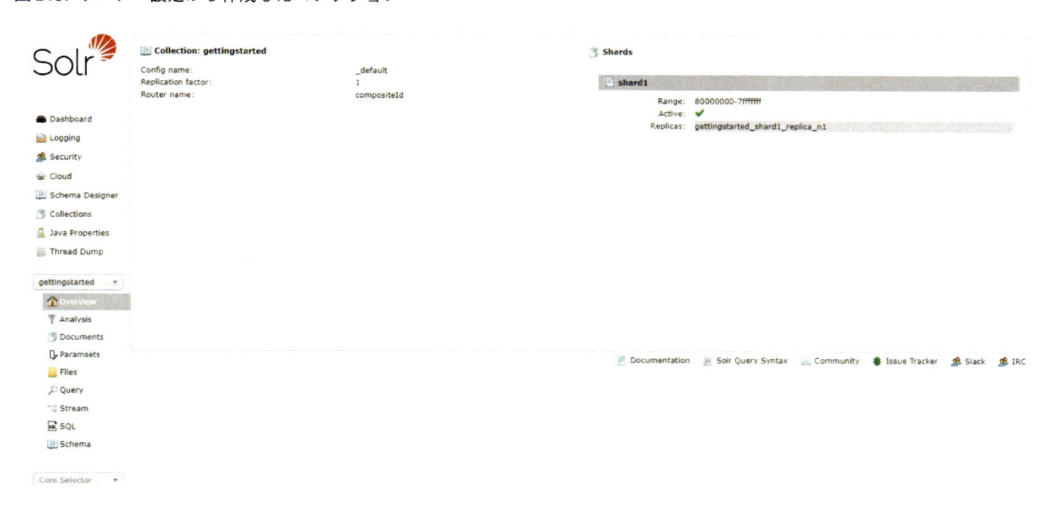

　サンプル設定を使うと、スキーマレスなコレクションが作成されます。Tikaからどんなフィールド名が抽出されるのか事前にわからなくても、動的にフィールドが作れるので、柔軟に対応できます。

　続いて、抽出処理を扱えるようにSolrのConfig API[17]からRequestHandler[18]の設定を追加します。

　RequestHandlerは、特定のパスにアクセスしたときに呼び出す処理の内容を定義するものです。`solrconfig.xml`で設定する項目ですが、Config APIを使うと設定をあとから上書きできます。

　Solr　6以降からPDFやWordなどのバイナリファイルをインデックスするExtractingRequestHandlerがサポートされているので、これを設定します。

リスト D.17: ExtractingRequestHandler を設定する

```
$ curl -X POST -H 'Content-type:application/json' -d '{
    "add-requesthandler": {
    "name": "/update/extract",
    "class": "solr.extraction.ExtractingRequestHandler",
      "defaults":{ "lowernames": "true", "captureAttr":"true"}
    }
  }' "http://localhost:8983/solr/gettingstarted/config"
{
  "responseHeader":{
    "status":0,
    "QTime":695
  },
  "WARNING":"This response format is experimental.  It is likely to change in the
future."
```

17.https://solr.apache.org/guide/solr/latest/configuration-guide/config-api.html

18.https://solr.apache.org/guide/solr/latest/configuration-guide/requesthandlers-searchcomponents.html

```
}
```

name で設定した /update/extract というパスにアクセスすると、ExtractingRequestHandler が呼び出されて、バイナリファイルからテキストデータの抽出処理が実行されます。具体的な処理内容は、こちらのブログ記事[19]で紹介されているので、気になったら見てみてください。

Solr 管理画面から configoverlay.json を見ると、上書きされた設定が確認できます。

図 D.7: Config API による上書き設定

ここまでできたら、手元に PDF ファイルを用意します。ここでは、solr/data ディレクトリー配下に book.pdf という PDF ファイルを配置している想定とします。先ほど設定したエントリーポイントに対して、PDF ファイルを投入します。

リスト D.18: PDF ファイルをインデクシングする

```
$ curl "http://localhost:8983/solr/gettingstarted/update/extract?literal.id=doc1
&commit=true" -F "myfile=@solr/data/book.pdf"
{
  "responseHeader":{
    "rf":1,
    "status":0,
    "QTime":2462
  }
}
```

literal.id が投入するドキュメントの unique key になっています。インデックスにはこの unique key が必須なので、他と被らないように指定して投入します。正常に抽出処理がされたなら、これ

19.https://blog.splout.co.jp/7250/

でインデックスに登録されています。

　データが投入できたら検索してみましょう。

リスト D.19: インデックスさせた PDF ドキュメントを検索する

```
$ curl http://localhost:8983/solr/gettingstarted/select?indent=true&q=*:*&wt=json
```

　試しに本書の一部を投入したところ、次のようにインデックスされていました。

リスト D.20: response

```
// 20231116220936
// http://localhost:8983/solr/gettingstarted/select?indent=true&q=*:*&wt=json

{
  "responseHeader": {
    "zkConnected": true,
    "status": 0,
    "QTime": 1,
    "params": {
      "q": "*:*",
      "indent": "true",
      "wt": "json"
    }
  },
  "response": {
    "numFound": 1,
    "start": 0,
    "numFoundExact": true,
    "docs": [
      {
        "meta": [ // ファイルのメタ情報
          "date",
          "2023-11-10T14:04:21Z",
          "pdf:PDFVersion",
          "1.7",
          "pdf:docinfo:title",
          "今日から始めるSolrベクトル検索～Supplemental Book～",
        ],
        "a": [ // ファイル内部にあるURLリンク
          "https://techbookfest.org/product/wSCmsmFye1bL6xDWRT6vVK?productVariant
ID=k23bJJdV1bg5bWWvdKwbFq",
          "https://solr.apache.org/news.html",
          "https://www.rondhuit.com/apache-solr-9-3-0.html",
```

```
              "https://www.rondhuit.com/apache-solr-9-4-0.html",
              // etc.
          ],
          "id": "doc1",
          "title": [
              "今日から始めるSolrベクトル検索～Supplemental Book～"
          ],
          "modified": [  // 更新日
              "2023-11-10T14:04:21Z"
          ],
          "created": [  // 作成日
              "2023-11-10T14:04:21Z"
          ],
          "xmptpg_npages": [  // ファイルのページ数
              64
          ],
          // 中略
          "content": [
              "今日から始めるSolrベクトル検索～Supplemental Book～ \n \n    \n \n   \n \n
  \n \n   \n はじめに\n \n この度は「今日から始める Solr ベクトル検索～ Supplemental\n \n
  Book ～」をお手に取っていただきありがとうございます。本書は、技術書典 14 にて頒布した「今日から
  始める Solr ベクトル検索」 [1] の付録本です（以降、本編本）。本編本では解説しきれなかったこと、本
  編本執筆以後に公開されたアップデート情報を補足する内容となっています。..."
          ],
          "_version_": 1782726133746237440
        }
      ]
    }
}
```

　ちゃんとファイルのタイトルや本文が抜き出されて、インデックスされています。

　抽出される内容や抽出度合いはファイルの保存形式によって異なります。本書は組版ツールを使っているのでメタデータがしっかりとPDFファイルに保存されており、それがTikaによって抽出できています。方や適当に作ったWordファイルだとタイトルすらないブランクだらけの抽出結果になることもあります。

　これでひとまずバイナリファイルのインデックスができるようになりました。ですが、一部中略としたように、このままだと無駄もかなり多いです。

　そもそもサンプルの設定ファイルを使っているので、そのままサービスとしては使えないでしょう。それを除いても、_defaultのコレクションはスキーマレスなので、抽出されたフィールドすべてがインデックスフィールドとして取り込まれます。実際には検索やソートにはほとんど使われな

さそうなフィールドも多く、そのままだと過剰にサーバーリソースを消費してしまいます。

　サービスとして使うのであれば、フィールド名を使いやすい名前にする、検索性をよくするためにanalyzerを自分で設定するといった工夫もあるでしょう。

　なので、サンプル設定ではなく、自分で定義した設定を使って取り込みをしてみます。サンプルコードはこちら[20]にあります。

　まずは、solrconfig.xmlを作成します。_defaultを参考に必要な箇所だけ定義します。

リスト D.21: solrconfig.xml

```xml
<?xml version="1.0" encoding="UTF-8" ?>
<config>

    <luceneMatchVersion>9.4.0</luceneMatchVersion>

    <lib dir="${solr.install.dir:../../../..}/contrib/extraction/lib"
regex=".*\.jar" />
    <lib dir="${solr.install.dir:../../../..}/contrib/langid/lib/"
regex=".*\.jar" />


    <dataDir>${solr.data.dir:}</dataDir>

    <schemaFactory class="ManagedIndexSchemaFactory">
        <bool name="mutable">true</bool>
        <str name="managedSchemaResourceName">managed-schema</str>
    </schemaFactory>

    <requestHandler name="/select" class="solr.SearchHandler"/>

    <!-- processorで使用するモジュールを定義 -->
    <updateProcessor class="solr.UUIDUpdateProcessorFactory" name="uuid"/>
    <updateProcessor class="solr.RemoveBlankFieldUpdateProcessorFactory"
name="remove-blank"/>
    <updateProcessor class="solr.ParseBooleanFieldUpdateProcessorFactory"
name="parse-boolean"/>
    <updateProcessor class="solr.ParseLongFieldUpdateProcessorFactory"
name="parse-long"/>
    <updateProcessor class="solr.ParseDoubleFieldUpdateProcessorFactory"
name="parse-double"/>
    <updateProcessor class="solr.ParseDateFieldUpdateProcessorFactory"
name="parse-date"/>
```

20.https://github.com/Sashimimochi/solr-tika-sample

```
    <!-- 抽出処理Handlerの設定部分 -->
    <requestHandler name="/update/extract" startup="lazy"
class="solr.extraction.ExtractingRequestHandler">
        <lst name="defaults">
            <str name="lowernames">true</str>
            <str name="captureAttr">true</str>
            <str name="fmap.xmptpg_npages">pages</str>
            <str name="fmap.pdf_charsperpage">charsperpage</str>
            <str name="uprefix">ignored_</str>
            <str name="processor">uuid,remove-blank,parse-boolean,parse
-long,parse-double,parse-date</str>
        </lst>
    </requestHandler>
</config>
```

ExtractingRequestHandler の設定も、この中で行ってしまいます。先ほどのように API で後から設定もできますが、最初に設定しておくとコレクションを作成した時点で反映されているので便利です。また上書き設定が多いと、実際の状態とコードで定義した設定が乖離しやすいので、なるべく solrconfig.xml の中で定義しておくことをおすすめします。

各項目の設定内容は公式ドキュメントを参照してください。ここでは、大事な設定をふたつピックアップして紹介します。

ひとつ目は、fmap（おそらく field mapping の略）です。fmap.source_field を設定しておくと、Tika で抽出したフィールド名を Solr のスキーマで定義したフィールド名にマッピングできます。たとえば、

リスト D.22: fmap の設定例

```
<str name="fmap.xmptpg_npages">pages</str>
```

としておくと、xmptpg_npages という名前で抽出されたフィールドを pages フィールドにマッピングできます。

ふたつ目は、uprefix（おそらく upper prefix の略）です。これは、Solr のスキーマ定義で定義されていないフィールド名に一律で既定の接頭文字をつけるための設定です。たとえば、

リスト D.23: uprefix の設定例

```
<str name="uprefix">ignored_</str>
```

とすると、Solr のスキーマ定義で未定義なフィールドには ignored_ という頭文字がつきます。ここではその名の通り、のちのちスキーマ定義で定義しないフィールドはなるべく使わないようにしたいという意味を込めています。

続いて、スキーマ定義をします。solrconfig.xmlの設定に対応するようにmanaged-schemaを記述します。

リスト D.24: managed-schema

```xml
<?xml version="1.0" encoding="UTF-8" ?>

<schema name="book" version="1.6">
    <field name="_version_" type="plong" indexed="false" stored="false"/>
    <field name="_root_" type="string" docValues="false" indexed="true"
stored="false"/>

    <uniqueKey>id</uniqueKey>

    <field name="id" type="string" multiValued="false" indexed="true"
required="true" stored="true"/>
    <field name="title" type="text_ja" indexed="true" stored="true"/>
    <field name="content" type="text_ja" indexed="true" stored="true"/>
    <field name="created" type="pdate"/>
    <field name="modified" type="pdate"/>
    <field name="pages" type="plong"/>
    <field name="charsperpage" type="plongs"/>
    <field name="timestamp" type="pdate" indexed="false" stored="true"
default="NOW"/>
    <dynamicField name="ignored_*" type="ignored"/>

    <fieldType name="int" class="solr.TrieIntField" precisionStep="0"
positionIncrementGap="0"/>
    <fieldType name="plong" class="solr.LongPointField" docValues="true"/>
    <fieldType name="plongs" class="solr.LongPointField" docValues="true"
multiValued="true"/>
    <fieldType name="string" class="solr.StrField" sortMissingLast="true"
docValues="true"/>
    <fieldType name="pdate" class="solr.DatePointField" docValues="true"/>
    <fieldType name="ignored" class="solr.StrField" indexed="false"
stored="false" multiValued="true"/>
    <fieldType name="text_ja" class="solr.TextField" positionIncrementGap="100">
        <analyzer>
            <tokenizer class="solr.JapaneseTokenizerFactory" mode="search"/>
            <filter name="stop" ignoreCase="true" words="stopwords.txt"/>
            <filter synonyms="synonyms.txt" name="synonymGraph" expand="true"
ignoreCase="true"/>
```

```
                <filter class="solr.CJKWidthFilterFactory"/>
                <filter class="solr.JapaneseKatakanaStemFilterFactory"
minimumLength="4"/>
                <filter class="solr.LowerCaseFilterFactory"/>
        </analyzer>
    </fieldType>
</schema>
```

先ほど`solrconfig.xml`で

リスト D.25: fmap の設定例

```
<str name="fmap.xmptpg_npages">pages</str>
```

と設定しているので、ファイルから`xmptpg_npages`フィールドとして抽出された値は、`managed-schema`における

リスト D.26: managed-schema の設定例

```
<field name="pages" type="plong"/>
```

にマッピングしてインデックスされます。

また、必要のないフィールドは

リスト D.27: 不要なフィールドはダイナミックフィールドにマッピングする

```
<dynamicField name="ignored_*" type="ignored"/>
```

で受け取ります。`dynamicField`は、ワイルドカードを使って動的にフィールドを作成できるスキーマ定義です。ここでは、`ignore_`から始まるフィールド名が投入されるデータにあれば、自動でそのフィールドが作成されます。

わざわざ受取先を用意しているのは、Tikaから抽出したフィールドがSolrのスキーマで定義されていないとエラーになるからです。ただ、すべてのフィールド名を事前にひとつずつ定義しておくのはとても大変です。そこで、捨てたいフィールドの受け皿として`dynamicField`でフィールドを用意しておきます。

ここで、`solrconfig.xml`で定義した`uprefix`が活きてきます。スキーマ定義で未定義のフィールドには一律で`ignore_`という接頭文字が付くので、これだけで漏れなくすべての抽出フィールドのインデックス先フィールドが用意できます。

`ignore_`フィールドのフィールド設定は、以下のように設定しておきます。

リストD.28: ダイナミックフィールドの設定例

```
<fieldType name="ignored" class="solr.StrField" indexed="false" stored="false"
multiValued="true"/>
```

　indexed,storedを falseにする、つまり検索やソートには使わないと設定しておくことで、フィールドを用意することは避けられないものの、不要なメモリーやディスクの浪費を抑えられます。
　あとは、必要フィールドにお好みのtypeを定義・指定すれば、トークナイズや正規化処理を自由にカスタマイズもできます。
　設定ファイルが準備できたら、コレクションを作成します。

リストD.29: コレクションを作成する

```
# 設定ファイルをアップロード
$ docker-compose exec solr_node1 server/scripts/cloud-scripts/zkcli.sh -zkhost
zookeeper1:2181 -cmd upconfig -confdir /opt/solr/server/solr/configsets/book/conf
-confname book
# 設定ファイルからコレクションを作成
$ curl "http://localhost:8983/solr/admin/collections?action=CREATE&name=book&colle
ction.configName=book&numShards=1&replicationFactor=1&maxShardsPerNode=1"
# ファイルからメタデータを抽出してインデックス
$ curl "http://localhost:8983/solr/book/update/extract?literal.id=doc1&commit=true
" -F "myfile=@solr/data/book.pdf"
```

　インデックスができたら検索してみましょう。

リストD.30: インデックスデータを検索する

```
$ curl http://localhost:8983/solr/book/select?indent=true&q=*:*&wt=json
```

　レスポンス結果を見ると、自身で定義したフィールド名にマッピング、絞り込みされた検索結果が返却されています。

リストD.31: response

```
// 20231116225023
// http://localhost:8983/solr/book/select?indent=true&q=*:*&wt=json

{
  "responseHeader": {
    "zkConnected": true,
    "status": 0,
    "QTime": 1,
    "wt": "json"
  },
```

```
  "response": {
    "numFound": 1,
    "start": 0,
    "numFoundExact": true,
    "docs": [
      {
        "id": "doc1",
        "title": "今日から始めるSolrベクトル検索〜Supplemental Book〜",
        "modified": "2023-11-10T14:04:21Z",
        "created": "2023-11-10T14:04:21Z",
        "pages": 64,
        "charsperpage": [
          511,
          213,
          415,
          // 中略
        ],
        "timestamp": "2023-11-16T13:50:00.789Z",
        "content": "今日から始めるSolrベクトル検索〜Supplemental Book〜 \n \n     \n
\n   \n \n   \n \n   \n はじめに\n \n この度は「今日から始める Solr ベクトル検索〜
Supplemental\n \n Book 〜」をお手に取っていただきありがとうございます。本書は、技術書典
14 にて頒布した「今日から始める Solr ベクトル検索」 [1] の付録本です（以降、本編本）。本編本で
は解説しきれなかったこと、本編本執筆以後に公開されたアップデート情報を補足する内容となっていま
す。..."
      }
    ]
  }
}
```

　ひとつだけだと寂しいので、ふたつ目のファイルをインデックスさせます。別のファイルをイン
デックスする場合は、unique keyであるliteral.idを変えて投入します。

リストD.32: インデックスデータを検索する

```
$ curl "http://localhost:8983/solr/book/update/extract?literal.id=doc2&commit=true
" -F "myfile=@solr/data/book2.pdf"
```

　idが異なれば、別インデックスとしてインデックスできます。試しに、別の私の著書もインデック
スさせてみました。

リスト D.33: response

```
// 20231116225713
// http://localhost:8983/solr/book/select?indent=true&q=*:*&wt=json

{
  "responseHeader": {
    "zkConnected": true,
    "status": 0,
    "QTime": 1,
    "wt": "json"
  },
  "response": {
    "numFound": 2,
    "start": 0,
    "numFoundExact": true,
    "docs": [
      {
        "id": "doc1",
        "title": "今日から始めるSolrベクトル検索〜Supplemental Book〜",
        "modified": "2023-11-10T14:04:21Z",
        "created": "2023-11-10T14:04:21Z",
        "pages": 64,
        "timestamp": "2023-11-16T13:50:00.789Z",
        "content": " 今日から始めるSolrベクトル検索〜Supplemental Book〜 \n \n    \n
\n   \n \n   \n \n   \n はじめに\n \n この度は「今日から始める Solr ベクトル検索〜
Supplemental\n \n Book 〜」をお手に取っていただきありがとうございます。..."
      },
      {
        "id": "doc2",
        "title": "5分で紹介 Streamlit",
        "modified": "2022-09-05T03:53:01Z",
        "created": "2022-09-05T03:53:01Z",
        "pages": 24,
        "timestamp": "2023-11-16T13:55:49.499Z",
        "content": "5分で紹介 Streamlit \n \n    \n \n   \n はじめに\n \n この度は「5
分で紹介 Streamlit」をお手に取っていただきありがとうございます。..."
      }
    ]
  }
}
```

検索条件を q=*:* としたので全件検索になりましたが、もちろん絞り込み検索もできます。たとえば、title に solr を含むファイルを検索すれば、本書だけがヒットするようになります。

リスト D.34: response

```
// 20231116225953
// http://localhost:8983/solr/book/select?indent=true&q=title:solr&wt=json

{
  "responseHeader": {
    "zkConnected": true,
    "status": 0,
    "QTime": 18,
    "wt": "json",
  },
  "response": {
    "numFound": 1,
    "start": 0,
    "numFoundExact": true,
    "docs": [
      {
        "id": "doc1",
        "title": "今日から始めるSolrベクトル検索～Supplemental Book～",
        "modified": "2023-11-10T14:04:21Z",
        "created": "2023-11-10T14:04:21Z",
        "pages": 64,
        "timestamp": "2023-11-16T13:50:00.789Z",
        "content": "今日から始めるSolrベクトル検索～Supplemental Book～ \n \n    \n
\n   \n \n   \n \n    \n はじめに\n \n この度は「今日から始める Solr ベクトル検索～
Supplemental\n \n Book ～」をお手に取っていただきありがとうございます。..."
      }
    ]
  }
}
```

ここでは PDF を対象にしていましたが、Word や HTML ファイルなども同様に扱えます。詳しくは Tika の公式ページ[21] を参照してください。

このように Solr では、PDF などのバイナリファイルであっても、インデックスできてとても便利です。ですが、ひとつ大きな注意点があります。それは、本番環境では極力使わないことです。

Solr の公式ドキュメントには、次のような注意書きがあります[22]。

21.https://tika.apache.org/1.28.5/formats.html

22.https://solr.apache.org/guide/solr/latest/indexing-guide/indexing-with-tika.html#solr-cell-performance-implications

This creates a situation where Tika may encounter something that it is simply not able to handle gracefully, despite taking great pains to support as many formats as possible. PDF files are particularly problematic, mostly due to the PDF format itself.

In case of a failure processing any file, the ExtractingRequestHandler does not have a secondary mechanism to try to extract some text from the file; it will throw an exception and fail.

If any exceptions cause the ExtractingRequestHandler and/or Tika to crash, Solr as a whole will also crash because the request handler is running in the same JVM that Solr uses for other operations.

Indexing can also consume all available Solr resources, particularly with large PDFs, presentations, or other files that have a lot of rich media embedded in them.

For these reasons, Solr Cell is not recommended for use in a production system.

It is a best practice to use Solr Cell as a proof-of-concept tool during development and then run Tika as an external process that sends the extracted documents to Solr (via SolrJ) for indexing. This way, any extraction failures that occur are isolated from Solr itself and can be handled gracefully.For a few examples of how this could be done, see this blog post by Erick Erickson, Indexing with SolrJ.

意訳すると、次のようなことが書かれています。

こうしたリッチテキストは、すべてのファイルで適切なフォーマット化がされているわけではありません。ファイル自体に問題がある場合は、Tikaを使っても適切に処理できないことがあります。

抽出処理に失敗した場合、ExtractingRequestHandlerではファイルからテキストを抽出するための二次メカニズムがありません。ですので、例外がスローされます。

例外によってExtractingRequestHandlerやTikaがクラッシュした場合、Solr全体がクラッシュします。これは、リクエストハンドラーは、Solrが他の操作に使用しているのと同じJVM上で実行されているためです。

また、ファイルサイズの大きなファイルや高画質画像などの大量のリッチメディアが埋め込まれたファイルから抽出・インデックスしようとした場合、本来Solrの稼働に必要なリソースまでTikaの抽出処理が食いつぶしてしまう可能性があります。

これらの理由により、Solr Cellを実稼働システムで使用することはお勧めできません。

そのため、この使い方は開発中のPoC限定で使うことをおすすめします。本番環境では、Solrの外部でインデックス作成のためのデータ抽出処理を行い、抽出された結果だけをSolrにPOSTする、そのための抽出部分を担う**外部プロセスとしてTikaを実行することがベストプラクティスです。**

要するに、Tikaでの処理に不具合が出たり過負荷状態になったりすると、Solr自体がクラッシュする危険性があるということです。

それを避けるためにも、Tikaはそれ単体でも動くツールなので、Solrとは別サーバーで動かすことが望ましいです。抽出結果をデータベースなどに保存しておけば、抽出処理とインデックス処理

を分離できます。

　また、投入前にワンクッション挟むことで、ファイル以外から取得したデータと結合させることもできます。たとえば、販売価格や公開/非公開フラグなどはファイルからではなく、データベースなどから取得されるものでしょう。技術書典のサイトの検索エンジンはSolrであり、書籍の本文が全文検索できるのがウリと聞いていますが、おそらくこういう仕組みで実現しているものと思われます。

　Tikaはクライアントモード、サーバーモードの2種類で動かすことができます。また、直接CLIやWeb APIとして使う以外にも、PythonとGoなどのラッパーを介して使う方法もあります。細かい使い方は、以降で紹介します。サンプルコードも公開しておくので、詳細はそちらと合わせてご覧ください[23]。

D.2.2　クライアントモードで使用する

　jarファイルをダウンロードして実行するだけで使えます。最新のバージョンはダウンロードトップページ[24]からダウンロードできます。過去バージョンはアーカイブページ[25]にあるので、お好みのバージョンを選んでください。

　ここでは、Ubuntuでのインストール例を紹介します。Javaが実行可能な環境に、コアツールとアプリケーションツールをダウンロードします。

リスト D.35: Ubuntu 上に Tika をインストールする

```
# coreツールのインストール
$ apt-get install -y libtika-java
$ apt list -a libtika-java
Listing... Done
libtika-java/jammy,now 1.22-2 all [installed]
# アプリケーションツールのインストール
$ curl -o tika-app-2.9.0.jar https://archive.apache.org/dist/tika/2.9.0/tika-app-
2.9.0.jar
$ mv tika-app-2.9.0.jar /usr/share/java/
# バージョンの確認
$ java -jar /usr/share/java/tika-app-2.9.0.jar --version
Apache Tika 2.9.0
```

　コアツールとアプリケーションツールのバージョンが合っていない場合は、以下のようなWARNINGが出ます。

23.https://github.com/Sashimimochi/solr-tika-sample
24.https://tika.apache.org/download.html
25.https://archive.apache.org/dist/tika/

```
$ java -jar /usr/share/java/tika-app-1.22.jar --version
Nov 14, 2023 6:02:30 AM org.apache.tika.config.InitializableProblemHandler$3
handleInitializableProblem
WARNING: J2KImageReader not loaded. JPEG2000 files will not be processed.
See https://pdfbox.apache.org/2.0/dependencies.html#jai-image-io
for optional dependencies.

Nov 14, 2023 6:02:30 AM org.apache.tika.config.InitializableProblemHandler$3
handleInitializableProblem
WARNING: org.xerial's sqlite-jdbc is not loaded.
Please provide the jar on your classpath to parse sqlite files.
See tika-parsers/pom.xml for the correct version.
Apache Tika 1.22
```

　対応バージョンはpomファイルに記載されています。コアツールに対応したアプリケーション
ツールをダウンロードし直してください。

リスト D.37: pom ファイルの中身の確認方法

```
$ cd /usr/share/maven-repo/org/apache/tika/tika-parsers/1.22
$ ls -lh
total 24K
lrwxrwxrwx 1 root root  39 Jan 31  2021 tika-parsers-1.22.jar ->
../../../../../../java/tika-parsers.jar
-rw-r--r-- 1 root root 23K Jan 31  2021 tika-parsers-1.22.pom
$ cat 1.22/tika-parsers-1.22.pom | grep version
```

　インストールができたら、CLIから実行してみます。たとえば、対象ファイルからテキストデー
タを抽出したいときは次のようにします。

リスト D.38: CLI から Tika を実行する

```
# テキスト情報の取り出し
$ java -jar /usr/share/java/tika-app-2.9.0.jar --text book.pdf > book.txt
```

　Solrに直接取り込んだときでいうところの、content部分だけを抽出してテキストファイルに出力
できます。あとは、この結果を別のスクリプトでデータベースに書き込んだり、SolrにPOSTすれ
ばよいでしょう。

　テキストだけでなく、画像ファイルの抽出もできます。

リスト D.39: 画像ファイルを抽出する

```
# 画像の取り出し
$ java -jar /usr/share/java/tika-app-2.9.0.jar --extract book.pdf
Extracting 'image1.png' (image/png) to ./image1.png
Extracting 'image2.png' (image/png) to ./image2.png
Extracting 'image3.png' (image/png) to ./image3.png
Extracting 'image4.png' (image/png) to ./image4.png
Extracting 'image5.png' (image/png) to ./image5.png
Extracting 'image6.png' (image/png) to ./image6.png
```

これで、PDFファイルに埋め込まれた画像ファイルを取り出して出力することができます。その他の使い方は、公式ドキュメントをご覧ください[26]。

D.2.3　サーバーモードで使用する

TikaはAPIサーバーとしても動かせます。Javaが動く環境にサーバー版をダウンロードすれば、Tikaサーバーを立ち上げられます。

Dockerで環境を作るなら、以下のような定義が考えられます。

リスト D.40: Dockerfile

```
FROM eclipse-temurin

WORKDIR /app

ARG VERSION=2.9.1

RUN apt-get update && apt-get install -y wget
RUN wget https://archive.apache.org/dist/tika/${VERSION}/tika-server-standard-${VE
RSION}.jar -O tika-server.jar

ENTRYPOINT ["java", "-jar", "tika-server.jar", "-h", "0.0.0.0"]
```

デフォルトでは、9998ポートで立ち上がります。あとは、ここに抽出したいPDFファイルを投げれば、抽出結果がJSON形式で返却されます。

26.https://tika.apache.org/2.9.1/gettingstarted.html

```
$ curl -T book.pdf http://localhost:9998/tika --header "Accept: application/json"
> book.json
```

contentの中身はXHTML形式になっています。

リスト D.42: book.json

```
{
  "pdf:docinfo:title": "5分で紹介 Streamlit",
  // 中略
  "X-TIKA:content": "<html xmlns=\"http://www.w3.org/1999/xhtml\">\n<head>\n<meta
name=\"pdf:PDFVersion\" content=\"1.7\" />\n<meta name=\"pdf:docinfo:title\"
content=\"5分で紹介 Streamlit\" />（中略）\n<title>5分で紹介 Streamlit</title>\n</head>
\n<body><div class=\"page\"><p />\n</div>\n<div class=\"page\"><p />\n<p>目次
\n</p>\n<p>はじめに 2\n</p>\n<p>第 1 章 5 分で紹介 Streamlit 4\n</p>\n<p>1.1 こんな
ことってないですか? 4\n</p>\n<p>1.2 Streamlit とは 4\n</p>\n<p>1.3 類似フレームワーク
との比較 7\n</p>\n<p>1.4 Streamlit でアプリを書いてみる 10\n</p>\n<p>1.5 Streamlit で
アプリを公開する 15\n</p>\n<p>1.6 まとめ 19\n</p>\n<p>あとがき 20\n</p>\n<p>5分で紹介
Streamlit\n</p>\n<p>1</p>\n<p />\n</div>\n<div class=\"page\"><p />\n<p>はじめに
\n</p>\n<p>この度は「5 分で紹介 Streamlit」をお手に取っていただきあり\n</p>\n<p>がとうござ
います。本書は、私が過去に ライトニングトーク(以\n</p>\n<p>下、LT)イベントでお話しした内容を
ベースに Streamlit という\n</p>\n<p>Web アプリ作成フレームワークの魅力を短時間で概観してもら
お\n</p>\n<p>うというコンセプトで書かれた本です。\n</p>\n<p>普段、Python が中心でフロントエ
ンドが書けず、Web アプリが\n</p>\n<p>作れないと思っているあなた！ 本書を読んでしまったら最後、
\n</p>\n<p>「自分、HTML 書けないんで」は Web アプリを公開しない理由に\n</p>\n<p>はできませ
ん。\n</p>\n<p>そんな逃げ場を探している読者のみなさんの逃げ場をなくして、\n</p>\n<p>自作アプ
リ作成の楽しみを感じるきっか...",
}
```

　この結果をデータベースに保存したり、Solrに投入します。サーバーモードの特徴としては、独立したプロセスとして動かせるので、別スクリプトからも呼びやすくなっている点です。Tikaサーバーを立てておけば、外部プロセスから並列にバッチ処理でAPIを呼び、抽出結果をデータベースやSolrに投入できます。

　ちなみに、公式が出しているTika用 Dockerイメージもあります[27]。ですが、イメージ軽量化のために日本語には対応していません。ですので、自分でサーバー版をダウンロードして使うのが無難でしょう。

27.https://hub.docker.com/r/apache/tika

D.2.4 Go言語から使用する

Go言語を始めとして各種プログラミング言語から、Tikaを使う用のライブラリーが開発されています[28]。ここでは、私がよく使うGoとPythonでの例を簡単に紹介しておきます。

Go言語では、go-tika[29]というライブラリーがあります。Google製ということもあり、信頼性は高いのです。懸念点としては、2022年4月以降開発が止まっています。対応しているTikaのバージョンも古く限定的で、1.19～1.21のみが対応しています。

詳しくは見ていませんが、どうやら内部で一時的にTikaサーバーを立ちあげて使っているようです。そのため、事前にサーバーモードのTikaをローカルにダウンロードしておく必要があります。

抽出処理は次のような実装になります。

リストD.43: extractor.go

```go
import (
        "context"
        "fmt"
        "os"

        "github.com/google/go-tika/tika"
)

func extract(filepath string) error {
        err := tika.DownloadServer(context.Background(), tika.Version121,
"tika-server.jar")
        if err != nil {
                return err
        }
        s, err := tika.NewServer("tika-server.jar", "")
        if err != nil {
                return err
        }
        err = s.Start(context.Background())
        if err != nil {
                return err
        }
        defer s.Stop()

        f, err := os.Open(filepath)
        if err != nil {
                return err
```

28.https://cwiki.apache.org/confluence/display/TIKA/API+Bindings+for+Tika
29.https://github.com/google/go-tika

```
        }
        defer f.Close()

        client := tika.NewClient(nil, s.URL())
        meta, err := client.MetaRecursive(context.Background(), f)
        metadata := meta[0]
  fmt.Println("extracted: ", metadata)
        return nil
}
```

metadataの中に、APIのときと同じような形式でデータが入っています。後はお好みで加工処理などを追加してください。

リポジトリにあるサンプルコードでは、

1．PDFファイルからテキストを抽出
2．必要なフィールドを抜き出して加工
3．MySQLサーバーに保存

の一連の流れを実装してあります。参考にしてみてください。

D.2.5　Pythonから使用する

PythonからTikaが扱えるライブラリーは3つあるようです。今回はその中でも、一番リポジトリースター数の多いTika-Python[30]を紹介します。

内部的には、Goと同じようにプロセス内でTikaサーバーを一時的に立ち上げて使っているようです。Tika-Pythonには、サーバー用Tikaをダウンロードする仕組みが内蔵されています。そのため、ローカルになければ自動でダウンロードから起動までを行えるので便利です。go-tikaに比べると最近もメンテされているので、安心して使えそうです。

実装も簡単で、かなり丁寧にカプセル化されているので、たった数行で記述できます。

リストD.44: extract.py

```
import tika
from tika import parser

tika.initVM()

def extract(filepath):
  return parser.from_file(filepath)

def main():
  parsed = extract("book.pdf")
```

30.https://github.com/chrismattmann/tika-python

```
    print(parsed)

if __name__ == '__main__':
  main()
```

parsedに格納された抽出結果は辞書型で返却されます。

あとは必要なフィールドを選んで、データベースに保存します。Goのサンプルと同様に、抽出結果の加工処理とMySQLへの保存までを作成しています。参考にしてみてください。

あとがき

本書を最後までお読みいただきありがとうございます。

私もSolrを使い始めて5年ほどになりますが、なかなかいい参考書に出会えず、日々の運用の中で使いながら学ぶ毎日です。今後入ってくる新人のためにも、何かよいSolr初心者への入門本がないものかと思っておりました。

特に本書のテーマであるベクトル検索は、昨今機運が高まっており、いち早く実践導入したいという声も聞いています。反面、一通りのSolrの知識に加えて、機械学習の知見も要求され、なかなか難易度の高い技術です。そのためか、冒頭にも書いた通り、ほとんど実践記録を見つけることはできませんでした。

となると、自分の思考の整理のためにも自分で書くしかないと思い、本書の執筆にとりかかりました。本書の先駆けにあたるブログを書いたのもそんな理由からでした。

Solr運用チームと機械学習チームとを結ぶべく、両者の観点から手厚く解説した本書ですが、いかがだったでしょうか。書きたいことを全部詰め込んだ結果、かなりボリューミーな一冊となってしまいました。でもその分、初学者からでも読み解けるだけの解説はできたと思います。みなさんにとっても満足な一冊となっていれば幸いです。

ご意見、ご質問、感想については、SNS等までお寄せください。些細なことでも構いませんので、コメントいただければ次回以降の励みになります[1][2]。

謝辞

本書の執筆にあたって、多くの方にサポートいただきました。

お声掛けいただいたインプレスR&Dの山城敬さんには、いろいろとわがままを聞いていただきとても感謝しております。

また本書の元になった同人版[3]の執筆にあたって、編集、校閲、デザインなどでサポートしてくださった、レビューをしてくださった坂本浩隆さんにも大変感謝しています。本当にありがとうございました！！

1.https://github.com/Sashimimochi/today-solr-vs-book
2.https://x.com/Sashimimochi343
3.https://techbookfest.org/product/wSCmsmFye1bL6xDWRT6vVK

著者紹介

さしみもち

Webエンジニア。業務では年間80億件以上のトラフィックがある自社サービスの検索エンジン開発や自然言語処理によるデータ分析に従事している。学生時代の専門分野は複雑ネットワークや非線形動力学。
趣味でも検索ライブラリやチャットアプリの開発を行っている。著書に「実践入門Word2Vec」（インプレス NextPublishing刊）がある。

◎本書スタッフ
アートディレクター/装丁：岡田章志＋GY
編集協力：山部沙織
ディレクター：栗原 翔
〈表紙イラスト〉
ゆめつきママ
漫画家・イラストレーター。北海道生まれ。現在はコミックウォーカーにて「アタマのナカの鈴せんぱい」を連載中。

技術の泉シリーズ・刊行によせて
技術者の知見のアウトプットである技術同人誌は、急速に認知度を高めています。インプレス NextPublishingは国内最大級の即売会「技術書典」（https://techbookfest.org/）で頒布された技術同人誌を底本とした商業書籍を2016年より刊行し、これらを中心とした『技術書典シリーズ』を展開してきました。2019年4月、より幅広い技術同人誌を対象とし、最新の知見を発信するために『技術の泉シリーズ』へリニューアルしました。今後は「技術書典」をはじめとした各種即売会や、勉強会・LT会などで頒布された技術同人誌を底本とした商業書籍を刊行し、技術同人誌の普及と発展に貢献することを目指します。エンジニアの"知の結晶"である技術同人誌の世界に、より多くの方が触れていただくきっかけになれば幸いです。

インプレス NextPublishing
技術の泉シリーズ　編集長　山城 敬

●お断り
掲載したURLは2024年7月1日現在のものです。サイトの都合で変更されることがあります。また、電子版ではURLにハイパーリンクを設定していますが、端末やビューアー、リンク先のファイルタイプによっては表示されないことがあります。あらかじめご了承ください。
●本書の内容についてのお問い合わせ先
株式会社インプレス
インプレス NextPublishing　メール窓口
np-info@impress.co.jp
お問い合わせの際は、書名、ISBN、お名前、お電話番号、メールアドレス に加えて、「該当するページ」と「具体的なご質問内容」「お使いの動作環境」を必ずご明記ください。なお、本書の範囲を超えるご質問にはお答えできないのでご了承ください。
電話やFAXでのご質問には対応しておりません。また、封書でのお問い合わせは回答までに日数をいただく場合があります。あらかじめご了承ください。

●落丁・乱丁本はお手数ですが、インプレスカスタマーセンターまでお送りください。送料弊社負担にてお取り替えさせていただきます。但し、古書店で購入されたものについてはお取り替えできません。

■読者の窓口
インプレスカスタマーセンター
〒 101-0051
東京都千代田区神田神保町一丁目 105 番地
info@impress.co.jp

技術の泉シリーズ

今日から始めるAI検索技術
Solrエンジニアのための最先端ガイド

2025年3月7日　初版発行Ver.1.0（PDF版）

著　者	さしみもち
編集人	山城 敬
企画・編集	合同会社技術の泉出版
発行人	高橋 隆志
発　行	インプレス NextPublishing
	〒101-0051
	東京都千代田区神田神保町一丁目105番地
	https://nextpublishing.jp/
販　売	株式会社インプレス
	〒101-0051　東京都千代田区神田神保町一丁目105番地

印刷・製本　京葉流通倉庫株式会社
Printed in Japan

ISBN978-4-295-60203-3

NextPublishing®

●インプレス NextPublishingは、株式会社インプレスR&Dが開発したデジタルファースト型の出版モデルを承継し、幅広い出版企画を電子書籍＋オンデマンドによりスピーディで持続可能な形で実現しています。https://nextpublishing.jp/